AutoCAD 2020 中文版机械设计从入门到精通

（微课视频版）

王爱兵　胡仁喜　编著

电子工业出版社
Publishing House of Electronics Industry
北京·BEIJING

内 容 简 介

本书围绕一个典型的变速器试验箱全套机械图纸的设计,讲解在机械设计工程实践中利用 AutoCAD 2020 中文版绘制从零件二维工程图、装配二维工程图、零件三维工程图到装配三维工程图全流程的思路与技巧。

全书中心明确、结构紧凑、思路清晰,按机械设计流程,分 3 篇 19 章。第 1 篇为基础知识篇,第 1 章介绍机械制图国家标准的基本规定,第 2 章讲解 AutoCAD 入门知识,第 3 章讲解二维绘图命令,第 4 章讲解二维编辑命令,第 5 章讲解辅助绘图工具,第 6 章讲解三维图形基础知识。第 2 篇为二维绘制篇,第 7 章讲解简单零件绘制,第 8 章讲解盘盖类零件绘制,第 9 章讲解轴套类零件绘制,第 10 章讲解轴系零件绘制,第 11 章讲解箱体零件绘制,第 12 章讲解箱体总成,第 13 章讲解变速器试验箱体总成。第 3 篇为三维绘制篇,第 14 章讲解端盖类零件三维图绘制,第 15 章讲解箱体零件三维图绘制,第 16 章讲解轴套类零件三维图绘制,第 17 章讲解轴系零件三维图绘制,第 18 章讲解箱体三维总成,第 19 章讲解变速器试验箱体三维总成。各章之间紧密联系,前后呼应。

本书面向初、中级用户及对机械制图比较了解的专业技术人员,旨在帮助读者用较短的时间熟练掌握在机械设计工程中全流程的设计方法和技巧,并提高读者的工程实践能力。

未经许可,不得以任何方式复制或抄袭本书之部分或全部内容。
版权所有,侵权必究。

图书在版编目(CIP)数据

AutoCAD 2020 中文版机械设计从入门到精通:微课视频版 / 王爱兵,胡仁喜编著. —北京:电子工业出版社,2020.3
ISBN 978-7-121-37513-2

Ⅰ. ①A… Ⅱ. ①王… ②胡… Ⅲ. ①机械设计-计算机辅助设计-AutoCAD 软件 Ⅳ. ①TH122

中国版本图书馆 CIP 数据核字(2019)第 246987 号

责任编辑:王艳萍
印　　刷:涿州市京南印刷厂
装　　订:涿州市京南印刷厂
出版发行:电子工业出版社
　　　　　北京市海淀区万寿路 173 信箱　　邮编　100036
开　　本:787×1 092　1/16　　印张:24.5　　字数:627.2 千字
版　　次:2020 年 3 月第 1 版
印　　次:2020 年 3 月第 1 次印刷
定　　价:78.00 元

凡所购买电子工业出版社图书有缺损问题,请向购买书店调换。若书店售缺,请与本社发行部联系,联系及邮购电话:(010)88254888,88258888。
质量投诉请发邮件至 zlts@phei.com.cn,盗版侵权举报请发邮件至 dbqq@phei.com.cn。
本书咨询联系方式:(010)88254580,wangyp@phei.com.cn。

前　　言

AutoCAD 是美国 Autodesk 公司推出的集二维绘图、三维设计、参数化设计、协同设计及通用数据库管理和互联网通信功能为一体的计算机辅助绘图软件包。自 1982 年推出以来，AutoCAD 从初期的 1.0 版本，经多次版本更新和性能完善，现已发展到 AutoCAD 2020。它不仅在机械、电子、建筑、室内装潢、家具、园林和市政工程等工程设计领域得到了广泛的应用，而且在地理、气象、航海等特殊图形的绘制方面，甚至在乐谱、灯光、幻灯和广告等领域也得到了广泛的应用，目前已成为 CAD 系统中应用最为广泛的图形软件之一。同时，AutoCAD 也是一个开放性的工程设计开发平台，其开放性的源代码可以供各个行业进行广泛的二次开发，目前国内一些著名的二次开发软件，比如 CAXA 系列、天正系列等都是在 AutoCAD 基础上进行本土化开发的产品。

近年来，世界范围内涌现了诸如 UG、Pro/ENGINEER、SolidWorks 等优秀的 CAD 软件，这些后起之秀虽然在不同的方面有很多优秀而实用的功能，但是 AutoCAD 毕竟历经风雨考验，以其开放性的平台和简单易行的操作方法，早已被工程设计人员所认可，成为工程界公认的规范和标准。

一、本书特色

本书知识结构清晰，案例选材独具匠心，是一本高效实用的 AutoCAD 机械设计类图书，本书具有以下 4 大特色。

● 实例典型

通过实例操作加深读者对知识点内容的理解，并在实例操作过程中牢固地掌握软件功能。实例的种类也非常丰富，既有针对知识点讲解的小实例，也有针对几个知识点或全章知识点的综合实例，还有用于练习提高的上机实例。将各种实例交错讲解，达到巩固理解的目标。

● 内容全面

本书在有限的篇幅内，包罗了 AutoCAD 常用的功能及常见类型的机械零件设计方法，涵盖了从 AutoCAD 绘图基础知识、零件二维工程图、装配二维工程图、零件三维工程图到装配三维工程图等全方位的知识。书中的实例演练部分能够帮助读者巩固所学知识，找到适合自己学习 AutoCAD 机械设计的方法。

● 提升技能

本书从全面提升机械设计与 AutoCAD 应用能力的角度出发，结合具体的案例讲解如何利用 AutoCAD 2020 中文版进行机械设计，真正让读者掌握计算机辅助设计知识，从而独立地完成各种机械设计任务。

● 作者权威

本书作者在计算机辅助机械设计领域具有丰富的工作经验和教学经验，作者总结多年的心得体会，历时多年精心编写，力求全面细致地展现出 AutoCAD 2020 中文版在机械设计应用领域的各种功能和使用方法。

二、本书组织结构和主要内容

本书以 AutoCAD 2020 中文版为演示平台，全面介绍 AutoCAD 机械设计从基础到实践的全部知识，帮助读者从入门走向精通。全书分为 3 篇共 19 章。

1．基础知识篇——介绍必要的基本操作方法和技巧

第 1 章主要介绍机械制图国家标准的基本规定；

第 2 章主要介绍 AutoCAD 2020 入门知识；

第 3 章主要介绍二维绘图命令；

第 4 章主要介绍二维编辑命令；

第 5 章主要介绍辅助绘图工具；

第 6 章主要介绍三维图形基础知识。

2．二维绘制篇——详细讲解变速器试验箱二维工程图绘制的思路和过程

第 7 章主要介绍简单零件绘制；

第 8 章主要介绍盘盖类零件绘制；

第 9 章主要介绍轴套类零件绘制；

第 10 章主要介绍轴系零件绘制；

第 11 章主要介绍箱体零件绘制；

第 12 章主要介绍箱体总成；

第 13 章主要介绍变速器试验箱体总成。

3．三维绘制篇——详细讲解变速器试验箱三维工程图绘制的思路和过程

第 14 章主要介绍端盖类零件三维图绘制；

第 15 章主要介绍箱体零件三维图绘制；

第 16 章主要介绍轴套类零件三维图绘制；

第 17 章主要介绍轴系零件三维图绘制；

第 18 章主要介绍箱体三维总成；

第 19 章主要介绍变速器试验箱体三维总成。

三、本书源文件

本书附带了很多实例，包含操作实例和练习实例的源文件和素材，读者可以安装 AutoCAD 2020 软件，打开并使用这些文件和素材。

以上资源，请读者关注微信公众号"华信教育资源网"，回复"37513"获得。

四、电子资料使用说明

本书除利用纸面讲解，随书赠送了多媒体学习资料，包含本书实例机械设计图纸源文件和全书所有实例操作过程微课视频文件。通过作者精心设计的多媒体界面，读者可以像看电影一样轻松愉悦地学习本书。为了增强教学效果，更进一步方便读者学习，作者将多年操作应用 AutoCAD 软件的心得和技巧进行了总结，结集成电子书随书赠送，希望对读者的学习有所裨益。

本书由河北交通职业技术学院的王爱兵和胡仁喜老师编著。其中王爱兵执笔编写了第 1~13 章，胡仁喜执笔编写了第 14~19 章。

在学习本书前，请先在电脑中安装 AutoCAD 2020 软件，读者可在 Autodesk 官网下载其试用版本，也可在当地电脑城、软件经销商处购买软件使用。安装完成后，即可按照本书上的实例进行操作练习。读者可以加入本书学习指导 QQ 群 487450640 进行本书相关技术问题的咨询。

编　者

目 录

第1篇 基础知识篇

第1章 机械制图国家标准的基本规定 ······ 3
- 1.1 图纸幅面及格式 ······ 3
  - 1.1.1 图纸幅面 ······ 3
  - 1.1.2 图框格式 ······ 4
- 1.2 标题栏 ······ 4
- 1.3 比例 ······ 5
- 1.4 字体 ······ 5
  - 1.4.1 一般规定 ······ 5
  - 1.4.2 字体示例 ······ 6
  - 1.4.3 图样中书写规定 ······ 6
- 1.5 图线 ······ 6
  - 1.5.1 图线型式及应用 ······ 7
  - 1.5.2 图线宽度 ······ 7
  - 1.5.3 图线画法 ······ 7
- 1.6 剖面符号 ······ 8
- 1.7 尺寸注法 ······ 9
  - 1.7.1 基本规定 ······ 9
  - 1.7.2 尺寸要素 ······ 9

第2章 AutoCAD 入门知识 ······ 13
- 2.1 操作界面 ······ 13
  - 2.1.1 标题栏 ······ 13
  - 2.1.2 绘图区 ······ 14
  - 2.1.3 坐标系图标 ······ 15
  - 2.1.4 菜单栏 ······ 15
  - 2.1.5 工具栏 ······ 15
  - 2.1.6 命令行窗口 ······ 17
  - 2.1.7 布局标签 ······ 18
  - 2.1.8 状态栏 ······ 18
  - 2.1.9 滚动条 ······ 20
  - 2.1.10 快速访问工具栏和交互信息工具栏 ······ 20
  - 2.1.11 功能区 ······ 20
- 2.2 配置绘图系统 ······ 20
  - 2.2.1 显示配置 ······ 21
  - 2.2.2 系统配置 ······ 21
- 2.3 设置绘图环境 ······ 22
  - 2.3.1 绘图单位设置 ······ 22
  - 2.3.2 图形边界设置 ······ 23
- 2.4 文件管理 ······ 23
  - 2.4.1 新建文件 ······ 23
  - 2.4.2 打开文件 ······ 24
- 2.5 基本输入操作 ······ 25
  - 2.5.1 命令输入方式 ······ 25
  - 2.5.2 命令的重复、撤销、重做 ······ 26
  - 2.5.3 透明命令 ······ 27
  - 2.5.4 按键定义 ······ 27
  - 2.5.5 命令执行方式 ······ 27
- 2.6 图层设置 ······ 27
  - 2.6.1 建立新图层 ······ 28
  - 2.6.2 设置图层 ······ 30
  - 2.6.3 控制图层 ······ 32
- 2.7 绘图辅助工具 ······ 34
  - 2.7.1 精确定位工具 ······ 34
  - 2.7.2 图形显示工具 ······ 39
- 2.8 名师点拨——图形基本设置技巧 ······ 42
- 2.9 上机实验 ······ 43
- 2.10 模拟试题 ······ 43

第3章 二维绘图命令 ······ 45
- 3.1 直线类命令 ······ 45
  - 3.1.1 绘制直线 ······ 45
  - 3.1.2 操作实践——绘制五角星 ······ 46
  - 3.1.3 数据的输入方法 ······ 46
  - 3.1.4 操作实践——用动态输入法绘制五角星 ······ 48

		3.1.5	构造线 ………………… 49
		3.1.6	操作实践——绘制轴线 ………………… 50
	3.2	圆类图形 ………………………… 50	
		3.2.1	绘制圆 ………………… 51
		3.2.2	操作实践——绘制定距环 ……………… 51
		3.2.3	绘制圆弧 ……………… 54
		3.2.4	绘制圆环 ……………… 55
		3.2.5	绘制椭圆与椭圆弧 … 55
	3.3	平面图形 ………………………… 56	
		3.3.1	绘制矩形 ……………… 56
		3.3.2	绘制正多边形 ………… 57
		3.3.3	操作实践——绘制螺母 ………………… 57
	3.4	点 ………………………………… 58	
		3.4.1	绘制点 ………………… 59
		3.4.2	等分点 ………………… 59
		3.4.3	测量点 ………………… 60
		3.4.4	操作实践——绘制外六角头螺栓 …………… 60
	3.5	图案填充 ………………………… 62	
		3.5.1	基本概念 ……………… 62
		3.5.2	添加图案填充 ………… 63
		3.5.3	操作实践——绘制弯头截面 ………………… 65
	3.6	多段线 …………………………… 66	
		3.6.1	绘制多段线 …………… 67
		3.6.2	操作实践——绘制电磁管密封圈 …………… 67
	3.7	样条曲线 ………………………… 69	
		3.7.1	绘制样条曲线 ………… 69
		3.7.2	操作实践——绘制螺钉旋具 ………………… 70
	3.8	名师点拨——二维绘图技巧 … 71	
	3.9	上机实验 ………………………… 72	
	3.10	模拟试题 ……………………… 73	
第4章	二维编辑命令 ……………………… 74		
	4.1	选择和删除对象 ………………… 74	
		4.1.1	构造选择集 …………… 74
		4.1.2	"删除"命令 ………… 77
	4.2	对象编辑 ………………………… 77	
		4.2.1	钳夹功能 ……………… 77
		4.2.2	修改对象属性 ………… 77
		4.2.3	特性匹配 ……………… 78
	4.3	复制类命令 ……………………… 79	
		4.3.1	"偏移"命令 ………… 79
		4.3.2	操作实践——绘制角钢 ………………… 79
		4.3.3	"复制"命令 ………… 80
		4.3.4	操作实践——绘制槽钢 ………………… 81
		4.3.5	"镜像"命令 ………… 83
		4.3.6	操作实践——绘制油嘴 ………………… 83
		4.3.7	"阵列"命令 ………… 85
		4.3.8	操作实践——绘制齿圈 ………………… 86
	4.4	改变几何特性类命令 …………… 87	
		4.4.1	"打断"命令 ………… 88
		4.4.2	"打断于点"命令 …… 88
		4.4.3	"圆角"命令 ………… 88
		4.4.4	"倒角"命令 ………… 89
		4.4.5	操作实践——绘制圆头平键 ………………… 90
		4.4.6	"拉伸"命令 ………… 92
		4.4.7	操作实践——绘制螺栓 ………………… 93
		4.4.8	"拉长"命令 ………… 94
		4.4.9	"修剪"命令 ………… 95
		4.4.10	操作实践——绘制扳手 ………………… 95
		4.4.11	"延伸"命令 ………… 97
		4.4.12	操作实践——绘制间歇轮 ………………… 98
		4.4.13	"分解"命令 ………… 99
		4.4.14	操作实践——绘制腰形连接件 …………… 100
		4.4.15	"合并"命令 ………… 101
	4.5	改变位置类命令 ………………… 101	

- 4.5.1 "移动"命令 …………… 101
- 4.5.2 操作实践——绘制电磁
  管压盖 …………………… 102
- 4.5.3 "旋转"命令 …………… 105
- 4.5.4 操作实践——绘制
  挡圈 ……………………… 105
- 4.5.5 "缩放"命令 …………… 107
- 4.5.6 创建面域 ……………… 107
- 4.5.7 面域的布尔运算 ……… 108
- 4.5.8 操作实践——绘制法
  兰盘 ……………………… 108
- 4.6 综合演练——绘制高压油管
  接头 …………………………… 110
- 4.7 名师点拨——二维编辑跟
  我学 …………………………… 113
- 4.8 上机实验 ……………………… 114
- 4.9 模拟试题 ……………………… 114

第5章 辅助绘图工具 …………… 116
- 5.1 文本标注 ……………………… 116
  - 5.1.1 设置文本样式 ………… 116
  - 5.1.2 多行文本标注 ………… 117
  - 5.1.3 操作实践——标注
    高压油管接头 …………… 117
- 5.2 表格 …………………………… 118
  - 5.2.1 设置表格样式 ………… 119
  - 5.2.2 创建表格 ……………… 120
- 5.3 尺寸标注 ……………………… 121
  - 5.3.1 设置尺寸样式 ………… 122
  - 5.3.2 尺寸标注 ……………… 125
  - 5.3.3 操作实践——标注电磁
    管压盖 …………………… 127
- 5.4 图块及其属性 ………………… 129
  - 5.4.1 图块操作 ……………… 129
  - 5.4.2 图块的属性 …………… 133
  - 5.4.3 操作实践——绘制
    明细表 …………………… 135
- 5.5 设计中心与工具选项板 ……… 138
  - 5.5.1 设计中心 ……………… 139
  - 5.5.2 工具选项板 …………… 139
- 5.6 综合演练——绘制出油阀座 … 141
- 5.7 名师点拨——文字与表格绘制
  技巧 …………………………… 147
- 5.8 上机实验 ……………………… 148
- 5.9 模拟试题 ……………………… 148

第6章 三维图形基础知识 ………… 150
- 6.1 三维坐标系统 ………………… 150
  - 6.1.1 创建坐标系 …………… 150
  - 6.1.2 动态坐标系 …………… 151
- 6.2 观察模式 ……………………… 152
  - 6.2.1 动态观察 ……………… 152
  - 6.2.2 视图控制器 …………… 153
- 6.3 绘制三维网格曲面 …………… 154
  - 6.3.1 直纹网格曲面 ………… 154
  - 6.3.2 平移网格曲面 ………… 155
- 6.4 绘制基本三维网格 …………… 155
  - 6.4.1 绘制网格长方体 ……… 155
  - 6.4.2 操作实践——绘制三阶
    魔方 ……………………… 156
  - 6.4.3 绘制网格圆锥体 ……… 156
- 6.5 显示形式 ……………………… 157
  - 6.5.1 消隐 …………………… 157
  - 6.5.2 视觉样式 ……………… 158
  - 6.5.3 视觉样式管理器 ……… 159
- 6.6 渲染实体 ……………………… 159
  - 6.6.1 贴图 …………………… 160
  - 6.6.2 渲染 …………………… 161
- 6.7 绘制基本三维实体 …………… 161
  - 6.7.1 螺旋 …………………… 162
  - 6.7.2 长方体 ………………… 162
  - 6.7.3 操作实践——绘制
    凸形平块 ………………… 163
  - 6.7.4 圆柱体 ………………… 164
  - 6.7.5 操作实践——绘制
    石桌 ……………………… 165
- 6.8 布尔运算 ……………………… 165
  - 6.8.1 并集 …………………… 166
  - 6.8.2 差集 …………………… 166
  - 6.8.3 操作实践——绘制
    单凸平梯块 ……………… 166
- 6.9 特征操作 ……………………… 168

6.9.1 拉伸 ………………………… 168
6.9.2 旋转 ………………………… 169
6.9.3 扫掠 ………………………… 169
6.9.4 拖拽 ………………………… 170
6.9.5 操作实践——绘制
油标尺 ……………………… 171
6.10 编辑三维图形 ………………… 172
6.10.1 倒角 ……………………… 172
6.10.2 圆角 ……………………… 173
6.10.3 操作实践——绘制
平键 ……………………… 174
6.10.4 三维旋转 ………………… 175
6.10.5 三维镜像 ………………… 176
6.10.6 操作实践——绘制
支架 ……………………… 176
6.10.7 三维阵列 ………………… 178
6.10.8 操作实践——绘制
底座 ……………………… 179
6.10.9 三维移动 ………………… 181
6.10.10 操作实践——绘制
角架 ……………………… 181
6.10.11 剖切 …………………… 183
6.10.12 操作实践——绘制
半圆凹槽孔块 ………… 184
6.11 编辑实体 ……………………… 185
6.11.1 抽壳 ……………………… 185
6.11.2 操作实践——绘制
凸台双槽竖槽孔块 …… 186
6.11.3 复制面 …………………… 187
6.11.4 操作实践——绘制
圆平榫 …………………… 188
6.11.5 拉伸面 …………………… 191
6.11.6 移动面 …………………… 191
6.11.7 偏移面 …………………… 192
6.12 名师点拨——三维编辑
跟我学 ………………………… 192
6.13 上机实验 ……………………… 193
6.14 模拟试题 ……………………… 193

第2篇 二维绘制

第7章 简单零件绘制 ………………… 197
7.1 绘制图纸模板 ………………… 197
7.1.1 新建图层 ………………… 197
7.1.2 绘制图框 ………………… 198
7.1.3 添加文字说明 …………… 198
7.1.4 保存文件 ………………… 199
7.2 螺堵 …………………………… 199
7.2.1 绘制主视图 ……………… 199
7.2.2 标注视图尺寸 …………… 200
7.2.3 添加表面粗糙度的图形
符号 ……………………… 201
7.2.4 添加文字说明 …………… 201
7.2.5 保存文件 ………………… 202
7.3 上机实验 ……………………… 202
7.4 模拟考试 ……………………… 203
第8章 盘盖类零件绘制 ……………… 204
8.1 前端盖 ………………………… 204
8.1.1 新建图层 ………………… 204
8.1.2 绘制中心线 ……………… 204
8.1.3 绘制主视图 ……………… 205
8.1.4 绘制剖视图 ……………… 206
8.1.5 绘制局部视图 …………… 207
8.1.6 绘制剖切符号 …………… 208
8.1.7 填充图形 ………………… 208
8.1.8 标注视图尺寸 …………… 208
8.1.9 添加几何公差 …………… 210
8.1.10 添加表面粗糙度的
图形符号 ……………… 211
8.1.11 添加文字说明 ………… 211
8.2 密封垫 ………………………… 212
8.2.1 绘制中心线 ……………… 212
8.2.2 绘制主视图 ……………… 213
8.2.3 标注视图尺寸 …………… 213
8.2.4 添加文字说明 …………… 214
8.2.5 保存文件 ………………… 215
8.3 上机实验 ……………………… 215
8.4 模拟考试 ……………………… 215

第 9 章 轴套类零件绘制 …………218
9.1 支撑套 …………………………218
9.1.1 绘制中心线 ………………218
9.1.2 绘制主视图 ………………219
9.1.3 标注视图尺寸 ……………219
9.1.4 添加文字说明 ……………220
9.1.5 保存文件 …………………221
9.2 花键套、连接盘与配油套 ……221
9.2.1 新建文件 …………………221
9.2.2 绘制中心线 ………………221
9.2.3 绘制主视图 ………………222
9.2.4 绘制剖视图 ………………223
9.2.5 绘制剖切符号 ……………225
9.2.6 填充视图 …………………225
9.2.7 标注视图尺寸 ……………225
9.2.8 添加基准符号 ……………227
9.2.9 添加几何公差 ……………227
9.2.10 添加表面粗糙度的图形符号 …………228
9.2.11 绘制参数表 ………………229
9.2.12 添加文字说明 ……………229
9.2.13 保存文件 …………………230
9.3 上机实验 ……………………230
9.4 模拟试题 ……………………231

第 10 章 轴系零件绘制 …………232
10.1 轴 ……………………………232
10.1.1 绘制中心线网格 …………232
10.1.2 绘制主视图轮廓 …………233
10.1.3 绘制放大图 I ……………234
10.1.4 绘制放大图 II ……………234
10.1.5 添加尺寸标注 ……………235
10.1.6 添加几何公差 ……………237
10.1.7 添加其余参数标注 ………238
10.1.8 插入基准符号及表面粗糙度的图形符号 …………238
10.1.9 绘制参数表 ………………239
10.1.10 添加文字说明 ……………240
10.1.11 保存文件 …………………241
10.2 输入齿轮与输出齿轮 ………241
10.2.1 新建文件 …………………241
10.2.2 绘制中心线网格 …………241
10.2.3 绘制轮廓线 ………………242
10.2.4 绘制磨齿草图 ……………243
10.2.5 填充图形 …………………244
10.2.6 添加尺寸标注 ……………244
10.2.7 添加几何公差 ……………247
10.2.8 绘制参数表 ………………248
10.2.9 添加文字说明 ……………248
10.2.10 保存文件 …………………249
10.3 上机实验 ……………………249
10.4 模拟试题 ……………………250

第 11 章 箱体零件绘制 …………252
11.1 底板、侧板、后箱板与前箱板 ……………………252
11.1.1 新建文件 …………………252
11.1.2 绘制中心线网格 …………252
11.1.3 绘制俯视图 ………………253
11.1.4 绘制前视图 ………………253
11.1.5 填充视图 …………………254
11.1.6 标注视图尺寸 ……………254
11.1.7 绘制不去除材料的表面粗糙度的图形符号 …………256
11.1.8 添加文字说明 ……………258
11.1.9 保存文件 …………………259
11.2 吊耳板、筋板与进油座 ……260
11.2.1 新建文件 …………………260
11.2.2 绘制主视图 ………………261
11.2.3 绘制左视图 ………………262
11.2.4 标注视图尺寸 ……………262
11.2.5 插入表面粗糙度的图形符号 …………264
11.2.6 添加文字说明 ……………264
11.2.7 保存文件 …………………264
11.3 油管座、安装板、轴承座与安装板 …………………266
11.3.1 新建文件 …………………266
11.3.2 绘制主视图 ………………266
11.3.3 标注视图尺寸 ……………267
11.3.4 添加文字说明 ……………267

11.3.5　保存文件……………268
11.4　上机实验…………………268
11.5　模拟试题…………………269
第12章　箱体总成………………271
12.1　绘制装配体文件…………271
12.2　箱体总成装配图…………271
　　12.2.1　新建文件……………272
　　12.2.2　创建图块……………272
　　12.2.3　拼装装配图…………273
　　12.2.4　补全装配图…………274
　　12.2.5　修剪装配图…………277
　　12.2.6　绘制焊缝……………278
　　12.2.7　绘制剖视图A-A……278
　　12.2.8　绘制B向视图………281
　　12.2.9　绘制C向视图………282
　　12.2.10　绘制剖视图D-D……283
　　12.2.11　标注装配图尺寸……283
　　12.2.12　添加文字说明………292
　　12.2.13　保存文件……………296
12.3　上机实验…………………296
12.4　模拟试题…………………297
第13章　变速器试验箱体总成………298
13.1　变速器试验箱体总成1…298
　　13.1.1　新建文件……………298
　　13.1.2　创建图块……………298
　　13.1.3　拼装装配图…………300
　　13.1.4　整理装配图…………301
　　13.1.5　标注视图尺寸………303
　　13.1.6　标注零件号…………304
　　13.1.7　添加文字说明………306
13.2　变速器试验箱体总成2…307
　　13.2.1　新建文件……………307
　　13.2.2　拼装装配图…………307
　　13.2.3　整理装配图…………310
　　13.2.4　绘制向视图…………310
　　13.2.5　标注视图尺寸………311
　　13.2.6　标注零件号…………312
　　13.2.7　添加文字说明………312
13.3　上机实验…………………314

第3篇　三维绘制篇

第14章　端盖类零件三维图绘制……317
14.1　前端盖立体图……………317
14.2　密封垫立体图……………320
14.3　名师点拨——透视立体模型………………………324
14.4　上机实验…………………324
14.5　模拟考试…………………324
第15章　箱体零件三维图绘制……326
15.1　吊耳板立体图……………326
15.2　油管座立体图……………328
15.3　名师点拨——拖拽功能限制………………………329
15.4　上机实验…………………329
15.5　模拟考试…………………330
第16章　轴套类零件三维图绘制……331
16.1　支撑套立体图……………331
16.2　花键套立体图……………332
16.3　连接盘立体图……………336
16.4　上机实验…………………340
16.5　模拟试题…………………341
第17章　轴系零件三维图绘制………342
17.1　轴立体图…………………342
17.2　输入齿轮立体图…………349
17.3　上机实验…………………352
第18章　箱体三维总成………………354
18.1　箱体总成…………………354
　　18.1.1　新建装配文件………354
　　18.1.2　装配底板……………354
　　18.1.3　装配后箱板…………355
　　18.1.4　装配侧板……………355
　　18.1.5　装配油管座…………356
　　18.1.6　装配吊耳板…………356
　　18.1.7　装配安装板…………357
　　18.1.8　装配轴承座…………358
　　18.1.9　装配筋板……………358
18.2　绘制装配孔………………359
18.3　名师点拨——渲染妙用……363
18.4　上机实验…………………363
18.5　模拟考试…………………363

XII

第19章　变速器试验箱体三维总成…364
19.1　变速器试验箱体总成………364
　　19.1.1　新建装配文件…………364
　　19.1.2　装配箱体总成…………364
　　19.1.3　装配箱板总成…………365
　　19.1.4　装配密封垫1…………366
　　19.1.5　装配花键套1…………366
　　19.1.6　装配密封垫2…………367
　　19.1.7　装配后端盖……………367
　　19.1.8　装配端盖………………368
　　19.1.9　装配支撑套……………368
　　19.1.10　装配轴…………………369
　　19.1.11　装配连接盘……………370
　　19.1.12　装配输出齿轮…………370
　　19.1.13　装配输入齿轮…………371
　　19.1.14　装配密封垫3…………372
　　19.1.15　装配花键套2…………372
　　19.1.16　装配前端盖……………373
　　19.1.17　装配螺堵1……………373
　　19.1.18　装配螺堵2……………374
　　19.1.19　装配密封垫4…………375
　　19.1.20　装配箱盖………………375
19.2　绘制其余零件…………………376
19.3　上机实验………………………376

第 1 篇

基础知识篇

本篇主要介绍机械设计的基础知识，包括 AutoCAD 基本操作和机械设计图例绘制等内容。

本篇介绍 AutoCAD 应用于机械设计的一些基本功能，为后面的具体设计提供操作方法。

第1章 机械制图国家标准的基本规定

机械制图国家标准是对与图样有关的画法、尺寸和技术要求的标注等做的统一规定。制图标准是工业标准的基础,我国政府和各有关部门都十分重视制图标准化工作。1959年中华人民共和国科学技术委员会批准颁发了我国第一个机械制图国家标准,为适应经济和科学技术发展的需要,先后于1974年及1984年做了两次修订,对1984年颁布的制图标准,1991年又进行了复审。

1.1 图纸幅面及格式

为了加强我国与世界各国的技术交流,依据国际标准化组织ISO制定的国际标准,我国政府制定了机械制图国家标准,1993年以来又相继发布了"图纸幅面和格式""比例""字体""投影法""表面粗糙度符号、代号及其注法"等标准,从1994年7月1日开始实施,并陆续进行了修订更新。

国家标准,简称国标,代号为"GB",斜杠后的字母为标准类型,其后的数字为标准号,由顺序号和发布的年代号组成,如表示比例的标准代号为:GB/T 14690—1993。

图纸幅面及其格式在GB/T 14689—2008中进行了详细的规定,现进行简要介绍。

1.1.1 图纸幅面

绘图时应优先采用表1-1规定的基本幅面。图幅代号为A0、A1、A2、A3、A4五种,必要时可按规定加长幅面,如图1-1所示。

表1-1 图纸幅面

幅面代号	A0	A1	A2	A3	A4
$B \times L$	841×1189	594×841	420×594	297×420	210×297
e	20			10	
c	10			5	
a	25				

图1-1 幅面尺寸

1.1.2 图框格式

在图纸上必须用粗实线画出图框，其格式分不留装订边（图 1-2）和留装订边（图 1-3）两种，尺寸见表 1-1。

同一产品的图样只能采用同一种格式。

图 1-2　不留装订边图框　　　　　　　图 1-3　留装订边图框

1.2 标题栏

国标《技术制图　标题栏》（GB/T 10609.1—2008）规定每张图纸上都必须画出标题栏，标题栏位于图纸的右下角，与看图方向一致。

标题栏的格式和尺寸由 GB/T 10609.1—2008 规定，装配图中明细栏由 GB/T 10609.2—2009 规定，如图 1-4 所示。

图 1-4　标题栏

在学习过程中，有时为了方便，对零件图的标题栏和装配图的标题栏、明细栏内容进行了简化，使用如图 1-5 所示的格式。

（a）零件图标题栏　　　　　　　　　　（b）装配图标题栏

图 1-5　简化标题栏

1.3 比例

比例为图样中图形与其实物相应要素的线性尺寸之比，分原值比例、放大比例、缩小比例三种。

需要按比例制图时，可从表 1-2 中的系列中选取适当的比例。必要时也允许选取表 1-3（GB/T 14690—1993）的比例。

表 1-2 标准比例系列

种类	比例
原值比例	1∶1
放大比例	5∶1　2∶1　5×10n∶1　2×10n∶1　1×10n∶1
缩小比例	1∶2　1∶5　1∶10　1∶2×10n　1∶5×10n　1∶1×10n

n 为正整数

表 1-3 可用比例系列

种类	比例
放大比例	4∶1　2.5∶1　4×10n∶1　2.5×10n∶1
缩小比例	1∶1.5　1∶2.3　1∶3　1∶4　1∶6 1∶1.5×10n　1∶2.5×10n　1∶3×10n　1∶4×10n　1∶6×10n

> 注意：
> （1）比例一般标注在标题栏中，必要时可在视图名称的下方或右侧标出。
> （2）不论采用哪种比例绘制图样，尺寸数值按原值注出。

1.4 字体

1.4.1 一般规定

在 GB/T 14691—1993、GB/T 14665—2012 规定中，对字体有以下要求：

（1）图样中书写字体必须做到：字体工整、笔画清楚、间隔均匀、排列整齐。

（2）汉字应写成长仿宋体，并应采用国家正式公布推行的简化字。汉字的高度不应小于 3.5mm，其字宽一般为 $h/\sqrt{2}$（h 表示字高）。

（3）字体的号数即字体的高度，其公称尺寸系列为：1.8 mm、2.5 mm、3.5 mm、5 mm、7 mm、10 mm、14 mm、20mm。如需书写更大的字，其字体高度应按 $\sqrt{2}$ 的比例递增。

（4）字母和数字分为 A 型和 B 型。A 型字体的笔划宽度 d 为字高 h 的十四分之一，B 型字体的 d 对应为 h 的十分之一。同一图样上，只允许使用一种样式。

（5）字母和数字可写成斜体和直体。斜体字字头向右倾斜，与水平基准线约成 75°。

1.4.2 字体示例

1. 汉字——长仿宋体

字体工整 笔划清楚 间隔均匀 排列整齐

10号字

横平竖直 注意起落 结构均匀 填满方格

7号字

技术制图 机械电子 汽车航空 船舶土木 建筑矿山 井坑港口 纺织服装

5号字

螺纹齿轮 端子接线 飞行指导 驾驶舱位 挖填施工 饮水通风 闸阀坝 棉麻化纤

3.5号字

2. 拉丁字母

ABCDEFGHIJKLMNOP
A型大写斜体

abcdefghijklmnop
A型小写斜体

ABCDEFGHIJKLMNOP
B型大写斜体

3. 希腊字母

ABΓEZHΘIK
A型大写斜体

αβγδεζηθικ
A型小写直体

4. 阿拉伯数字

1234567890
斜体

1234567890
直体

1.4.3 图样中书写规定

（1）用作指数、分数、极限偏差、注脚等的数字及字母，一般应比图样中其他数字及字母的字体小一号。

（2）图样中的数字符号、物理量符号、计量单位符号及其他符号、代号应分别符合有关规定。

1.5 图线

图线的相关使用规则在 GB/T 4457.4—2002 中进行了详细的规定，现进行简要介绍。

1.5.1 图线型式及应用

国标规定了各种图线的名称、线型、宽度及在图上的应用,见表1-4及图1-6。

表1-4 图线型式

图线名称	线 型	线 宽	主要用途
粗实线	————————	b	可见轮廓线、可见过渡线
细实线	————————	约 $b/2$	尺寸线、尺寸界线、剖面线、引出线、弯折线、牙底线、齿根线、辅助线等
细点画线	— · — · — · —	约 $b/2$	轴线、对称中心线、齿轮节线等
虚线	— — — — —	约 $b/2$	不可见轮廓线、不可见过渡线
波浪线	∼∼∼∼∼	约 $b/2$	断裂处的边界线、剖视与视图的分界线
双折线	——/\——/\——	约 $b/2$	断裂处的边界线
粗点画线	━ · ━ · ━ · ━	b	有特殊要求的线或面的表示线
双点画线	— · · — · · —	约 $b/2$	相邻辅助零件的轮廓线、极限位置的轮廓线、假想投影的轮廓线

图1-6 图线用途示例

1.5.2 图线宽度

图线分粗、细两种,粗线的宽度 b 应按图的大小和复杂程度,在0.5~2mm之间选择。

图线宽度的推荐系列为:0.18mm、0.25mm、0.35m、0.5mm、0.7mm、1mm、1.4mm、2mm。

1.5.3 图线画法

(1)在同一图样中,同类图线的宽度应基本一致。虚线、点画线及双点画线的线段和间隔应各自大致相等。

(2)两条平行线(包括剖面线)之间的距离应不小于粗实线的两倍宽度,其最小距离不得小于0.7 mm。

(3)绘制圆的对称中心线时,圆心应为线段的交点。点画线和双点画线的首末两端应是线段而不是短画。建议中心线超出轮廓线2~5mm,如图1-7所示。

图 1-7　点画线画法

（4）在较小的图形上画点画线或双点画线有困难时，可用细实线代替。

为保证图形清晰，各种图线相交、相连时的习惯画法如图 1-8 所示。

点画线、虚线与粗实线相交及点画线、虚线彼此相交时，均应交于点画线或虚线的线段处。虚线与粗实线相连时，应留间隙；虚直线与虚半圆弧相切时，在虚直线处留间隙，而虚半圆弧画到对称中心线为止，如图 1-8（a）所示。

（5）应尽量避免采用 0.18mm 的线宽。

图 1-8　图线画法

1.6　剖面符号

在剖视和剖面图中，应采用表 1-5 所规定的剖面符号（GB/T 4457.5—2013）。

表 1-5　剖面符号

金属材料（已有规定剖面符号除外）		纤维材料	
绕圈绕组元件		基础周围的泥土	
转子、电枢、变压器和电抗器等迭钢片		混凝土	
非金属材料（已有规定剖面符号除外）		钢筋混凝土	

续表

型砂、填砂、粉末冶金、砂轮、陶瓷刀片、硬质合金刀片等		砖	
玻璃及供观察用的其他透明材料		格网（筛网、过滤网等）	
木材	纵剖面	液体	
	横剖面		

注：（1）剖面符号仅表示材料类别，材料的名称和代号必须另行注明。
　　（2）迭钢片的剖面线方向，应与束装中迭钢片的方向一致。
　　（3）液面用细实线绘制。

1.7　尺寸注法

在图样中，除需表达零件的结构形状外，还需标注尺寸，以确定零件的大小。GB/T 4458.4—2003中对尺寸标注的基本方法做了一系列规定，必须严格遵守。

1.7.1　基本规定

（1）图样中的尺寸，以毫米为单位时，不需注明计量单位代号或名称。若采用其他单位，则必须标注相应计量单位或名称（如：35°30′）。

（2）图样上所注的尺寸数值是零件的真实大小，与图形大小及绘图的准确度无关。

（3）零件的每一尺寸，在图样中一般只标注一次。

（4）图样中标注尺寸是该零件最后完工时的尺寸，否则应另加说明。

1.7.2　尺寸要素

一个完整的尺寸，包含以下六个尺寸要素：

1. 尺寸界线

尺寸界线用细实线绘制，如图 1-9（a）所示。尺寸界线一般是图形轮廓线、轴线或对称中心线的延伸线，超出箭头约 2~3 mm。也可直接用轮廓线、轴线或对称中心线做尺寸界线。

尺寸界线一般与尺寸线垂直，必要时允许倾斜。

2. 尺寸线

尺寸线用细实线绘制，如图 1-9（a）所示。尺寸线必须单独画出，不能用图上任何其他图线代替，也不能与图线重合或在其延长线上（如图 1-9（b）中尺寸为 3 和 8 的尺寸线），并应尽量避免尺寸线之间及尺寸线与尺寸界线之间相交。

(a) 正确　　　　　　　(b) 错误

图 1-9　尺寸标注

标注线性尺寸时，尺寸线必须与所标注的线段平行，相同方向的各尺寸线间距要均匀，间隔应大于 5 mm。

3．尺寸线终端

尺寸线终端有两种形式：箭头或细斜线，如图 1-10 所示。

箭头适用于各种类型的图形，箭头尖端与尺寸界线接触，不得超出也不得离开，如图 1-11 所示。

图 1-10　尺寸线终端　　　　　(a) 箭头画法　　(b) 正确画法　　(c) 错误画法

图 1-11　箭头

细斜线的方向和画法如图 1-10 所示。当尺寸线终端采用斜线形式时，尺寸线与尺寸界线必须相互垂直，并且同一图样中只能采用一种尺寸终端形式。

当采用箭头作为尺寸线终端时，位置若不够，允许用圆点或细斜线代替箭头。

4．尺寸数字

线性尺寸的数字一般注写在尺寸线上方或尺寸线中断处。同一图样内大小一致，位置不够处可引出标注。

线性尺寸数字方向按如图 1-12（a）所示方向进行注写，并尽可能避免在图示 30°范围内标注尺寸，当无法避免时，可如图 1-12（b）所示进行标注。

(a)　　　　　　　　　　　　(b)

图 1-12　尺寸数字

5．符号

图样中用符号区分不同类型的尺寸：

ϕ ——表示直径；

R ——表示半径；

S ——表示球面；

δ ——表示板状零件厚度；

□ ——表示正方形；

∠ ——表示斜度；

◁ ——表示锥度；

± ——表示正负偏差；

× ——参数分隔符，如 M10×1，槽宽×槽深等；

－ ——连字符，如 4-ϕ10，M10×1-6H 等。

6. 标注示例

表 1-6 列出了国标所规定尺寸标注的一些示例。

表 1-6 尺寸注法示例

项目	图例	说明
线性尺寸		尺寸数字应按左图所示方向注写，并尽可能避免在图示 30°范围内标注尺寸，当无法避免时，可引出标注
线性尺寸		并列尺寸：小尺寸在里，大尺寸在外，尺寸线间隔应保持一致 串列尺寸：箭头应对齐
圆		标注整圆或大于半圆的圆弧直径尺寸时，以圆周为尺寸界线，尺寸线通过圆心，并在尺寸数字前加注直径符号"ϕ"。圆弧直径尺寸线应画至略超过圆心，只在尺寸线一端画箭头指向圆弧
圆弧		标注小于或等于半圆的圆弧半径尺寸时，尺寸线应从圆心出发引向圆弧，只画一个箭头，并在尺寸数字前加注半径符号"R"

续表

项目	图　例	说　　明
圆弧		当圆弧的半径过大或在图纸范围内无法标出圆心位置时，可按左图的折线形式标注。不需标出圆心位置时，则尺寸线只画靠近箭头的一段，如右图所示
角度		标注角度的尺寸界线应沿径向引出；用尺寸线画出圆弧，其圆心是角的顶点。角度数字一律写成水平方向，一般注写在尺寸线的中断处或尺寸线的上方或外边，也可引出标注
小尺寸		在尺寸界线之间没有足够位置画箭头或注写尺寸数字的小尺寸时，可按图示形式进行标注。标注连续尺寸时，代替箭头的圆点大小应与箭头尾部宽度相同
对称		当图形对称时，可只画出一半，在中心线处画出两平行的细实线表示对称
相同结构		在同一图形中，对于尺寸相同的孔、槽等组成要素，可仅在一个要素上标注其数量和尺寸，均匀分布在圆上的孔可在尺寸数字后加注"EQS"表示均匀分布

第 2 章　AutoCAD 入门知识

在本章中，我们开始循序渐进地学习 AutoCAD 2020 中文版绘图的基本知识。了解如何设置图形的系统参数和绘图环境，熟悉图形文件的管理方法，掌握图层设置和辅助绘图工具的使用方法等，为后面进入系统学习准备必要的知识。

2.1　操作界面

AutoCAD 2020 中文版的操作界面是 AutoCAD 显示、编辑图形的区域，一个完整的 Auto CAD 操作界面如图 2-1 所示，包括标题栏、菜单栏、功能区、绘图区、十字光标、导航栏、坐标系图标、命令行窗口、状态栏、布局标签和快速访问工具栏等。

2.1.1　标题栏

在 AutoCAD 2020 中文版绘图窗口的最上端是标题栏。在标题栏中，显示了系统当前正在运行的应用程序（AutoCAD 2020）和用户正在使用的图形文件。第一次启动 AutoCAD 时，在 AutoCAD 绘图窗口的标题栏中，将显示 AutoCAD 2020 中文版在启动时创建并打开的图形文件的名称 Drawing1.dwg，如图 2-1 所示。

图 2-1　AutoCAD 2020 中文版的操作界面

2.1.2 绘图区

绘图区是指标题栏下方的大片空白区域，绘图区是用户使用 AutoCAD 绘制图形的区域，用户完成一幅设计图形的主要工作都是在绘图区进行的。

在绘图区，还有一个类似光标的十字线，其交点反映了光标在当前坐标系中的位置。在 AutoCAD 中，将该十字线称为十字光标。如图 2-1 所示，AutoCAD 通过光标显示当前点的位置，十字光标的方向与当前用户坐标系的 X 轴、Y 轴方向平行，十字光标的长度系统预设为屏幕大小的百分之五。

1．修改图形窗口中十字光标的大小

用户可以根据绘图的实际需要更改十字光标的大小。改变十字光标大小的方法为：

在绘图窗口中选择菜单栏中的"工具"→"选项"命令，屏幕上将弹出关于系统配置的"选项"对话框。打开"显示"选项卡，在"十字光标大小"区域中的编辑框中直接输入数值，或者拖动编辑框后的滑块，即可以对十字光标的大小进行调整，如图 2-2 所示。

此外，还可以通过设置系统变量 CURSORSIZE 的值，实现对其大小的更改，其方法是在命令行中输入如下命令。

```
命令：CURSORSIZE↙
输入 CURSORSIZE 的新值 <5>：（在提示下输入新值即可，默认值为 5）
```

图 2-2 "选项"对话框中的"显示"选项卡

2．修改绘图窗口的颜色

在默认情况下，AutoCAD 的绘图窗口是黑色背景、白色线条，这不符合一些用户的习惯，因此修改绘图窗口颜色是一些用户希望进行的操作。

修改绘图窗口颜色的步骤如下：

（1）选择菜单栏中的"工具"→"选项"命令，打开"选项"对话框，选择如图 2-2 所示的"显示"选项卡，单击"窗口元素"区域中的"颜色"按钮，打开如图 2-3 所示的"图形窗口颜色"对话框。

（2）单击"图形窗口颜色"对话框中"颜色"下拉箭头，在打开的下拉列表中，选择需要的窗口颜色，然后单击"应用并关闭"按钮，此时 AutoCAD 的绘图窗口变成了所选颜色，通常按视觉习惯选择白色为窗口颜色。

2.1.3 坐标系图标

在绘图区域的左下角，有一个箭头指向图标，称为坐标系图标，表示用户绘图时正使用的坐标系形式，如图 2-1 所示。坐标系图标的作用是为点的坐标确定一个参照系，根据工作需要，用户可以选择将其关闭。其方法是选择菜单栏中的"视图"→"显示"→"UCS 图标"→"开"命令，如图 2-4 所示。

图 2-3 "图形窗口颜色"对话框　　　　　图 2-4 "视图"菜单

2.1.4 菜单栏

菜单栏

在 AutoCAD 绘图窗口标题栏的下方是 AutoCAD 的菜单栏。同其他 Windows 程序一样，AutoCAD 的菜单也是下拉形式的，并在菜单中包含子菜单。AutoCAD 的菜单栏中包含 12 个菜单："文件""编辑""视图""插入""格式""工具""绘图""标注""修改""参数""窗口""帮助"，这些菜单几乎包含了 AutoCAD 的所有绘图命令，后面的章节将围绕这些菜单展开讲述，具体内容在此从略。

2.1.5 工具栏

工具栏

工具栏是一组图标型工具的集合。

1. 设置工具栏

AutoCAD 2020 中文版的标准菜单提供几十种工具，选择菜单栏中的"工具"→"工具栏"→"AutoCAD"中的命令，系统会自动打开单独的工具栏标签列表，如图 2-5 所示。单击某一个未在界面中显示的工具栏标签名称，系统自动在工作界面打开该工具栏；反之，则关闭工具栏。

图 2-5　单独的工具栏标签

2．工具栏的固定、浮动与打开

工具栏可以在绘图区浮动，如图 2-6 所示，用鼠标可以拖动浮动工具栏到图形区边界，使它变为固定工具栏，此时该工具栏标题被隐藏。可以把固定工具栏拖出，使它成为浮动工具栏。

有些图标的右下角带有一个小三角，单击该图标会打开相应的工具栏，如图 2-7 所示，按住鼠标左键，将光标移动到某一图标上然后松开，该图标就成为当前图标。单击当前图标，就会执行相应的命令。

图 2-6 浮动工具栏

图 2-7 "三维导航"工具栏

2.1.6 命令行窗口

命令行窗口是输入命令和显示命令提示的区域，默认的命令行窗口在绘图区下方，是若干文本行，如图 2-1 所示。对命令行窗口，有以下几点需要说明：

（1）移动拆分条，可以扩大或缩小命令行窗口。

（2）可以拖动命令行窗口，放置在屏幕上的其他位置。默认在图形窗口的下方。

（3）对当前命令行窗口中输入的内容，可以按 F2 键用文本编辑的方法进行编辑，如图 2-8 所示。AutoCAD 文本窗口和命令窗口相似，可以显示当前 AutoCAD 进程中命令的输入和执行过程，在执行某些 AutoCAD 命令时，会自动切换到文本窗口，列出相关信息。

（4）AutoCAD 通过命令行窗口，反馈各种信息，包括出错信息。因此，用户要时刻关注在命令行窗口中出现的信息。

图 2-8 文本窗口

2.1.7 布局标签

AutoCAD 系统默认设定一个"模型"空间布局标签和"布局 1""布局 2"两个图样空间布局标签。在这里有两个概念需要解释一下。

1. 布局

布局是系统为绘图设置的一种环境，包括图样大小、尺寸单位、角度设定、数值精确度等，在系统预设的三个标签中，这些环境变量都按默认设置，用户也可以根据需要设置符合自己要求的新标签。

2. 模型

AutoCAD 的空间分模型空间和图样空间。模型空间通常指绘图的环境，而在图样空间中，用户可以创建叫作"浮动视口"的区域，以不同视图显示所绘图形。用户可以在图样空间中调整浮动视口并决定所包含视图的缩放比例。如果选择图样空间，用户可以打印多个任意布局的视图。AutoCAD 系统默认打开模型空间，用户可以通过单击鼠标选择需要的布局。

2.1.8 状态栏

状态栏在屏幕的底部，依次有坐标显示区和"模型空间""栅格""捕捉模式""推断约束""动态输入""正交模式""极轴追踪""等轴测草图""对象捕捉追踪""二维对象捕捉""线宽""透明度""选择循环""三维对象捕捉""动态 UCS""选择过滤""小控件""注释可见性""自动缩放""注释比例""切换工作空间""注释监视器""单位""快捷特性""锁定用户界面""隔离对象""图形特性""全屏显示""自定义"29 个功能按钮。单击部分开关按钮，可以实现这些功能的开关。通过部分按钮也可以控制图形或绘图区的状态。

下面对状态栏上的部分按钮进行简单介绍，如图 2-9 所示，通过这些按钮可以控制图形或绘图区的状态。

图 2-9 状态托盘工具

（1）模型空间：在模型空间与布局空间之间进行切换。

（2）栅格：栅格是覆盖整个坐标系（UCS）XY 平面的直线或点组成的矩形图案。使用栅格类似于在图形下放置一张坐标纸，利用栅格可以对齐对象并直观显示对象之间的距离。

（3）捕捉模式：对象捕捉对于在对象上指定精确位置非常重要。不论何时提示输入点，都可以指定对象捕捉。在默认情况下，当光标移到对象的捕捉位置时，将显示标记和工具提示。

（4）正交模式：将光标限制在水平或垂直方向上移动，以便于精确地创建和修改对象。当创建或移动对象时，可以使用正交模式将光标限制在相对于用户坐标系（UCS）的水平或垂直方向上。

(5) 极轴追踪：使用极轴追踪，光标将按指定角度进行移动。创建或修改对象时，可以使用极轴追踪来显示由指定的极轴角度所定义的临时对齐路径。

(6) 等轴测草图：通过设定"等轴测捕捉/栅格"，可以很容易地沿 3 个等轴测平面之一对齐对象。尽管等轴测图形看似三维图形，但它实际上是由二维图形表示的。因此不能期望提取三维距离和面积，也不能从不同视点显示对象或自动消除隐藏线。

(7) 对象捕捉追踪：使用对象捕捉追踪，可以沿着基于对象捕捉点的对齐路径进行追踪。已获取的点将显示一个小加号（+），一次最多可以获取 7 个追踪点。获取点之后，在绘图路径上移动光标，将显示相对于获取点的水平、垂直或极轴对齐路径。例如，可以基于对象的端点、中点或者交点，沿着某个路径选择一点。

(8) 二维对象捕捉：使用执行对象捕捉设置（也称为"对象捕捉"），可以在对象上的精确位置指定捕捉点。选择多个选项后，将应用选定的捕捉模式，以返回距离靶框中心最近的点。按 Tab 键可以在这些选项之间进行循环。

(9) 注释可见性：图标高亮显示表示显示所有比例的注释性对象，图标变暗表示仅显示当前比例的注释性对象。

(10) 自动缩放：注释比例更改时，自动将比例添加到注释对象。

(11) 注释比例：单击注释比例右下角的小三角符号弹出注释比例列表，如图 2-10 所示，可以根据需要选择适当的注释比例来注释当前视图。

(12) 切换工作空间：进行工作空间转换。

(13) 注释监视器：打开仅用于所有事件或模型文档事件的注释监视器。

(14) 隔离对象：当选择隔离对象时，在当前视图中显示选定对象，所有其他对象都暂时隐藏。当选择隐藏对象时，在当前视图中暂时隐藏选定对象，所有其他对象都可见。

(15) 图形特性：设定图形卡的驱动程序及设置硬件加速的选项。

(16) 全屏显示：该选项可以清除 Windows 窗口中的标题栏、功能区和选项板等界面元素，使 AutoCAD 的绘图窗口全屏显示，如图 2-11 所示。

图 2-10 注释比例列表

图 2-11 全屏显示

2.1.9　滚动条

在 AutoCAD 的绘图窗口中，在窗口的下方和右侧还提供了用来浏览图形的水平和竖直方向的滚动条。在滚动条中单击鼠标或拖动滚动条中的滚动块，用户可以在绘图窗口中按水平或竖直两个方向浏览图形。

2.1.10　快速访问工具栏和交互信息工具栏

1．快速访问工具栏

该工具栏包括"新建""打开""保存""另存为""从 Web 和 Mobile 中打开""保存到 Web 和 Mobile""打印""放弃""重做"等几个常用的工具。用户也可以单击此工具栏后面的下拉按钮选择需要的常用工具。

2．交互信息工具栏

该工具栏包括"搜索""Autodesk A360""Autodesk App Store""保持连接""单击此处访问帮助"等几个常用的数据交互访问工具按钮。

2.1.11　功能区

功能区

在默认情况下，功能区包括"默认""插入""注释""参数化""视图""管理""输出""附加模块""协作""精选应用"选项卡，如图 2-12 所示；选项卡显示面板如图 2-13 所示。每个选项卡集成了相关的操作工具，用户可以单击功能区选项后面的 按钮控制功能的展开与收缩。

图 2-12　默认情况下出现的选项卡

图 2-13　选项卡显示面板

2.2　配置绘图系统

配置绘图系统

由于每台计算机所使用的显示器、输入设备和输出设备的类型不同，用户喜好的风格及计算机的目录设置也是不同的，通常使用 AutoCAD 2020 的默认配置就可以绘图，但为了使用用户的定点设备或打印机，并提高绘图效率，AutoCAD 推荐用户在开始作图前先进行必要的配置。

【执行方式】

- 命令行：PREFERENCES

- 菜单栏：工具→选项
- 右键菜单栏：选项（单击鼠标右键，系统打开右键菜单，其中包括一些常用的命令，如图 2-14 所示）

【操作格式】

执行上述命令后，系统自动打开"选项"对话框。用户可以在该对话框中选择有关选项，对系统进行配置。下面只对其中主要的几个选项卡进行说明，其他配置选项，在后面用到时再具体说明。

图 2-14　"选项"右键菜单

2.2.1　显示配置

"选项"对话框中的第二个选项卡是"显示"选项卡，该选项卡控制 AutoCAD 窗口的外观。该选项卡设定屏幕菜单、滚动条显示与否、固定命令行窗口中文字行数、AutoCAD 2020 的版面布局设置、各实体的显示分辨率以及 AutoCAD 运行时的其他各项性能参数的设定等。前面已经讲述了设定屏幕菜单、屏幕颜色、光标大小等知识，其余有关选项的设置读者可自己参照"帮助"文件进行学习。

在设置实体显示分辨率时，请务必记住，显示质量越高分辨率越高，计算机计算的时间越长，不要将其设置得过高。显示质量设定在一个合理的程度上是很重要的。

2.2.2　系统配置

"选项"对话框中的第五个选项卡是"系统"选项卡，如图 2-15 所示。该选项卡用来设置 AutoCAD 系统的有关特性。

图 2-15　"系统"选项卡

2.3 设置绘图环境

启动 AutoCAD 2020 中文版，在 AutoCAD 中，可以利用相关命令对图形单位和图形边界以及工作文件进行具体设置。

2.3.1 绘图单位设置

【执行方式】
- 命令行：DDUNITS（或 UNITS）
- 菜单栏：格式→单位

【操作格式】

执行上述命令后，系统打开"图形单位"对话框，如图 2-16 所示。该对话框用于定义单位和角度格式。

【选项说明】

（1）"长度"与"角度"选项组

指定测量的长度与角度的当前单位及当前单位的精度。

（2）"插入时的缩放单位"下拉列表框

控制使用工具选项板（如 DesignCenter 或 i-drop）拖入当前图形的块的测量单位。如果创建块或图形时使用的单位与该选项指定的单位不同，则在插入这些块或图形时，将对其按比例缩放。插入比例是源块或图形使用的单位与目标图形使用的单位之比。如果插入块时不按指定单位缩放，请选择"无单位"。

（3）输出样例

显示用当前单位和角度设置的样例。

（4）光源

控制当前图形中光度控制光源的强度测量单位。

（5）"方向"按钮

单击该按钮，系统显示"方向控制"对话框，如图 2-17 所示。可以在该对话框中进行方向控制设置。

图 2-16 "图形单位"对话框

图 2-17 "方向控制"对话框

2.3.2 图形边界设置

【执行方式】

- 命令行：LIMITS
- 菜单栏：格式→图形界限

【操作格式】

命令行提示与操作如下：

命令：LIMITS↙
重新设置模型空间界限：
指定左下角点或 [开(ON)/关(OFF)] <0.0000,0.0000>：（输入图形边界左下角的坐标后回车）
指定右上角点 <12.0000,9.0000>：（输入图形边界右上角的坐标后回车）

【选项说明】

（1）开(ON)

使绘图边界有效，在绘图边界以外拾取的点系统将视为无效。

（2）关(OFF)

使绘图边界无效，用户可以在绘图边界以外拾取点或实体。

（3）动态输入角点坐标

使用 AutoCAD 2020 中文版的动态输入功能，可以直接在屏幕上输入角点坐标，输入了横坐标值后，按下"，"键，接着输入纵坐标值，如图 2-18 所示。也可以在光标位置直接单击鼠标，确定角点位置。

图 2-18 动态输入

2.4 文件管理

文件管理的基本操作方法，包括新建文件、打开已有文件、保存文件、删除文件等，这些都是 AutoCAD 2020 中文版的基础操作知识。

2.4.1 新建文件

【执行方式】

- 命令行：NEW
- 菜单栏：文件→新建
- 工具栏：标准→新建

【操作步骤】

执行上述命令，系统打开如图 2-19 所示"选择样板"对话框。
在运行快速创建图形功能之前必须进行如下设置：
（1）将系统变量 FILEDIA 设置为 1，将系统变量 STARTUP 设置为 0。

图 2-19 "选择样板"对话框

（2）从"工具"→"选项"菜单中选择默认图形样板文件，具体方法是：在"文件"选项卡下（如图 2-20 所示），单击"样板设置"节点下的"快速新建的默认样板文件"分节点，单击"浏览"按钮，打开与图 2-21 类似的"选择文件"对话框，然后选择需要的样板文件。

图 2-20 "选项"对话框的"文件"选项卡

2.4.2 打开文件

【执行方式】

- 命令行：OPEN
- 菜单栏：文件 → 打开
- 工具栏：标准 → 打开 📂 或快速访问→打开 📂

【操作格式】

执行上述命令后,系统打开"选择文件"对话框(如图 2-21 所示),在"文件类型"列表框中用户可选".dwg"文件、".dwt"文件、".dxf"文件和".dws"文件。".dxf"文件是用文本形式存储的图形文件,能够被其他程序读取,许多第三方应用软件都支持".dxf"格式。

另外还有"保存""另存为""关闭"等命令,它们的操作方式类似,若用户对图形所做的修改尚未保存,则会打开如图 2-22 所示的系统提示对话框。单击"是"按钮,系统将保存文件,然后退出;单击"否"按钮,系统将不保存文件。若用户对图形所做的修改已经保存,则直接退出。

图 2-21 "选择文件"对话框

图 2-22 系统提示对话框

2.5 基本输入操作

在 AutoCAD 中,有一些基本的输入操作方法,这些基本方法是进行 AutoCAD 绘图的必备知识,也是深入学习 AutoCAD 的前提。

2.5.1 命令输入方式

使用 AutoCAD 交互绘图必须输入必要的指令和参数,AutoCAD 命令输入方式有多种(以画直线为例):

1. 在命令行窗口输入命令

命令字符可不区分大小写,如命令"LINE"。执行命令时,在命令行提示中经常会出现命令选项,如输入绘制直线命令"LINE"后,命令行中的提示为:

```
命令:LINE↙
指定第一个点:(在屏幕上指定一点或输入一个点的坐标)
指定下一点或 [放弃(U)]:
```

选项中不带方括号的提示为默认选项,因此可以直接输入直线段的起点坐标或在屏幕上指定一点,如果要选择其他选项,则应该首先输入该选项的标识字符,如"放弃(U)"选项的标识字符为"U",然后按系统提示输入数据即可。在命令选项的后面有时候还带有尖括号,尖括号内的数值为默认数值。

2．在命令行窗口输入命令缩写字

如"L"（Line）、"C"（Circle）、"A"（Arc）、"Z"（Zoom）、"R"（Redraw）、"M"（More）、"CO"（Copy）、"PL"（Pline）、"E"（Erase）等。

3．选取绘图菜单相应选项

选取该选项后,在状态栏中可以看到对应的命令说明及命令名。

4．选取工具栏中的对应图标

选取该图标后在状态栏中也可以看到对应的命令说明及命令名。

5．在绘图区打开快捷菜单

如果在前面刚使用过要输入的命令,那么就可以在绘图区右击,打开快捷菜单,在"最近的输入"子菜单中选择需要的命令,如图2-23所示。"最近的输入"子菜单中存储最近使用过的命令,如果经常重复使用某个命令,这种方法就比较快捷。

6．在命令行中直接回车

如果用户要重复使用上次使用的命令,可以直接在命令行中回车,系统立即重复执行上次使用的命令,这种方法适用于重复执行某个命令。

图 2-23　命令行右键快捷菜单

2.5.2 命令的重复、撤销、重做

1．命令的重复

在命令行窗口中按 Enter 键可重复调用上一个命令,不管上一个命令是完成了还是被取消了,均不受影响。

2．命令的撤销

在命令执行过程中的任何时刻都可以取消和终止命令的执行。

【执行方式】

- 命令行：UNDO
- 菜单栏：编辑→放弃
- 工具栏：标准→放弃 ⇐ ▾ 或快速访问→放弃 ⇐ ▾
- 快捷键：Esc

3．命令的重做

已被撤销的命令还可以恢复重做,恢复撤销的是最后一个命令。

【执行方式】
- 命令行：REDO
- 菜单栏：编辑→重做

该命令可以一次执行多重放弃和重做操作。单击"UNDO"或"REDO"箭头列表，可以选择要放弃或重做的操作，如图 2-24 所示。

2.5.3 透明命令

在 AutoCAD 2020 中有些命令不仅可以直接在命令行中使用，还可以在其他命令的执行过程中插入并执行，待该命令执行完毕后，系统继续执行原命令，这种命令称为透明命令。透明命令一般为修改图形设置或打开辅助绘图工具的命令。

前述命令的执行方式同样适用于透明命令的执行，如：

图 2-24　多重放弃选项

```
命令：ARC↙
指定圆弧的起点或 [圆心(C)]：ZOOM↙（透明使用显示缩放命令"ZOOM"）
>>（执行"ZOOM"命令）
正在恢复执行 ARC 命令。
指定圆弧的起点或 [圆心(C)]：（继续执行原命令）
```

2.5.4 按键定义

在 AutoCAD 2020 中，除了可以通过在命令行窗口输入命令、点取工具栏图标或点取菜单选项来完成，还可以使用键盘上的一组功能键或快捷键，快速实现指定功能。如按下 F1 键，系统调用 AutoCAD 帮助文档。

2.5.5 命令执行方式

有的命令有两种执行方式：通过对话框或通过命令行输入命令。如指定使用命令行窗口方式，可以在命令前加短划线来表示，如"-LAYER"表示用命令行方式执行"图层"命令。如果在命令行中输入"LAYER"，系统则会自动打开"图层特性管理器"选项板。

另外，有些命令同时存在命令行、菜单和工具栏三种执行方式，这时如果选择菜单或工具栏方式，命令行会显示该命令，并在前面加下划线。如通过菜单或工具栏方式执行"直线"命令时，命令行会显示"_line"，命令的执行过程与结果与命令行方式的相同。

2.6　图层设置

 图层设置

图 2-25　图层示意图

AutoCAD 中的图层如同手工绘图中使用的重叠透明图纸，如图 2-25 所示，可以使用图层来组织不同类型的信息。在 AutoCAD 中，图形的每个对象都位于一个图层上，所有图形对象都具有图层、颜色、线型和线宽这 4 个基本属性。在绘制的时候，图形对象将创建在当前的图层上。每个 CAD 文档中图层的数量是不受限制的，每个图层都有自己的名称。

2.6.1 建立新图层

新建的 CAD 文档中只能自动创建一个名为"0"的特殊图层。在默认情况下，图层"0"将被指定使用 7 号颜色、"Continuous"线型、"默认"线宽及"Normal"打印样式，不能删除或重命名图层"0"。通过创建新的图层，可以将类型相似的对象指定给同一个图层使其相关联。例如，可以将构造线、文字、标注和标题栏置于不同的图层上，并为这些图层指定通用特性。通过将对象分类放到各自的图层中，可以快速有效地控制对象的显示及对其进行更改。

【执行方式】

- 命令行：LAYER
- 菜单栏：格式→图层
- 工具栏：图层→图层特性
- 功能区：默认→图层→图层特性 或视图→选项板→图层特性

【操作格式】

执行上述命令后，系统打开"图层特性管理器"选项板，如图 2-26 所示。

单击"图层特性管理器"选项板中"新建"按钮，建立新图层，默认的图层名为"图层 1"。可以根据绘图需要更改图层名，如改为"实体层""中心线层""标准层"等。

在一个图形中可以创建的图层数及在每个图层中可以创建的对象数实际上是无限的。图层最长可使用 255 个字符的字母或数字命名。"图层特性管理器"选项板按图层名称的首字母顺序排列。

> 注意：
> 如果要建立不只一个图层，无须重复单击"新建"按钮。更有效的方法是：在建立一个新的图层"图层 1"后，改变图层名，在其后输入一个逗号"，"，这样就会又自动建立一个新图层"图层 1"，改变图层名，再输入一个逗号，又一个新的图层建立了，依次建立各个图层。也可以两次按下 Enter 键，建立另一个新的图层。图层的名称可以更改，直接双击图层名称，输入新的名称。

图 2-26 "图层特性管理器"选项板

在每个图层属性中，包含图层名称、关闭/打开图层、冻结/解冻图层、锁定/解锁图层、颜色、线型、线宽、图层打印样式及图层是否打印 9 个参数。下面将讲述如何设置这些图层参数。

1. 设置图层线条颜色

在工程制图中，整个图形包含多种不同功能的图形对象，如实体、剖面线与尺寸标注等。

为了便于直观区分它们，有必要针对不同的图形对象使用不同的颜色，如实体层使用白色，剖面线层使用青色等。

要改变图层的颜色，可单击图层所对应的颜色图标，弹出"选择颜色"对话框，如图 2-27 所示。它是一个标准的颜色设置对话框，可以使用"索引颜色""真彩色""配色系统"3 个选项卡进行选择。系统显示的 RGB 颜色，即 Red（红）、Green（绿）和 Blue（蓝）三种颜色。

图 2-27 "选择颜色"对话框

2. 设置图层线型

线型是指作为图形基本元素的线条的组成和显示方式，如实线、点画线等。在绘图工作中，常以线型划分图层，为某一个图层设置适合的线型。在绘图时，只需将该图层设为当前工作层，即可绘制出符合线型要求的图形对象，极大地提高了绘图效率。

单击图层所对应的线型图标，弹出"选择线型"对话框，如图 2-28 所示。在默认情况下，在"已加载的线型"列表框中，系统只添加了"Continuous"线型。单击"加载"按钮，打开"加载或重载线型"对话框，如图 2-29 所示。可以看到 AutoCAD 还提供许多其他的线型，用鼠标选择所需线型，单击"确定"按钮，即可把该线型加载到"已加载的线型"列表框中，也可以按住 Ctrl 键选择几种线型同时加载。

图 2-28 "选择线型"对话框　　　　图 2-29 "加载或重载线型"对话框

3. 设置图层线宽

设置线宽，顾名思义就是改变线条的宽度。用不同宽度的线条表现图形对象的类型，也可以提高图形的表达能力和可读性，如绘制外螺纹时大径使用粗实线，小径使用细实线。

单击图层所对应的线宽图标，弹出"线宽"对话框，如图 2-30 所示。选择一个线宽，单击"确定"按钮，完成对图层线宽的设置。

图 2-30 "线宽"对话框

图层线宽的默认值为 0.01in，即 0.22mm。当状态栏为"模型"状态时，显示的线宽同计算机的像素有关，线宽为零时，显示为一个像素的线宽。单击状态栏中的"线宽"按钮，屏幕上显示的图形线宽与实际线宽成比例，如图 2-31 所示，但线宽不随着图形的放大和缩小而变化。关闭"线宽"功能时，不显示图形的线宽，图形的线宽均为默认宽度值。

图 2-31 线宽显示效果图

2.6.2 设置图层

除了上面讲述的通过"图层特性管理器"选项板设置图层的方法，还有几种其他的简便方法可以设置图层的颜色、线宽、线型等参数。

1. 直接设置图层属性

可以直接通过命令行或菜单设置图层的颜色、线宽、线型。

【执行方式】

- 命令行：COLOR
- 菜单栏：格式→颜色

【操作格式】

执行上述命令后，系统打开"选择颜色"对话框，如图 2-32 所示。

【执行方式】

- 命令行：LINETYPE
- 菜单栏：格式→线型

【操作格式】

执行上述命令后，系统打开"线型管理器"对话框，如图 2-33 所示。该对话框的使用方法与图 2-34 所示的"线宽设置"对话框类似。

第 2 章　AutoCAD入门知识

图 2-32　"选择颜色"对话框

图 2-33　"线型管理器"对话框

图 2-34　"线宽设置"对话框

【执行方式】

- 命令行：LINEWEIGHT 或 LWEIGHT
- 菜单栏：格式→线宽

【操作格式】

执行上述命令后，系统打开"线宽设置"对话框，该对话框的使用方法与"线宽"对话框的使用方法类似。

2. 利用"特性"工具栏设置图层属性

AutoCAD 2020 提供了一个"特性"工具栏，如图 2-35 所示。用户能够控制和使用工具栏快速查看和改变所选对象的图层、颜色、线型和线宽等特性。对"特性"工具栏上的图层颜色、线型、线宽和打印样式的控制增加了查看和编辑对象属性的命令，在绘图屏幕上选择任何对象，都将在工具栏上自动显示它所在图层、颜色、线型等属性。

图 2-35 "特性"工具栏

也可以在"特性"工具栏上的"颜色""线型""线宽""打印样式"下拉列表中选择需要的参数值。如果在"颜色"下拉列表（如图 2-36 所示）中选择"选择颜色"选项，系统打开"选择颜色"对话框。

3. 用"特性"选项板设置图层属性

【执行方式】

- 命令行：DDMODIFY 或 PROPERTIES
- 菜单栏：修改→特性
- 工具栏：标准→特性
- 功能区：视图→选项板→特性

【操作格式】

执行上述命令后，系统打开"特性"选项板，如图 2-37 所示。在其中可以方便地设置或修改图层、颜色、线型、线宽等属性。

图 2-36 "颜色"下拉列表

图 2-37 "特性"选项板

2.6.3 控制图层

1. 切换当前图层

不同的图形对象需要绘制在不同的图层中，在绘制前，需要将工作图层切换到所需的图层上。打开"图层特性管理器"选项板,选择图层,单击"置为当前"按钮 完成设置。

2. 删除图层

在"图层特性管理器"选项板中的图层列表框中选择要删除的图层,单击"删除图层"按钮 即可删除该图层。从图形文件定义中删除选定的图层,只能删除未参照的图层。参照图层包括图层"0"、"DEFPOINTS"、包含对象(包括块定义中的对象)的图层、当前图层和依赖外部参照的图层。不包含对象(包括块定义中的对象)的图层、非当前图层和不依赖外部参照的图层都可以删除。

3. 关闭/打开图层

在"图层特性管理器"选项板中,单击图标 ,可以控制图层的可见性。打开图层时,图标小灯泡呈鲜艳的颜色,该图层上的图形可以显示在屏幕上或绘制在绘图仪上。当图标小灯泡呈灰暗色时,该图层上的图形不能显示在屏幕上,而且不能打印输出,但仍然作为图形的一部分保留在文件中。

4. 冻结/解冻图层

在"图层特性管理器"选项板中,单击图标 ,可以冻结图层或将图层解冻。图标呈雪花灰暗色时,该图层是冻结状态;图标呈太阳鲜艳色时,该图层是解冻状态。冻结图层上的对象不能显示,也不能打印输出,同时不能编辑修改该图层上的图形对象。冻结图层后,该图层上的对象不影响其他图层上对象的显示和打印。例如,在使用"HIDE"命令消隐的时候,被冻结图层上的对象不隐藏其他的对象。

5. 锁定/解锁图层

在"图层特性管理器"选项板中,单击图标 ,可以锁定图层或将图层解锁。锁定图层后,该图层上的图形依然显示在屏幕上并可打印输出,并可以在该图层上绘制新的图形对象,但用户不能对该图层上的图形进行编辑修改操作。可以对当前图层进行锁定,也可对被锁定图层上的图形执行查询和对象捕捉操作。锁定图层可以防止对图形的意外修改。

6. 打印样式

在 AutoCAD 2020 中,可以使用一个称为"打印样式"的新的对象特性。打印样式控制对象的打印特性,包括颜色、抖动、灰度、笔号、虚拟笔、淡显、线型、线宽、线条端点样式、线条连接样式和填充样式。打印样式给用户提供了很大的灵活性,因为用户可以设置打印样式来替代其他对象特性,也可以按用户需要关闭这些替代设置。

7. 打印/不打印

在"图层特性管理器"选项板中,单击图标 ,可以设定打印时该图层是否可打印,以在保证图形显示可见不变的条件下,控制图形的打印特征。打印功能只对可见的图层起作用,对于已经被冻结或被关闭的图层不起作用。

2.7 绘图辅助工具

要快速顺利地完成图形绘制工作，有时要借助一些辅助工具，如用于准确确定绘制位置的精确定位工具调整图形显示范围与方式的显示工具等。下面简要介绍一下两种非常重要的辅助绘图工具。

2.7.1 精确定位工具

在绘制图形时，可以使用直角坐标和极坐标精确定位点，但是有些点（如端点、中心点等）的坐标我们是不知道的，又想精确指定这些点，可想而知是很难的，有时甚至是不可能的。幸好 AutoCAD 2020 提供了辅助定位工具，为我们解决了这个问题。使用这类工具，我们可以很容易地在屏幕中捕捉到这些点，进行精确绘图。

1. 栅格

AutoCAD 的栅格由有规则的点的矩阵组成，延伸到指定为图形界限的整个区域。使用栅格与在坐标纸上绘图是十分相似的，利用栅格可以对齐对象并直观显示对象之间的距离。如果放大或缩小图形，需要调整栅格间距，使其更适合新的比例。虽然栅格在屏幕上是可见的，但它并不是图形对象，因此它不会被打印成图形中的一部分，也不会影响绘图。

可以单击状态栏上的"栅格"按钮，或按下 F7 键打开或关闭栅格。启用栅格并设置栅格在 *X* 轴方向和 *Y* 轴方向上的间距的方法如下：

【执行方式】

- 命令行：DSETTINGS（或 DS，S E 或 DDRMODES）
- 菜单栏：工具→绘图设置
- 快捷菜单栏：在"栅格"按钮上右击→网格设置

【操作格式】

执行上述命令，系统打开"草图设置"对话框，如图 2-38 所示。

图 2-38 "草图设置"对话框

如果需要显示栅格，选择"启用栅格"复选框。在"栅格 X 轴间距"文本框中，输入栅格点之间的水平距离，单位为毫米。如果使用相同的间距设置垂直和水平分布的栅格点，则按 Tab

键。否则,在"栅格 Y 轴间距"文本框中输入栅格点之间的垂直距离。

另外,可以使用"GRID"命令通过命令行方式设置栅格,功能与"草图设置"对话框类似,不再赘述。

> **注意:**
> 如果栅格的间距设置得太小,当进行打开栅格操作时,AutoCAD 将在文本窗口中显示"栅格太密,无法显示"的信息,而不在屏幕上显示栅格点。或者使用"缩放"命令,将图形缩放到很小时,也会出现同样提示,不显示栅格。

2. 捕捉

捕捉是指 AutoCAD 可以生成一个隐含分布于屏幕上的栅格,这种栅格能够捕捉光标,使得光标只能落到其中的一个栅格点上。捕捉可分为"矩形捕捉"和"等轴测捕捉"两种类型。默认设置为"矩形捕捉",即捕捉点的阵列类似于栅格,如图 2-39 所示。用户可以指定捕捉模式,在 X 轴方向和 Y 轴方向上的间距,也可改变捕捉模式与图形界限的相对位置。与栅格不同之处在于:捕捉间距的值必须为正实数,另外捕捉模式不受图形界限的约束。"等轴测捕捉"表示捕捉模式为等轴测模式,此模式是绘制正等轴测图时的工作环境,如图 2-40 所示。在"等轴测捕捉"模式下,栅格和光标十字线成绘制等轴测图时的特定角度。

图 2-39 "矩形捕捉"实例

图 2-40 "等轴测捕捉"实例

在绘制图 2-39 和图 2-40 中的图形时,输入参数点时光标只能落在栅格点上。两种模式的切换方法:打开"草图设置"对话框,进入"捕捉和栅格"选项卡,在"捕捉类型"选项区中,通过单选框可以切换"矩形捕捉"模式与"等轴测捕捉"模式。

3. 极轴捕捉

极轴捕捉是在创建或修改对象时,按事先给定的角度增量和距离增量来追踪特征点,即捕捉相对于初始点,且满足指定的极轴距离和极轴角的目标点。

设置极轴追踪主要是设置追踪的距离增量和角度增量,以及与之相关联的捕捉模式。这些设置可以通过"草图设置"对话框的"捕捉和栅格"选项卡与"极轴追踪"选项卡来实现,如图 2-41 和图 2-42 所示。

图 2-41 "捕捉和栅格"选项卡　　　　图 2-42 "极轴追踪"选项卡

(1) 设置极轴距离

在"草图设置"对话框的"捕捉和栅格"选项卡中，可以设置极轴距离，单位为毫米。绘图时，光标将按指定的极轴距离增量进行移动。

(2) 设置极轴角度

在"极轴追踪"选项卡的"极轴角设置"选项组中，可以设置极轴角增量角度。设置时，可以使用向下箭头打开下拉选择框选择 90、45、30、22.5、18、15、10 和 5 度的极轴角增量，也可以直接输入指定角度。光标移动时，如果接近极轴角，将显示对齐路径和工具栏提示。例如，如图 2-43 所示，当极轴角增量设置为 30°、光标移动 90°时，显示对齐路径。

"附加角"用于设置极轴追踪时是否采用附加角度追踪。选中"附加角"复选框，通过"新建"按钮或者"删除"按钮来增加、删除附加角度值。

图 2-43　设置极轴角度实例

(3) 对象捕捉追踪的设置

用于设置对象捕捉追踪的模式。如果选择"仅正交追踪"单选框，则当采用追踪功能时，系统仅在水平和垂直方向上显示追踪数据；如果选择"用所有极轴角设置追踪"单选框，则当采用追踪功能时，系统不仅可以在水平和垂直方向上显示追踪数据，还可以在设置的极轴追踪角度与附加角度所确定的一系列方向上显示追踪数据。

(4) 极轴角测量

用于设置极轴角的角度测量采用的参考基准，"绝对"是相对水平方向逆时针测量，"相对上一段"则是以上一段对象为基准进行测量。

4. 对象捕捉

AutoCAD 2020 给所有的图形对象都定义了特征点，对象捕捉则是指在绘图过程中，通过捕捉这些特征点，迅速准确地将新的图形对象定位在现有对象的确切位置上，如圆的圆心、线段中点或两个对象的交点等。在 AutoCAD 2020 中，可以通过单击状态栏中"对象捕捉"按钮，或是在"草图设置"对话框的"对象捕捉"选项卡中选择"启用对象捕捉"复选框，来完成启用对象捕捉功能。在绘图过程中，对象捕捉功能的调用可以通过以下方式完成。

在绘图过程中，当系统提示需要指定点位置时，可以单击"对象捕捉"工具栏中相应的特征点按钮，再把光标移动到要捕捉的对象上的特征点附近，AutoCAD 会自动提示并捕捉到这些特征点。"对象捕捉"工具栏如图 2-44 所示。例如，如果需要用直线连接一系列圆的圆心，可以将圆心设置为执行对象捕捉。如果有两个可能的捕捉点落在选择区域内，AutoCAD 2020 将捕捉离光标中心最近的符合条件的点。还有可能指定点时需要检查哪一个对象捕捉有效，如在指定位置有多个对象捕捉符合条件，在指定点之前，按 Tab 键可以遍历所有可能的点。

在需要指定点位置时，还可以按住 Ctrl 键或 Shift 键，单击鼠标右键，弹出"对象捕捉"快捷菜单，如图 2-45 所示。从该菜单上一样可以选择某一种特征点执行对象捕捉，把光标移动到要捕捉对象上的特征点附近，即可捕捉到这些特征点。

图 2-44 "对象捕捉"工具栏　　　　　　图 2-45 "对象捕捉"快捷菜单

当需要指定点位置时，在命令行中输入相应特征点的关键词，把光标移动到要捕捉对象上的特征点附近，即可捕捉到这些特征点。对象捕捉特征点的关键字如表 2-1 所示。

表 2-1 对象捕捉模式

模式	关键字	模式	关键字	模式	关键字
临时追踪点	TT	捕捉自	FROM	端点	END
中点	MID	交点	INT	外观交点	APP
延长线	EXT	圆心	CEN	象限点	QUA
切点	TAN	垂足	PER	平行线	PAR
节点	NOD	最近点	NEA	无捕捉	NON

> 注意：
> （1）对象捕捉模式不可单独使用，必须配合其他绘图命令一起使用。仅当 AutoCAD 提示输入点时，对象捕捉模式才生效。如果试图在命令提示下使用对象捕捉模式，AutoCAD 将显示错误信息。
> （2）对象捕捉模式只影响屏幕上可见的对象，包括锁定图层、布局视口边界和多段线上的对象。不能捕捉不可见的对象，如未显示的对象、关闭或冻结图层上的对象或虚线的空白部分。

5. 自动对象捕捉

在绘制图形的过程中，使用对象捕捉的频率非常高，如果每次在捕捉时都要先选择捕捉模式，将使工作效率大大降低。出于此种考虑，AutoCAD 提供了自动对象捕捉模式。如果启用自动捕捉功能，当光标距指定的捕捉点较近时，系统会自动精确地捕捉这些特征点，并显示出相应的标记及捕捉提示。打开"草图设置"对话框中的"对象捕捉"选项卡，选中"启用对象捕捉追踪"复选框，可以调用自动捕捉，如图 2-46 所示。

图 2-46 "对象捕捉"选项卡

> 注意：
> 可以设置自己经常要用的捕捉方式，一旦设置了运行捕捉方式，在每次运行时，所设定的目标捕捉方式就会被激活，而不是仅对一次选择有效。当同时使用多种捕捉方式时，系统将捕捉距光标最近、同时又满足多种目标捕捉方式之一的点。当光标距要获取的点非常近时，按下 Shift 键将暂时不获取对象点。

6. 正交绘图

在正交绘图模式下，即在命令的执行过程中，光标只能沿 X 轴或者 Y 轴移动，所有绘制的线段和构造线都将平行于 X 轴或 Y 轴，因此它们相互垂直成 90°相交，即正交模式。使用正交模式绘图，对于绘制水平和垂直线非常有用，特别是绘制构造线时经常使用。而且当捕捉模式为等轴测捕捉模式时，它还使直线平行于 3 个等轴测中的一个。

设置正交模式可以直接单击状态栏中"正交模式"按钮，或按下 F8 键，会在文本窗口中显示开/关提示信息。也可以在命令行中输入"ORTHO"，开启或关闭正交模式绘图。

> 注意：
> 正交模式将光标限制在水平或垂直（正交）轴上。因为不能同时打开正交模式和极轴追踪，因此打开正交模式时，AutoCAD 会关闭极轴追踪。如果再次打开极轴追踪，AutoCAD 将关闭正交模式。

2.7.2 图形显示工具

图形显示工具

对于一个较为复杂的图形来说，在观察整幅图形时往往无法对其局部细节进行查看和操作，而在屏幕上显示细节部分时又看不到其他部分。为解决这类问题，AutoCAD 提供了缩放、平移、视图、鸟瞰视图和视口命令等一系列图形显示控制功能，可以用来任意放大、缩小或移动屏幕上的图形显示，或者同时从不同的角度、不同的部位来显示图形。AutoCAD 2020 还提供了重画和重新生成命令来刷新屏幕、重新生成图形。

1．图形缩放

图形缩放操作类似于使用照相机的镜头，可以放大或缩小屏幕所显示的范围，只改变视图的比例，但是对象的实际尺寸并不发生变化。当放大图形一部分的显示尺寸时，可以更清楚地查看这个区域的细节；相反，如果缩小图形的显示尺寸，则可以查看更大的区域，如整体浏览。

图形缩放功能在绘制大幅面机械图纸，尤其是装配图时非常有用，是使用频率最高的命令之一。这个命令可以透明地使用，也就是说，该命令可以在执行其他命令时运行。用户完成涉及透明命令的过程时，AutoCAD 会自动返回到用户调用透明命令前正在运行的命令。执行图形缩放的方法如下：

【执行方式】

- 命令行：ZOOM
- 菜单栏：视图→缩放
- 工具栏：标准→缩放（如图 2-47 所示）
- 功能区：视图→导航→"缩放"下拉菜单（如图 2-48 所示）

图 2-47 "缩放"工具栏　　　　图 2-48 "缩放"下拉菜单

【操作格式】

执行上述命令后，命令行提示与操作如下：

指定窗口的角点，输入比例因子 (nX 或 nXP)，或者[全部(A)/中心(C)/动态(D)/范围(E)/上一个(P)/比例(S)/窗口(W)/对象(O)] <实时>：

【选项说明】

（1）输入比例因子

根据输入的比例因子，以当前的视图窗口为中心，将视图窗口显示的内容放大或缩小输入的比例倍数。"nX"是指根据当前视图指定比例，"nXP"是指相对于图纸空间单位的比例。

（2）全部(A)

执行"ZOOM"命令后，在提示文字后输入"A"，即可执行"全部(A)"缩放操作。不论图形有多大，该操作都将显示图形的边界或范围，即使对象不包括在边界以内，它们也将被显示。因此，使用"全部(A)"缩放选项，可查看当前视口中的整个图形。

（3）中心(C)

通过确定一个中心点，该选项可以定义一个新的显示窗口。操作过程中需要指定中心点及输入比例或高度。默认新的中心点就是视图的中心点，默认的输入高度就是当前视图的高度，直接按 Enter 键后，图形将不会被放大。输入比例，则数值越大，图形放大倍数也将越大。也可以在数值后面紧跟一个"X"，如"3X"，表示在放大时不是按照绝对值变化，而是按相对于当前视图的相对值缩放的。

（4）动态(D)

通过操作一个表示视口的视图框，可以确定所需显示的区域。选择该选项，在绘图窗口中出现一个小的视图框，按住鼠标左键左右移动可以改变该视图框的大小，定形后松开左键，再按下鼠标左键移动视图框，确定图形中的放大位置，系统将清除当前视口并显示一个特定的视图选择屏幕。这个特定屏幕，由有关当前视图及有效视图的信息构成。

（5）范围(E)

该选项可以使图形缩放至整个显示范围。图形的范围由图形所在的区域构成，剩余的空白区域将被忽略。应用这个选项，图形中所有的对象都尽可能地被放大。

（6）上一个(P)

在绘制一幅复杂的图形时，有时需要放大图形的一部分以进行细节的编辑。当编辑完成后，有时希望回到前一个视图，这种操作可以使用"上一个(P)"选项来实现。当前视口由"缩放"命令的各种选项或移动视图、视图恢复、平行投影或透视命令引起的任何变化，系统都将保存。每个视口最多可以保存 10 个视图。连续使用"上一个(P)"选项可以恢复前 10 个视图。

（7）比例(S)

该选项提供了三种使用方法。在提示信息下，直接输入比例系数，AutoCAD 将按照此比例因子放大或缩小图形的尺寸。如果在比例系数后面加一个"X"，则表示相对于当前视图计算的比例因子。使用比例因子的第三种方法就是相对于图形空间，例如，可以在图纸空间阵列布排或打印出模型的不同视图。为了使每张视图都与图纸空间单位成比例，可以使用"比例(S)"选项，每个视图可以有单独的比例。

（8）窗口(W)

该选项是最常使用的选项。通过确定一个矩形窗口的两个对角来指定所需缩放的区域，对角点可以由鼠标指定，也可以输入坐标确定。指定窗口的中心点将成为新的显示屏幕的中心点，窗口中的区域将被放大或者缩小。调用"ZOOM"命令时，可以在没有选择任何选项的情况下，利用鼠标在绘图窗口中直接指定缩放窗口的两个对角点。

（9）对象(O)

该选项可以通过缩放操作以便尽可能大地显示一个或多个选定的对象，并使其位于视图的中心。可以在启动"ZOOM"命令前后选择对象。

（10）实时

这是"缩放"命令的默认操作，即在输入"ZOOM"命令后，直接按 Enter 键，将自动调用实时缩放操作。实时缩放就是指可以通过上下移动鼠标交替进行放大和缩小。在使用实时缩放时，系统会显示一个"+"号或"-"号。当缩放比例接近极限时，AutoCAD 将不再与光标一起显示"+"号或"-"号。需要从实时缩放操作中退出时，可按 Enter 键、Esc 键或从菜单中选择"Exit"命令退出。

松开拾取键时缩放终止。可以在松开拾取键后将光标移动到图形的另一个位置，然后再按住拾取键便可从该位置继续缩放显示。

> **注意：**
> 这里提到了诸如放大、缩小或移动操作，仅仅是对图形在屏幕上的显示进行控制，图形本身并没有任何改变。

2．图形平移

当图形幅面大于当前视口时，使用图形缩放操作将图形放大，如果需要在当前视口之外观察或绘制一个特定区域时，可以使用图形"平移"命令来实现。"平移"命令能将在当前视口以外的图形的一部分移动进来查看或编辑，但不会改变图形的缩放比例。执行图形缩放的方法如下：

【执行方式】

- 命令行：PAN
- 菜单栏：视图→平移
- 工具栏：标准→平移
- 快捷菜单栏：在绘图窗口中右击，在快捷菜单中选择"平移"选项
- 功能区：视图→导航→平移 （如图 2-49 所示）

图 2-49 "导航"面板

激活"平移"命令之后，光标将变成一只"小手"的形状，可以在绘图窗口中任意移动，以显示当前正处于平移模式。单击并按住鼠标左键将光标锁定在当前位置，即"小手"已经抓住图形，然后拖动图形使其移动到所需位置上。松开鼠标左键将停止平移图形。可以反复按下鼠标左键，拖动、松开，将图形平移到其他位置上。

"平移"命令预先定义了一些不同的菜单选项与按钮，它们可用于在特定方向上平移图形，在激活"平移"命令后，这些选项可以从菜单"视图"→"平移"中调用。

（1）实时："平移"命令中最常用的选项，也是默认选项。前面提到的平移操作都是指实

时平移，通过鼠标的拖动来实现任意方向上的平移。

（2）点：该选项要求确定位移量，这就需要确定图形移动的方向和距离。可以通过输入点的坐标或用鼠标指定点的坐标来确定位移。

（3）左：该选项移动图形使屏幕左部的图形进入显示窗口。

（4）右：该选项移动图形使屏幕右部的图形进入显示窗口。

（5）上：该选项向底部平移图形后，使屏幕顶部的图形进入显示窗口。

（6）下：该选项向顶部平移图形后，使屏幕底部的图形进入显示窗口。

2.8 名师点拨——图形基本设置技巧

1．如何删除顽固图层

方法 1：将无用的图层关闭，全选，复制粘贴至一新文件中，那些无用的图层就不会粘贴过来。如果曾经在这个无用的图层中定义过图块，又在另一图层中插入了这个图块，那么这个图层是不能用这种方法删除的。

方法 2：选择需要留下的图形，然后选择"文件"→"输出"→"块文件"命令，图块文件就包含被选中部分的图形了，如果这些图形中没有指定的层，这些层也不会被保存在新的图块图形中。

方法 3：打开一个 CAD 文件，把要删除的图层先关闭，在图面上只留下需要的可见图形，选择"文件"→"另存为"命令，在弹出的对话框中设置文件名，文件类型选择"*.dxf"格式，选择"工具"→"选项"命令，弹出"另存为选项"对话框，选择"DXF 选项"选项卡，选中"选择对象"复选框，单击"确定"按钮，然后单击"保存"按钮，即可选择保存对象，把可见或要用的图形选上后退出这个刚保存的文件，之后再将其打开，会发现不想要的图层不见了。

方法 4：使用"LAYTRANS"命令，可将需删除的图层映射为"0"层，这个方法可以删除具有实体对象或被其他块嵌套定义的图层。

2．如何快速变换图层

选择想要变换到的图层中的任一元素，然后单击"图层"工具栏中的"将对象的图层置为当前"按钮即可。

3．什么是 DXF 文件格式

DXF（Drawing Exchange File，图形交换文件）是一种 ASCII 文本文件，包含对应的 DWG 文件的全部信息，不是 ASCII 码形式，可读性差，但用 DXF 形成图形的速度快。不同类型的计算机即使用同一版本的文件，其 DWG 文件也是不可交换的。为了克服这一缺点，AutoCAD 提供了 DXF 类型文件，其内部为 ASCII 码，这样，不同类型的计算机可通过交换 DXF 文件来达到交换图形的目的。由于 DXF 文件可读性好，用户可方便地进行修改、编程，从外部对图形进行编辑、修改。

4．绘图前，绘图界限一定要设好吗

绘制新图最好按国家标准图幅设置绘图界限。绘图界限就像图纸的幅面。按绘图界限绘制

的图很方便打印，还可实现自动成批出图。当然，有的用户习惯在一个图形文件中绘制多张图，这样，设置图形界限就没有实际意义了。

5．线型的操作技巧

通过全局修改或单个修改每个对象的线型比例因子，可以以不同的比例使用同一个线型。默认情况下，全局线型和单个线型比例均设置为1.0。比例越小，每个绘图单位中生成的重复图案就越多。例如，将其设置为0.5时，每个图形单位在线型定义中将显示为原来的2倍。不能显示完整线型图案的短线段显示为连续线，对于太短，甚至不能显示一个虚线小段的线段，可以使用更小的线型比例。

6．图层设置的原则

（1）图层设置的第一原则是在够用的基础上越少越好。图层太多，会给绘制过程造成不便。
（2）一般不在"0"层上绘制图线。
（3）不同的图层一般采用不同的颜色，这样可利用颜色对图层进行区分。

7．"SCALE"命令应注意什么

"SCALE"命令可以将所选择对象的真实尺寸按照指定的尺寸比例放大或缩小，执行后输入"R"即可进入参照模式，然后指定参照长度和新长度即可。参照模式适用于不直接输入比例因子或比例因子不明确的情况。

2.9 上机实验

【练习1】设置绘图环境。
【练习2】熟悉操作界面。
【练习3】管理图形文件。
【练习4】设置图层。

2.10 模拟试题

1．用什么命令可以设置图形界限（　　）。
A．SCALE　　　　B．EXTEND　　　　C．LIMITS　　　　D．LAYER
2．在"图层"工具栏中，"将对象的图层置为当前"按钮的作用是（　　）。
A．将所选对象移至当前图层　　　　B．将所选对象移出当前图层
C．将选中对象所在的图层置为当前图层　　　　D．增加图层
3．对某图层进行锁定后，则（　　）。
A．图层中的对象不可编辑，但可添加对象　　B．图层中的对象不可编辑，也不可添加对象
C．图层中的对象可编辑，也可添加对象　　　　D．图层中的对象可编辑，但不可添加对象

4. 不可以通过"图层过滤器特性"对话框过滤的特性是（ ）。

A. 图层名、颜色、线型、线宽和打印样式　　B. 打开还是关闭图层

C. 锁定图层还是解锁图层　　　　　　　　　D. 图层是 Bylayer 还是 ByBlock

5. 如果将图层锁定后，那么该图层中的内容（ ）。

A. 可以显示　　　B. 不能打印　　　C. 不能显示　　　D. 可以编辑

6. 下面关于图层的描述不正确的是（ ）。

A. 新建图层的默认颜色均为白色　　　　　B. 被冻结的图层不能设置为当前层

C. AutoCAD 的各个图层共用一个坐标系统　D. 每幅图必然有且只有一个"0"层

7. 以下哪种打开方式不存在（ ）。

A. 以只读方式打开　　　　　　　　　　　B. 局部打开

C. 以只读方式局部打开　　　　　　　　　D. 参照打开

8. 下列有关图层转换器的说法错误的是（ ）。

A. 图层名之前的图标颜色表示此图层在图形中是否被参照

B. 黑色图标表示图层被参照

C. 白色图标表示图层被参照

D. 不参照的图层可通过在"转换自"列表中右击，并在弹出的快捷菜单中选择"清理图层"命令，将其从图形中删除

9. AutoCAD 2020 默认打开的工具栏有（ ）。

A. "标准"工具栏　　　　　　　　　　　　B. 快速访问工具栏

C. "修改"工具栏　　　　　　　　　　　　D. "特性"工具栏

10. 正常退出 AutoCAD 2020 的方法有（ ）。

A. 选择"QUIT"命令　　　　　　　　　　B. 选择"EXIT"命令

C. 单击屏幕右上角的"关闭"按钮　　　　D. 直接关机

第 3 章 二维绘图命令

二维图形是指在二维平面空间中绘制的图形,主要由一些图形元素组成,如点、直线、圆弧、圆、椭圆、矩形、多边形、多段线、样条曲线等。AutoCAD 提供了大量的绘图工具,可以帮助用户完成二维图形的绘制。本章主要内容包括:直线、圆和圆弧、椭圆和椭圆弧、平面图形、点、多段线、样条曲线和图案填充等。

3.1 直线类命令

直线类命令包括"直线""射线""构造线"等命令,这几个命令是 AutoCAD 中最简单的绘图命令。

3.1.1 绘制直线

【执行方式】

- 命令行:LINE(快捷命令:L)
- 菜单栏:绘图→直线
- 工具栏:绘图→直线
- 功能区:默认→绘图→直线(如图 3-1 所示)

图 3-1 "绘图"面板

【操作步骤】

命令行提示与操作如下:

```
命令:LINE↙
指定第一个点:(输入直线段的起点,用鼠标点取或者给定点的坐标)
指定下一点或 [放弃(U)]:(输入直线段的端点,也可以用鼠标指定一定角度后,直接输入直线的长度)
指定下一点或 [退出(E)/放弃(U)]:(输入下一直线段的端点,或输入选项"U"表示放弃前面的输入;单击鼠标右键或按回车键 Enter,结束命令)
指定下一点或 [关闭(C)/退出(X)/放弃(U)]:(输入下一直线段的端点,或输入选项"C"使图形闭合,结束命令)
```

【选项说明】

(1)若采用按 Enter 键响应"指定第一个点"的提示,系统会把上次绘线(或弧)的终点作为本次操作的起始点。若上次操作为绘制圆弧,按下 Enter 键响应后绘出通过圆弧终点与该圆弧相切的直线段,该线段的长度由鼠标在屏幕上指定的一点与切点之间线段的长度确定。

(2)在"指定下一点或"提示下,用户可以指定多个端点,从而绘出多条直线段。但是,每段直线是一个独立的对象,可以进行单独的编辑操作。

(3)绘制两条以上直线段后,若用"C"响应"指定下一点或"提示,系统会自动连接起始点和最后一个端点,从而绘出封闭的图形。

(4)若用"U"响应提示,则擦除最近一次绘制的直线段;若设置正交模式(单击状态栏上"正交"按钮),只能绘制水平直线或竖直直线。

（5）若设置动态输入方式（单击状态栏上"动态输入"按钮），则可以动态输入坐标或长度值。下面的命令同样可以设置动态输入方式，效果与非动态输入方式类似。除了特别需要，以后不再强调，而只按非动态输入方式输入相关数据。

3.1.2 操作实践——绘制五角星

本实例主要练习"直线"命令，绘制的五角星如图3-2所示。

单击状态栏中的"动态输入"按钮，关闭动态输入功能，单击"默认"选项卡"绘图"面板中的"直线"按钮，命令行提示与操作如下：

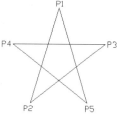

图3-2 绘制五角星

```
命令:_line
指定第一个点:120,120↙（在命令行中输入"120,120"（即顶点P1的位置）后按Enter键，系统继续提示，用相似方法输入五角星的各个顶点）
指定下一点或[放弃(U)]：@80<252↙（P2点）
指定下一点或[退出(E)/放弃(U)]：159.091,90.870↙（P3点，也可以输入相对坐标"@80<36"）
指定下一点或[关闭(C)/退出(X)/放弃(U)]：@80,0↙（错误的P4点）
指定下一点或[关闭(C)/退出(X)/放弃(U)]：U↙（取消对P4点的输入）
指定下一点或[关闭(C)/退出(X)/放弃(U)]：@-80,0↙（正确的P4点）
指定下一点或[关闭(C)/退出(X)/放弃(U)]：144.721,43.916↙（P5点，也可以输入相对坐标"@80<-36"）
指定下一点或[关闭(C)/退出(X)/放弃(U)]：C↙
```

> 📢 注意：
> （1）一般每个命令有4种执行方式，这里只给出了命令行执行方式，其他三种执行方式的操作方法与命令行执行方式相同。（2）坐标中的逗号必须在英文状态下输入，否则会出错。（3）↙表示回车。

3.1.3 数据的输入方法

在AutoCAD中，点的坐标可以用直角坐标、极坐标、球面坐标和柱面坐标表示，每种坐标又分别具有两种坐标输入方式：绝对坐标和相对坐标。其中，直角坐标和极坐标最为常用，下面主要介绍它们的输入方法。

1. 直角坐标法

用点的X、Y坐标值表示的坐标。

例如，在命令行中输入点的坐标提示下，输入"15,18"，则表示输入一个X、Y的坐标值分别为15、18的点，此为绝对坐标输入方式，表示该点的坐标是相对于当前坐标原点的坐标值，如图3-3（a）所示。如果输入"@10,20"，则为相对坐标输入方式，表示该点的坐标是相对于前一点的坐标值，如图3-3（b）所示。

2. 极坐标法

用长度和角度表示的坐标，只能用来表示二维点的坐标。

在绝对坐标输入方式下，表示为"长度<角度"，如"25<50"，其中长度为该点到坐标原点的距离，角度为该点至原点的连线与X轴正向的夹角，如图3-3（c）所示。

在相对坐标输入方式下，表示为"@长度<角度"，如"@25<45"，其中长度为该点到前一点的距离，角度为该点至前一点的连线与X轴正向的夹角，如图3-3（d）所示。

图 3-3 数据输入方法

3. 动态数据输入

单击状态栏上的"动态输入"按钮 ，系统打开动态输入功能（如果不需要动态输入功能，单击"动态输入"按钮 ，关闭动态输入功能），可以在屏幕上动态地输入某些参数数据。例如，绘制直线时，在光标附近会动态地显示"指定第一个点："及后面的坐标框，当前坐标框中显示的是光标所在位置，可以输入数据，两个数据之间以逗号隔开，如图 3-4 所示。指定第一个点后，系统动态地显示直线的角度，同时要求输入线段长度值，如图 3-5 所示，其输入效果与"@长度<角度"方式输入效果相同。

图 3-4 动态输入坐标值　　　　　　　　图 3-5 动态输入长度值

下面分别讲述点与距离值的输入方法。

（1）点的输入

在绘图过程中常需要输入点的位置，AutoCAD 提供如下几种输入点的方式。

① 直接在命令行窗口中输入点的坐标。笛卡尔坐标有两种输入方式："X,Y"（点的绝对坐标值，如"100,50"）和"@X,Y"（相对于上一点的相对坐标值，如"@50,-30"）。坐标值是相对于当前的用户坐标系。

极坐标的输入方式为"长度<角度"（其中，长度为点到坐标原点的距离，角度为原点至该点连线与 X 轴的正向夹角，如"20<45"）或"@长度<角度"（相对于上一点的相对极坐标，如"@50<-30"）。

> **注意：**
> 第二个点和后续点的默认设置为相对极坐标，不需要输入"@"符号。如果需要使用绝对坐标，请使用"#"符号前缀。例如，要将对象移到原点，请在提示输入第二个点时，输入"#0,0"。

② 用鼠标等定标设备单击，在屏幕上直接取点。

③ 用目标捕捉方式捕捉屏幕上已有图形的特殊点（如端点、中点、中心点、插入点、交点、切点、垂足点等）。

④ 直接输入距离：先用光标拖动出橡筋线确定方向，然后用键盘输入距离，这样有利于准确控制对象的长度等参数。

（2）距离值的输入

在 AutoCAD 命令中，有时需要提供高度、宽度、半径、长度等距离值。AutoCAD 提供两种输入距离值的方式：一种是用键盘在命令行窗口中直接输入数值；另一种是在屏幕上拾取两点，以两点的距离值定出所需数值。

3.1.4 操作实践——用动态输入法绘制五角星

本实例主要练习使用"直线"命令，在动态输入功能下绘制五角星，如图 3-6 所示。

（1）系统默认打开动态输入功能，如果动态输入功能没有打开，单击状态栏中的"动态输入"按钮 ，打开动态输入功能。单击"默认"选项卡"绘图"面板中的"直线"按钮 ，在动态输入框中输入第一点坐标（120,120），如图 3-7 所示，按 Enter 键确认 P1 点。

（2）拖动鼠标，然后在动态输入框中输入长度"80"，按 Tab 键切换到角度输入框，输入角度"108"，如图 3-8 所示，按 Enter 键确认 P2 点。

图 3-6 绘制五角星

图 3-7 确定 P1 点

图 3-8 确定 P2 点

（3）拖动鼠标，然后在动态输入框中输入长度"80"，按 Tab 键切换到角度输入框，输入角度"36"，如图 3-9 所示，按 Enter 键确认 P3 点。也可以输入绝对坐标（#159.091,90.87），如图 3-10 所示，按 Enter 键确认 P3 点。

图 3-9 确定 P3 点

图 3-10 确定 P3 点（绝对坐标方式）

（4）拖动鼠标，然后在动态输入框中输入长度"80"，按 Tab 键切换到角度输入框，输入角度"180"，如图 3-11 所示，按 Enter 键确认 P4 点。

（5）拖动鼠标，然后在动态输入框中输入长度"80"，按 Tab 键切换到角度输入框，输入角度"36"，如图 3-12 所示，按 Enter 键确认 P5 点，也可以输入绝对坐标（#144.721,43.916），如图 3-13 所示，按 Enter 键确认 P5 点。

（6）拖动鼠标，直接捕捉 P1 点，如图 3-14 所示，也可以输入长度"80"，按 Tab 键切换到角度输入框，输入角度"108"，则完成绘制。

图 3-11　确定 P4 点　　　　　　　　　图 3-12　确定 P5 点

　图 3-13　确定 P5 点（绝对坐标方式）　　　　图 3-14　完成绘制

3.1.5　构造线

【执行方式】

- 命令行：XLINE
- 菜单栏：绘图→构造线
- 工具栏：绘图→构造线
- 功能区：默认→绘图→构造线

【操作步骤】

命令行提示与操作如下：

命令：XLINE↙
指定点或 [水平(H)/垂直(V)/角度(A)/二等分(B)/偏移(O)]：（给出通过点1）
指定通过点：（给定通过点2，画一条双向无限长直线）
指定通过点：（继续给点，继续画线，如图3-15（a）所示，回车结束命令）

图 3-15　构造线

【选项说明】

（1）选项中有"指定点""水平""垂直""角度""二等分""偏移"6 种绘制构造线的方式，分别如图 3-15（a）～（f）所示。

（2）这种线模拟了手工作图中的辅助作图线，用特殊的线型显示，在绘图输出时可不输出，常用于辅助作图。

应用构造线作为辅助线绘制机械图中的三视图是构造线的最主要用途。构造线的应用保证了三视图之间"主俯视图长对正、主左视图高平齐、俯左视图宽相等"的对应关系。如图 3-16 所示为应用构造线作为辅助线绘制机械图中三视图的绘图示例。

3.1.6 操作实践——绘制轴线

图 3-16　用构造线辅助绘制三视图

利用"构造线"命令绘制轴线，如图 3-17 所示。

（1）单击"默认"选项卡"绘图"面板中的"构造线"按钮，将水平构造线向上侧偏移，偏移距离为 2750、3000、3300，如图 3-18 所示。命令行提示与操作如下：

```
命令：_xline
指定点或 [水平(H)/垂直(V)/角度(A)/二等分(B)/偏移(O)]：O↙
指定偏移距离或 [通过(T)] <1500.0000>：2750↙
选择直线对象：（选择水平构造线）
指定向哪侧偏移：（在直线的上方点取）
命令：_xline
指定点或 [水平(H)/垂直(V)/角度(A)/二等分(B)/偏移(O)]：O↙
指定偏移距离或 [通过(T)] <1500.0000>：3000↙
选择直线对象：（选择偏移后的水平构造线）
指定向哪侧偏移：（在直线的上方点取）
命令：_xline
指定点或 [水平(H)/垂直(V)/角度(A)/二等分(B)/偏移(O)]：O↙
指定偏移距离或 [通过(T)] <1500.0000>：3300↙
选择直线对象：（选择第二次偏移后的水平构造线）↙
指定向哪侧偏移：（在直线的上方点取）
```

（2）单击"默认"选项卡"绘图"面板中的"构造线"按钮，竖直构造线向右侧偏移，偏移距离为 1250、4200 和 1250，最终结果如图 3-17 所示。

图 3-17　绘制轴线

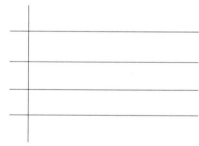

图 3-18　偏移构造线

3.2　圆类图形

圆类命令主要包括"圆""圆弧""椭圆""椭圆弧""圆环"等命令，这几个命令是 AutoCAD 中最简单的圆类命令。

3.2.1 绘制圆

【执行方式】

- 命令行：CIRCLE（快捷命令：C）
- 菜单：绘图→圆
- 工具栏：绘图→圆⊙
- 功能区：默认→绘图→圆⊙

【操作步骤】

命令行提示与操作如下：

命令：CIRCLE✓
指定圆的圆心或 [三点(3P)/两点(2P)/切点、切点、半径(T)]：（指定圆心）
指定圆的半径或 [直径(D)]：（直接输入半径数值或用鼠标指定半径长度）
指定圆的直径 <默认值>：（输入直径数值或用鼠标指定直径长度）

【选项说明】

（1）三点(3P)：用指定圆周上三点的方法画圆。

（2）两点(2P)：按指定直径两端点的方法画圆。

（3）切点、切点、半径(T)：按先指定两个相切对象，后给出半径的方法画圆。

3.2.2 操作实践——绘制定距环

定距环是机械零件中一种典型的辅助轴向定位零件，绘制比较简单。它呈管状，前视图呈圆环状，利用"圆"命令绘制；俯视图呈矩形，利用"直线"命令绘制；中心线利用"直线"命令绘制。绘制的定距环如图 3-19 所示。

1. 设置图层

（1）在命令行输入"LAYER"，或者选择菜单栏中的"格式"→"图层"命令，或者单击"默认"选项卡"图层"面板中的"图层特性"按钮⛁，打开"图层特性管理器"选项板，如图 3-20 所示。

图 3-19　定距环　　　　　图 3-20　"图层特性管理器"选项板

（2）单击"新建"按钮，创建一个新的图层，把该层的名字由默认的"图层 1"改为"中心线"，如图 3-21 所示。

图 3-21　更改图层名

（3）单击"中心线"图层对应的"颜色"图标，打开"选择颜色"对话框，选择红色为该层颜色，如图 3-22 所示，确认后返回"图层特性管理器"选项板。

（4）单击"中心线"图层对应的"线型"图标，打开"选择线型"对话框，如图 3-23 所示。

图 3-22　选择颜色

图 3-23　选择线型

（5）在"选择线型"对话框中，单击"加载"按钮，系统打开"加载或重载线型"对话框，选择"CENTER"线型，如图 3-24 所示，确认后退出。在"选择线型"对话框中选择"CENTER"（点画线）为该层线型，确认后返回"图层特性管理器"选项板。

（6）单击"中心线"图层对应的"线宽"图标，打开"线宽"对话框，选择"0.09mm"线宽，如图 3-25 所示，确认后退出。

图 3-24　加载新线型

图 3-25　选择线宽

（7）采用相同的方法再建立另一个新图层，命名为"轮廓线"。"轮廓线"图层的颜色设置为黑色，线型为 Continuous（实线），线宽为 0.30mm，并且让两个图层均处于打开、解冻和解锁状态，各项设置如图 3-26 所示。

图 3-26 设置图层

（8）选择"中心线"图层，单击"置为当前"按钮，将其设置为当前图层，然后确认关闭"图层特性管理器"选项板。

2．绘制中心线

（1）单击"默认"选项卡"绘图"面板中的"直线"按钮，或者在命令行中输入"LINE"后按 Enter 键，命令行提示与操作如下：

```
命令：_line
指定第一个点：150,92↙
指定下一点或 [放弃(U)]：150,120 ↙
指定下一点或 [退出(E)/放弃(U)]：↙
```

（2）使用同样的方法绘制另两条中心线{（100,200）、（200,200）}和{（150,150）、（150,250）}，得到的效果如图 3-27 所示。

提示：
{}中的坐标值表示执行一次命令输入的所有坐标值。

3．绘制定距环主视图

（1）切换图层：单击"默认"选项卡"图层"面板中"图层"下拉按钮，弹出下拉窗口，如图 3-28 所示。在其中选择"轮廓线"图层。

（2）绘制主视图：选择菜单栏中的"绘图"→"圆"→"圆心、半径"命令，或者单击"默认"选项卡"绘图"面板中的"圆"按钮，命令行提示与操作如下：

```
命令：_circle
指定圆的圆心或 [三点(3P)/两点(2P)/切点、切点、半径(T)]：150,200 ↙
指定圆的半径或 [直径(D)]：27.5 ↙
```

使用同样的方法绘制另一个圆：圆心为（150,200），半径为 32，得到的效果如图 3-29 所示。

图 3-27 绘制中心线　　　图 3-28 切换图层　　　图 3-29 绘制主视图

4．绘制定距环俯视图

选择菜单栏中的"绘图"→"直线"命令，或者单击"默认"选项卡"绘图"面板中的"直线"按钮 ╱，命令行提示与操作如下：

```
命令：_line
指定第一个点：118,100↙
指定下一点或 [放弃(U)]：118,112 ↙
指定下一点或 [退出(E)/放弃(U)]：182,112 ↙
指定下一点或 [关闭(C)/退出(X)/放弃(U)]：182,100 ↙
指定下一点或 [关闭(C)/退出(X)/放弃(U)]：C↙
```

最终结果如图 3-19 所示。

3.2.3 绘制圆弧

【执行方式】

- 命令行：ARC（快捷命令：A）
- 菜单：绘图→圆弧
- 工具栏：绘图→圆弧 ╱
- 功能区：默认→绘图→圆弧 ╱

【操作步骤】

命令行提示与操作如下：

```
命令：ARC↙
指定圆弧的起点或 [圆心(C)]：（指定起点）
指定圆弧的第二个点或 [圆心(C)/端点(E)]：（指定第二个点）
指定圆弧的端点：（指定端点）
```

【选项说明】

（1）用命令行方式绘制圆弧时，可以根据系统提示选择不同的选项，具体功能和菜单栏中的"绘图"→"圆弧"子菜单中提供的 11 种方式相似。这 11 种方式绘制的圆弧分别如图 3-30（a）～（k）所示。

图 3-30　11 种圆弧绘制方法

（2）需要强调的是"继续"方式，绘制的圆弧与上一线段或圆弧相切，继续画圆弧段，因此提供端点即可。

3.2.4 绘制圆环

【执行方式】

- 命令行：DONUT（快捷命令：DO）
- 菜单：绘图→圆环
- 功能区：默认→绘图→圆环◎

【操作步骤】

命令行提示与操作如下：

```
命令：DONUT↙
指定圆环的内径 <默认值>：（指定圆环内径）
指定圆环的外径 <默认值>：（指定圆环外径）
指定圆环的中心点或 <退出>：（指定圆环的中心点）
指定圆环的中心点或 <退出>：（继续指定圆环的中心点，则继续绘制具有相同内外径的圆环。按Enter键或右击，结束命令）
```

【选项说明】

若指定内径为零，则画出实心填充圆。

3.2.5 绘制椭圆与椭圆弧

【执行方式】

- 命令行：ELLIPSE（快捷命令：EL）
- 菜单：绘图→椭圆→圆弧
- 工具栏：绘图→椭圆 ◯ 或绘制→椭圆弧 ◌
- 功能区：默认→绘图→椭圆

【操作步骤】

命令行提示与操作如下：

```
命令：ELLIPSE↙
指定椭圆的轴端点或 [圆弧(A)/中心点(C)]：
指定轴的另一个端点：
指定另一条半轴长度或 [旋转(R)]：
```

【选项说明】

（1）指定椭圆的轴端点

根据两个端点，定义椭圆的第一条轴。第一条轴的角度确定了整个椭圆的角度，第一条轴既可定义为椭圆的长轴也可定义为椭圆的短轴。

（2）旋转(R)

通过绕第一条轴旋转圆来创建椭圆，相当于将一个圆绕椭圆轴翻转一个角度后的投影视图。

（3）中心点(C)

通过指定的中心点创建椭圆。

（4）圆弧(A)

该选项用于创建一段椭圆弧，与工具栏中的"绘制"→"椭圆弧"按钮功能相同。其中第一条轴的角度确定了椭圆弧的角度，第一条轴既可定义为椭圆弧长轴也可定义为椭圆弧短轴。选择该选项，命令行继续提示如下：

```
命令：_ellipse
指定椭圆的轴端点或 [圆弧(A)/中心点(C)]：A✓
指定椭圆弧的轴端点或 [中心点(C)]：(指定端点或输入"C")
指定轴的另一个端点：(指定另一端点)
指定另一条半轴长度或 [旋转(R)]：(指定另一条半轴长度或输入"R")
指定起点角度或 [参数(P)]：(指定起始角度或输入"P")
指定端点角度或 [参数(P)/夹角(I)]：
```

其中各选项含义如下：

① 起点角度：指定椭圆弧端点的两种方式之一。光标与椭圆中心点连线的夹角为椭圆弧端点位置的角度。

② 参数(P)：指定椭圆弧端点的另一种方式。该方式同样是指定椭圆弧端点的角度，通过以下矢量参数方程式创建椭圆弧：

$$p(u) = c + a \times \cos(u) + b \times \sin(u)$$

其中，c 是椭圆的中心点，a 和 b 分别是椭圆的长轴和短轴，u 为光标与椭圆中心点连线的夹角。

③ 夹角(I)：定义从起始角度开始的包含角度。

3.3 平面图形

3.3.1 绘制矩形

【执行方式】

- 命令行：RECTANG（快捷命令：REC）
- 菜单：绘图→矩形
- 工具栏：绘图→矩形 ▭
- 功能区：默认→绘图→矩形 ▭

【操作步骤】

命令行提示与操作如下：

```
命令：RECTANG✓
指定第一个角点或 [倒角(C)/标高(E)/圆角(F)/厚度(T)/宽度(W)]：
指定另一个角点或 [面积(A)/尺寸(D)/旋转(R)]：
```

【选项说明】

(1) 第一个角点：通过指定两个角点来确定矩形，如图 3-31（a）所示。

(2) 倒角(C)：指定倒角距离，绘制带倒角的矩形，如图 3-31（b）所示。每个角点的逆时针和顺时针方向的倒角可以相同，也可以不同，其中第一个倒角距离是指角点逆时针方向的倒角距离，第二个倒角距离是指角点顺时针方向的倒角距离。

(3) 圆角(F)：指定圆角半径，绘制带圆角的矩形，如图 3-31（c）所示。

(4) 厚度(T)：指定矩形的厚度，如图 3-31（d）所示。

(5) 宽度(W)：指定线宽，如图 3-31（e）所示。

图 3-31 绘制矩形

(6) 尺寸(D)：使用长和宽创建矩形，第二个指定点将矩形定位在与第一角点相关的四个位置之一内。

3.3.2 绘制正多边形

【执行方式】

- 命令行：POLYGON（快捷命令：POL）
- 菜单：绘图→多边形
- 工具栏：绘图→多边形⬠
- 功能区：默认→绘图→多边形⬠

【操作步骤】

命令行提示与操作如下：

```
命令：POLYGON↙
输入侧面数 <4>：（指定多边形的边数，默认为 4）
指定正多边形的中心点或 [边(E)]：（指定中心点）
输入选项 [内接于圆(I)/外切于圆(C)] <I>：（指定是内接于圆还是外切于圆，"I"表示内接于圆，如图 3-32
(a) 所示，"C"表示外切于圆，如图 3-32（b）所示）
指定圆的半径：（指定内接圆或外切圆的半径）
```

【选项说明】

如果选择"边(E)"选项，则只要指定多边形的一条边，系统就会按逆时针方向创建该正多边形，如图 3-32（c）所示。

图 3-32 画正多边形

3.3.3 操作实践——绘制螺母

绘制螺母

本例的螺母主视图主要利用"多边形""圆""直线"命令绘制，如图 3-33 所示。

1. 设置图层

单击"图层"工具栏中的"图层特性"按钮🗐，打开"图层特性管理器"选项板。新建"中心线"和"轮廓线"两个图层，如图 3-34 所示。

图 3-33 螺母

图 3-34　图层设置

2. 绘制中心线

将当前图层设置为"中心线"图层，单击"默认"选项卡"绘图"面板中的"直线"按钮，绘制中心线，端点坐标为 {（90,150）、（210,150）}，{（150,90）、（150,210）}。

3. 绘制螺母轮廓

将当前图层设置为"轮廓线"图层。

（1）单击"默认"选项卡"绘图"面板中的"圆"按钮，以（150,150）为中心，以 50 为半径绘制一个圆，得到的结果如图 3-35 所示。

（2）单击"默认"选项卡"绘图"面板中的"多边形"按钮，绘制正六边形，命令行提示与操作如下：

```
命令: _polygon
输入侧面数[4]: 6↙
指定正多边形的中心点或 [边(E)]: 150,150↙
输入选项 [内接于圆(I)/外切于圆(C)] <I>: c↙
指定圆的半径: 50↙
```

得到的结果如图 3-36 所示。

图 3-35　绘制圆　　　　图 3-36　绘制正六边形

（3）同样以（150,150）为中心，以 30 为半径绘制另一个圆，最终结果如图 3-33 所示。

3.4　点

点在 AutoCAD 有多种不同的表示方式，可以根据需要进行设置，也可以设置等分点和测量点。

3.4.1 绘制点

【执行方式】

- 命令行：POINT（快捷命令：PO）
- 菜单栏：绘图→点→单点或多点
- 工具栏：绘图→点
- 功能区：默认→绘图→多点

【操作步骤】

命令行提示与操作如下：
命令：POINT↙
指定点：（指定点所在的位置）

【选项说明】

（1）通过菜单方法操作时，如图3-37所示，"单点"选项表示只输入一个点，"多点"选项表示可输入多个点。

（2）可以单击状态栏中的"对象捕捉"按钮设置点捕捉模式，帮助用户拾取点。

（3）点在图形中的表示样式共有20种。可通过"DDPTYPE"命令或单击菜单栏中"格式"→"点样式"命令，在"点样式"对话框中设置，如图3-38所示。

图3-37 "点"子菜单

图3-38 "点样式"对话框

3.4.2 等分点

【执行方式】

- 命令行：DIVIDE（快捷命令：DIV）
- 菜单栏：绘制→点→定数等分
- 功能区：默认→绘图→定数等分

【操作步骤】

命令行提示与操作如下：
命令：DIVIDE↙
选择要定数等分的对象：（选择要等分的实体）
输入线段数目或 [块(B)]：（指定实体的等分数）

【选项说明】

（1）等分数范围为2~32767。

（2）在等分点处，按当前点样式设置画出等分点。

（3）在提示行选择"块(B)"选项时，表示在等分点处插入指定的块（BLOCK）。

3.4.3 测量点

【执行方式】

- 命令行：MEASURE（快捷命令：ME）
- 菜单栏：绘制→点→定距等分
- 功能区：默认→绘图→定距等分

【操作步骤】

命令行提示与操作如下：
命令：MEASURE↙
选择要定距等分的对象：（选择要设置测量点的实体）
指定线段长度或 [块(B)]：（指定分段长度）

【选项说明】

（1）设置的起点一般是指定线的绘制起点。

（2）在提示行选择"块(B)"选项时，表示在测量点处插入指定的块，后续操作与等分点操作类似。

（3）在等分点处，按当前点样式设置画出等分点。

（4）最后一个测量段的长度不一定等于指定分段长度。

3.4.4 操作实践——绘制外六角头螺栓

绘制如图3-39所示的外六角头螺栓，操作步骤如下。

（1）单击"默认"选项卡"图层"面板中的"图层特性"按钮，打开"图层特性管理器"选项板，新建两个图层，分别为"中心线"和"粗实线"图层，各个图层属性如图3-40所示。

图3-39 外六角头螺栓

图3-40 "图层特性管理器"选项板

（2）将"中心线"图层设置为当前图层。单击"默认"选项卡"绘图"面板中的"直线"按钮，指定直线的坐标为（0,8）和（0,-27），作为竖直中心线。

（3）将"粗实线"图层设置为当前图层。单击"默认"选项卡"绘图"面板中的"直线"按钮，指定直线的坐标分别为{（-10.5,0）、（10.5,4.5）、（9,6）、（-9,6）、（-10.5,4.5）、（-10.5,0）}和{（-10.5,4.5）、（10.5,4.5）}，绘制螺栓上半部分，如图3-41所示。

（4）单击菜单栏中"格式"→"点样式"命令，打开如图3-42所示的对话框，将点的样式设置为"×"样式，单击"确定"按钮，返回绘图状态。

图 3-41 绘制上半部分

图 3-42 "点样式"对话框

（5）单击"默认"选项卡"绘图"面板中的"定数等分"按钮，选择水平直线，将直线等分为4段，结果如图3-43所示。命令行提示与操作如下：

```
命令: _divide
选择要定数等分的对象:（选择水平直线）
输入线段数目或 [块(B)]: 4↙
```

使用相同的方法，将另外一条水平直线也进行定数等分。

（6）单击"默认"选项卡"绘图"面板中的"圆弧"按钮，指定圆弧的三点，绘制圆弧，如图3-44所示。命令行提示与操作如下：

```
命令: _arc
指定圆弧的起点或 [圆心(C)]:（捕捉最左侧竖直线和斜向直线的交点）
指定圆弧的第二个点或 [圆心(C)/端点(E)]: E↙
指定圆弧的端点:（捕捉水平直线的第一个等分点）
指定圆弧的中心点(按住 Ctrl 键以切换方向)或 [角度(A)/方向(D)/半径(R)]:（按住 Ctrl 键, 指定圆弧上的点）
命令: _arc
指定圆弧的起点或 [圆心(C)]:（捕捉水平直线的第一个等分点）
指定圆弧的第二个点或 [圆心(C)/端点(E)]:（捕捉竖直中心线和最上侧水平直线的交点）
指定圆弧的端点:（水平直线的第三个等分点）
命令: _arc
指定圆弧的起点或 [圆心(C)]:（捕捉水平直线的第三个等分点）
指定圆弧的第二个点或 [圆心(C)/端点(E)]: E↙
指定圆弧的端点:（捕捉最右侧竖直线和斜向直线的交点）
指定圆弧的中心点(按住 Ctrl 键以切换方向)或 [角度(A)/方向(D)/半径(R)]:（按住 Ctrl 键, 指定圆弧上的点）
```

（7）单击菜单栏中"格式"→"点样式"命令，打开如图3-45所示的"点样式"对话框，将点样式设置为第一行的第二种，单击"确定"按钮，返回绘图状态。

（8）单击"默认"选项卡"绘图"面板中的"直线"按钮 ∕，指定直线的坐标分别为{（6,0）、（@0,-25）、（@-12,0）、（@0,25）}和{（-6,-10）、（6,-10）}，绘制螺栓下半部分，如图 3-46 所示。

（9）将"细实线"图层设置为当前的图层。单击"默认"选项卡"绘图"面板中的"直线"按钮 ∕，指定直线的坐标分别为{（-5,-10）（-5,-25）}和{（5,-10）、（5,-25）}，绘制两条直线，补全螺栓的下半部分。

（10）选择上面第二条水平线，按下 Delete 键，删除该直线，最终结果如图 3-39 所示。

图 3-43　等分直线　　图 3-44　绘制圆弧　　图 3-45　"点样式"对话框　　图 3-46　绘制下半部分

3.5 图案填充

当用户需要用一个重复的图案填充一个区域时，可以使用"BHATCH"命令，创建一个相关联的填充阴影对象，即图案填充。

【预习重点】
- 观察图案填充结果。
- 了解填充样例对应的含义。
- 确定边界选择要求。
- 了解对话框中参数的含义。

3.5.1　基本概念

1. 图案边界

当进行图案填充时，首先要确定填充图案的边界。定义边界的对象只能是直线、双向射线、单向射线、多段线、样条曲线、圆弧、圆、椭圆、椭圆弧、面域等，或用这些对象定义的块，而且作为边界的对象在当前图层上必须全部可见。

2. "孤岛"

在进行图案填充时，我们把位于总填充区域内的封闭区称为"孤岛"，如图 3-47 所示。在使用"BHATCH"命令填充时，AutoCAD 系统允许用户以拾取点的方式确定填充边界，即在希望填充的区域内任意拾取一点，系统会自动确定出填充边界，同时也确定该边界内的"岛"。如果用户以选择对象的方式确定填充边界，则必须确切地选取这些"岛"。

3. 填充方式

在进行图案填充时，需要控制填充的范围，AutoCAD 系统为用户设置了以下 3 种填充方式，以实现对填充范围的控制。

（1）普通方式。如图 3-48（a）所示，该方式从边界开始，从每条填充线或每个填充符号的两端向里填充，遇到内部对象与之相交时，填充线或填充符号断开，直到遇到下一次相交对象时再继续填充。采用这种填充方式时，要避免填充线或填充符号与内部对象的相交次数为奇数，该方式为系统内部默认的方式。

（2）最外层方式。如图 3-48（b）所示，该方式从边界向里填充，只要在边界内部与对象相交，填充符号就会断开，而不再继续填充。

（3）忽略方式。如图 3-48（c）所示，该方式忽略边界内的对象，所有内部结构都被填充符号覆盖。

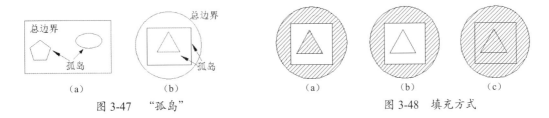

图 3-47 "孤岛"　　　　　　　　图 3-48 填充方式

3.5.2 添加图案填充

【执行方式】

- 命令行：BHATCH（快捷命令：BH）
- 菜单栏：绘图→图案填充
- 工具栏：绘图→图案填充▨
- 功能区：默认→绘图→图案填充▨

【操作步骤】

执行上述命令后，系统打开如图 3-49 所示的"图案填充创建"选项卡。

图 3-49 "图案填充创建"选项卡

【选项说明】

1. "边界"面板

（1）拾取点：通过选择由一个或多个对象形成的封闭区域内的点，确定图案填充边界，如图 3-50 所示。指定内部点时，可以随时在绘图区域中右击以显示包含多个选项的快捷菜单。

（2）选择边界对象：指定基于选定对象的图案填充边界。使用该选项时，不会自动检测内部对象，必须选择选定边界内的对象，以按照当前"孤岛"检测样式填充这些对象，如图 3-51 所示。

选择一点　　　　　填充区域　　　　　填充结果

图 3-50　边界确定

原始图形　　　　　选取边界对象　　　填充结果

图 3-51　选取边界对象

（3）删除边界对象：从边界定义中删除之前添加的任何对象，如图 3-52 所示。

选取边界对象　　　删除边界　　　　　填充结果

图 3-52　删除"岛"后的边界

（4）重新创建边界：围绕选定的图案填充或填充对象创建多段线或面域，并使其与图案填充对象相关联。

（5）显示边界对象：选择构成选定关联图案填充对象的边界对象，使用显示的夹点可修改图案填充边界。

（6）保留边界对象：指定如何处理图案填充边界对象，包括以下几个选项：

① 不保留边界。不创建独立的图案填充边界对象，仅在图案填充创建期间可用。

② 保留边界-多段线。创建封闭图案填充对象的多段线，仅在图案填充创建期间可用。

③ 保留边界-面域。创建封闭图案填充对象的面域对象，仅在图案填充创建期间可用。

（7）选择新边界集：指定对象的有限集（称为边界集），以便通过创建图案填充时的拾取点进行计算。

2. "图案"面板

显示所有预定义和自定义图案的预览图像。

3. "特性"面板

（1）图案填充类型：指定是使用纯色、渐变色、图案还是用户定义填充。

（2）背景色：指定填充图案背景的颜色。

（3）图案填充透明度：设定新图案填充或填充的透明度，替代当前对象的透明度。

（4）图案填充颜色：替代实体填充和填充图案的当前颜色。

（5）图案填充角度：指定图案填充或填充的角度。

（6）填充图案比例：放大或缩小预定义或自定义填充图案。

（7）交叉线：将绘制第二组直线，与原始直线成 90°，从而构成交叉线。仅当"图案填充类型"设定为"用户定义"时可用。

(8) ISO 笔宽：基于选定的笔宽缩放 ISO 图案，仅对于预定义的 ISO 图案可用。

4. "原点"面板

(1) 设定原点：直接指定新的图案填充原点。

(2) 左下：将图案填充原点设定在图案填充边界矩形范围的左下角。

(3) 右下：将图案填充原点设定在图案填充边界矩形范围的右下角。

(4) 左上：将图案填充原点设定在图案填充边界矩形范围的左上角。

(5) 右上：将图案填充原点设定在图案填充边界矩形范围的右上角。

(6) 中心：将图案填充原点设定在图案填充边界矩形范围的中心。

(7) 使用当前原点：将图案填充原点设定在系统变量 HPORIGIN 中默认的存储位置。

(8) 存储为默认原点：将新图案填充原点的值存储在系统变量 HPORIGIN 中。

5. "选项"面板

(1) 关联：指定图案填充或填充为关联图案填充，关联的图案填充或填充在用户修改其边界对象时将会更新。

(2) 注释性：指定图案填充为注释性。此特性会自动完成缩放注释过程，从而使注释能够以正确的大小在图纸上打印或显示。

(3) 特性匹配。

① 使用当前原点：使用选定图案填充对象（除图案填充原点外）设定图案填充的特性。

② 使用源图案填充的原点：使用选定图案填充对象（包括图案填充原点）设定图案填充的特性。

(4) 创建独立的图案填充：控制当指定了几个单独的闭合边界时，是创建单个图案填充对象，还是创建多个图案填充对象。

(5) "孤岛"检测。

① 普通"孤岛"检测：从外部边界向内填充。如果遇到内部"孤岛"，填充将关闭，直到遇到"孤岛"中的另一个"孤岛"。

② 外部"孤岛"检测：从外部边界向内填充。该选项仅填充指定的区域，不会影响内部"孤岛"。

③ 忽略"孤岛"检测：忽略所有内部的对象，填充图案时将通过这些对象。

6. "关闭"面板

关闭图案填充创建：退出"HATCH"命令并关闭上下文选项卡，也可以按 Enter 键或 Esc 键退出。

3.5.3 操作实践——绘制弯头截面

绘制弯头截面

本实例绘制如图 3-53 所示的弯头截面。

(1) 单击"默认"选项卡"图层"面板中的"图层特性"按钮，弹出"图层特性管理器"选项板，新建如下 3 个图层。

① 第 1 个图层为"轮廓线"图层，线宽为 0.30mm，其余属性为默认值。

② 第 2 个图层为"剖面线"图层，颜色为蓝色，其余属性为默认值。

③ 第 3 个图层为"中心线"图层，颜色为红色，线型为 CENTER，其余属性为默认值，结果如图 3-54 所示。

图 3-53　弯头截面

图 3-54　图层设置

（2）将"中心线"图层设置为当前图层。单击"默认"选项卡"绘图"面板中的"直线"按钮，绘制一条中心线，端点坐标分别为（0,-3）和（0,17），如图 3-55 所示。

（3）将"轮廓线"图层设置为当前图层。单击"默认"选项卡"绘图"面板中的"矩形"按钮，绘制一个角点坐标分别为（-45,14）和（45,0）的矩形，如图 3-56 所示。

（4）单击"默认"选项卡"绘图"面板中的"直线"按钮，绘制 6 条直线，直线的坐标分别为｛(-38,0)、(-38,14)｝，｛(-27,0)、(-27,14)｝，｛(-13,0)、(-13,14)｝，｛(13,0)、(13,14)｝，｛(27,0)、(27,14)｝和｛(38,0)、(38,14)｝，结果如图 3-57 所示。

图 3-55　绘制中心线　　　　图 3-56　绘制矩形　　　　图 3-57　绘制直线

（5）将"剖面线"图层设置为当前图层。单击"默认"选项卡"绘图"面板中的"图案填充"按钮，打开如图 3-58 所示的"图案填充创建"选项卡，选择"ANSI37"图案，"填充图案比例"设置为 0.25，选择图案填充的区域，最终结果如图 3-53 所示。

图 3-58　"图案填充创建"选项卡

3.6　多段线

多段线是一种由线段和圆弧组合而成的不同线宽的多线，这种线由于其组合形式的多样和线宽的不同，弥补了直线或圆弧功能的不足，适合绘制各种复杂的图形轮廓，因而得到了广泛的应用。

3.6.1 绘制多段线

【执行方式】

- 命令行：PLINE（快捷命令：PL）
- 菜单：绘图→多段线
- 工具栏：绘图→多段线
- 功能区：默认→绘图→多段线

【操作步骤】

命令行提示与操作如下：

命令：PLINE✓
指定起点：（指定多段线的起点）
当前线宽为 0.0000
指定下一个点或 [圆弧(A)/半宽(H)/长度(L)/放弃(U)/宽度(W)]：（指定多段线的下一点）

【选项说明】

多段线主要由不同长度的连续的线段或圆弧组成，如果在上述提示中选择"圆弧(A)"选项，则命令行继续提示如下：

指定圆弧的端点(按住Ctrl键以切换方向)或 [角度(A)/圆心(CE)/方向(D)/半宽(H)/直线(L)/半径(R)/第二个点(S)/放弃(U)/宽度(W)]：

3.6.2 操作实践——绘制电磁管密封圈

绘制如图 3-59 所示的电磁管密封圈，操作步骤如下。

（1）单击"默认"选项卡"图层"面板中的"图层特性"按钮，创建 3 个图层，分别为"中心线""实体线""剖面线"，其中"中心线"图层的颜色设置为红色，线型为 CENTER，线宽为默认值；"实体线"图层的颜色为白色，线型为实线，线宽为 0.30mm；"剖面线"图层为软件默认的属性值，如图 3-60 所示。

图 3-59 绘制电磁管密封圈

（2）绘制中心线。

① 切换图层：将"中心线"图层设定为当前图层。

② 绘制中心线：单击"默认"选项卡"绘图"面板中的"直线"按钮，绘制长度为 30 的水平和竖直直线，水平直线坐标分别为（-15,0）和（15,0），竖直直线的坐标为（0,15）和（0,-15），其中点在坐标原点，结果如图 3-61 所示。

图 3-60 设置图层

图 3-61 绘制中心线

（3）绘制电磁管密封圈。

① 切换图层：将"实体线"图层设定为当前图层。

② 绘制实体线：单击"默认"选项卡"绘图"面板中的"圆"按钮，单击圆心在十字交叉线的中点（即坐标原点（0,0）），绘制半径分别为 10.5 和 13.5 的同心圆，结果如图 3-62 所示。

③ 切换图层：将"中心线"图层设定为当前图层。

（4）单击"默认"选项卡"绘图"面板中的"直线"按钮，绘制直线，直线的坐标为{（0,16.6）、（0,23.6）}，{（-11.5,17.1）、（-11.5,23.1）}，{（-14,19.6）、（-9,19.6）}，{（11.5,17.1）、（11.5,23.1）}，{（14,19.6）、（9,19.6）}，如图 3-63 所示。

图 3-62　绘制同心圆

图 3-63　绘制中心线

（5）将"实体线"图层设定为当前图层。单击"默认"选项卡"绘图"面板中的"多段线"按钮，绘制多段线，如图 3-64 所示。命令行提示与操作如下：

```
命令：_pline
指定起点：-11.5,18.6↙
当前线宽为 0.0000
指定下一个点或 [圆弧(A)/半宽(H)/长度(L)/放弃(U)/宽度(W)]：11.5,18.6↙
指定下一点或 [圆弧(A)/闭合(C)/半宽(H)/长度(L)/放弃(U)/宽度(W)]：A↙
指定圆弧的端点(按住 Ctrl 键以切换方向)或[角度(A)/圆心(CE)/闭合(CL)/方向(D)/半宽(H)/直线(L)/半径(R)/第二个点(S)/放弃(U)/宽度(W)]：S↙
指定圆弧上的第二个点：13.5,19.6↙
指定圆弧的端点：11.5,20.6↙
指定圆弧的端点(按住 Ctrl 键以切换方向)或[角度(A)/圆心(CE)/闭合(CL)/方向(D)/半宽(H)/直线(L)/半径(R)/第二个点(S)/放弃(U)/宽度(W)]：L↙
指定下一点或 [圆弧(A)/闭合(C)/半宽(H)/长度(L)/放弃(U)/宽度(W)]：-11.5,20.6↙
指定下一点或 [圆弧(A)/闭合(C)/半宽(H)/长度(L)/放弃(U)/宽度(W)]：A↙
指定圆弧的端点(按住 Ctrl 键以切换方向)或[角度(A)/圆心(CE)/闭合(CL)/方向(D)/半宽(H)/直线(L)/半径(R)/第二个点(S)/放弃(U)/宽度(W)]：S↙
指定圆弧上的第二个点：-13.5,19.6↙
指定圆弧的端点：-11.5,18.6↙
指定圆弧的端点(按住 Ctrl 键以切换方向)或[角度(A)/圆心(CE)/闭合(CL)/方向(D)/半宽(H)/直线(L)/半径(R)/第二个点(S)/放弃(U)/宽度(W)]：↙
```

（6）单击"默认"选项卡"绘图"面板中的"圆弧"按钮，绘制半圆弧，如图 3-65 所示。命令行提示与操作如下：

```
命令：_arc
指定圆弧的起点或 [圆心(C)]：(多段线的起点)
指定圆弧的第二个点或 [圆心(C)/端点(E)]：C↙
指定圆弧的圆心：(水平和竖直中心线的交点)
指定圆弧的端点(按住 Ctrl 键以切换方向)或 [角度(A)/弦长(L)]：(竖直中心线和多段线的交点)
```

使用相同方法绘制右侧的圆弧。

图 3-64　绘制多段线　　　　　图 3-65　绘制圆弧

（7）将"剖面线"图层设置为当前图层，单击"默认"选项卡"绘图"面板中的"图案填充"按钮，打开"图案填充创建"选项卡，如图 3-66 所示，选择"ANSI37"图案，"填充图案比例"为 0.2，单击"拾取点"按钮，进行填充操作，结果如图 3-59 所示。

图 3-66　"图案填充创建"选项卡

3.7　样条曲线

AutoCAD 2020 使用一种称为非一致有理 B 样条（NURBS）曲线的特殊样条曲线类型，NURBS 曲线在控制点之间产生一条光滑的样条曲线。样条曲线可用于创建形状不规则的曲线，例如，为地理信息系统（GIS）或汽车设计绘制轮廓线。

3.7.1　绘制样条曲线

【执行方式】

- 命令行：SPLINE（快捷命令：SPL）
- 菜单栏：绘图→样条曲线
- 工具栏：绘图→样条曲线
- 功能区：默认→绘图→样条曲线拟合或样条曲线控制点

【操作步骤】

命令行提示与操作如下：

命令：SPLINE↵
当前设置：方式=拟合　节点=弦
指定第一个点或 [方式(M)/节点(K)/对象(O)]：（指定样条曲线的起点）
输入下一个点或 [起点切向(T)/公差(L)]：（输入下一个点）
输入下一个点或 [端点相切(T)/公差(L)/放弃(U)]：（输入下一个点）
输入下一个点或 [端点相切(T)/公差(L)/放弃(U)/闭合(C)]：/

3.7.2 操作实践——绘制螺钉旋具

本例利用"矩形""直线""样条曲线""多段线"命令绘制如图 3-67 所示的螺钉旋具平面图。

图 3-67 螺钉旋具

1. 绘制螺钉旋具左部把手

（1）单击"默认"选项卡"绘图"面板中的"矩形"按钮 ▢，指定两个角点坐标为（45,180）和（170,120），绘制矩形。

（2）单击"默认"选项卡"绘图"面板中的"直线"按钮 ∕，绘制两条直线，端点坐标是 {（45,166）、(@125<0)} 和 {（45,134）、(@125<0)}。

（3）单击"默认"选项卡"绘图"面板中的"圆弧"按钮 ⌒，绘制圆弧，圆弧的 3 个端点坐标为（45,180）、（35,150）和（45,120），绘制的图形如图 3-68 所示。

2. 绘制螺钉旋具的中间部分

（1）单击"默认"选项卡"绘图"面板中的"样条曲线拟合"按钮 ∾ 和"直线"按钮 ∕，命令行提示与操作如下：

```
命令：_SPLINE（绘制样条曲线）
当前设置：方式=拟合    节点=弦
指定第一个点或 [方式(M)/节点(K)/对象(O)]：M✓
输入样条曲线创建方式 [拟合(F)/控制点(CV)] <拟合>：FIT✓
当前设置：方式=拟合    节点=弦
指定第一个点或 [方式(M)/节点(K)/对象(O)]：170,180✓（给出样条曲线第一点的坐标值）
输入下一个点或 [起点切向(T)/公差(L)]：192,165✓（给出样条曲线第二点的坐标值）
输入下一个点或 [端点相切(T)/公差(L)/放弃(U)]：225,187✓（给出样条曲线第三点的坐标值）
输入下一个点或 [端点相切(T)/公差(L)/放弃(U)/闭合(C)]：255,180✓（给出样条曲线第四点的坐标值）
输入下一个点或 [端点相切(T)/公差(L)/放弃(U)/闭合(C)]：：✓
命令：_SPLINE
当前设置：方式=拟合    节点=弦
指定第一个点或 [方式(M)/节点(K)/对象(O)]：M✓
输入样条曲线创建方式 [拟合(F)/控制点(CV)] <拟合>：FIT✓
当前设置：方式=拟合    节点=弦
指定第一个点或 [方式(M)/节点(K)/对象(O)]：170,120✓
输入下一个点或 [起点切向(T)/公差(L)]：192,135✓
输入下一个点或 [端点相切(T)/公差(L)/放弃(U)]：225,113✓
输入下一个点或 [端点相切(T)/公差(L)/放弃(U)/闭合(C)]：255,120✓
输入下一个点或 [端点相切(T)/公差(L)/放弃(U)/闭合(C)]：✓
```

（2）单击"默认"选项卡"绘图"面板中的"直线"按钮 ∕，绘制连续线段，端点坐标分别是（255,180）、（308,160）、(@5<90)、(@5<0)、(@30<-90)、(@5<-180)、(@5<90)、（255,120）、（255,180），接着单击"默认"选项卡"绘图"面板中的"直线"按钮 ∕，绘制另一条线段，端点坐标分别是（308,160）、(@20<-90)，如图 3-69 所示。

图 3-68 绘制螺钉旋具左部把手

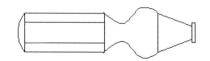

图 3-69 绘制完螺钉旋具中间部分后的图形

3. 绘制螺钉旋具的右侧部分

单击"默认"选项卡"绘图"面板中的"多段线"按钮 ⌐⊃，命令行提示与操作如下：

```
命令:_pline(绘制多段线)
指定起点:313,155↙(给出多段线起点的坐标值)
当前线宽为 0.0000
指定下一个点或 [圆弧(A)/半宽(H)/长度(L)/放弃(U)/宽度(W)]:@162<0↙ (用相对极坐标形式给出多段
线下一点的坐标值)
指定下一点或 [圆弧(A)/闭合(C)/半宽(H)/长度(L)/放弃(U)/宽度(W)]:a↙(转为画圆弧的方式)
指定圆弧的端点(按住 Ctrl 键以切换方向)或[角度(A)/圆心(CE)/闭合(CL)/方向(D)/半宽(H)/直线(L)/
半径(R)/第二个点(S)/放弃(U)/宽度(W)]:490,160↙(给出圆弧的端点坐标值)
指定圆弧的端点(按住 Ctrl 键以切换方向)或[角度(A)/圆心(CE)/闭合(CL)/方向(D)/半宽(H)/直线(L)/
半径(R)/第二个点(S)/放弃(U)/宽度(W)]:↙(退出)
命令:_pline
指定起点:313,145↙
当前线宽为 0.0000
指定下一个点或 [圆弧(A)/半宽(H)/长度(L)/放弃(U)/宽度(W)]:@162<0↙
指定下一点或 [圆弧(A)/闭合(C)/半宽(H)/长度(L)/放弃(U)/宽度(W)]:a↙
指定圆弧的端点(按住 Ctrl 键以切换方向)或[角度(A)/圆心(CE)/闭合(CL)/方向(D)/半宽(H)/直线(L)/
半径(R)/第二个点(S)/放弃(U)/宽度(W)]:490,140↙
指定圆弧的端点(按住 Ctrl 键以切换方向)或[角度(A)/圆心(CE)/闭合(CL)/方向(D)/半宽(H)/直线(L)/
半径(R)/第二个点(S)/放弃(U)/宽度(W)]:l↙(转为直线方式)
指定下一点或 [圆弧(A)/闭合(C)/半宽(H)/长度(L)/放弃(U)/宽度(W)]:510,145↙
指定下一点或 [圆弧(A)/闭合(C)/半宽(H)/长度(L)/放弃(U)/宽度(W)]:@10<90↙
指定下一点或 [圆弧(A)/闭合(C)/半宽(H)/长度(L)/放弃(U)/宽度(W)]:490,160↙
指定下一点或 [圆弧(A)/闭合(C)/半宽(H)/长度(L)/放弃(U)/宽度(W)]:↙
```

最终结果如图 3-67 所示。

3.8 名师点拨——二维绘图技巧

1. 多段线的宽度问题

当直线宽度设置成不为 0 时,打印时就按这个线宽打印。如果这个多段线的宽度太小,则显示不出宽度效果(如以 mm 为单位绘图,设置多段线宽度为 10,当用 1:100 的比例打印时,就是 0.1mm),所以多段线的宽度设置要考虑打印比例。而当宽度是 0 时,就可按对象特性来设置(与其他对象一样)。

2. 怎样把多条线合并为多段线

使用"PEDIT"命令,该命令中有合并选项。

3. 使用"直线"(LINE)命令时的操作技巧

若为正交直线,可单击"正交模式"按钮,根据正交方向提示,直接输入下一点的距离即可,而不需要输入"@"符号;若为斜线,则可单击"极轴追踪"按钮,再右击"极轴追踪"按钮,打开窗口,在其中设置斜线的捕捉角度,此时,图形进入了自动捕捉所需角度的状态,可大大提高制图时输入直线长度的效率。

同时,右击"对象捕捉"按钮,在打开的快捷菜单中选择"设置"命令,打开"草图设置"对话框,在其中进行对象捕捉设置,绘图时,只需单击"对象捕捉"按钮,程序会自动进行某些点的捕捉,如端点、中点、圆切点、等线等,对象捕捉功能的应用可以极大提高制图速度。使用对象捕捉可指定对象上的精确位置,例如,使用对象捕捉可以绘制到圆心或多段线中点的直线。

若在某命令下提示输入某一点（如起始点、中心点或基准点等），都可以指定对象捕捉。默认情况下，当光标移到对象的捕捉位置时，将显示标记和工具栏提示。该功能称为 AutoSnap（自动捕捉），其提供了视觉提示，指示哪些对象捕捉正在使用。

4．图案填充的操作技巧

当使用"图案填充"命令时，所使用图案的比例因子值均为 1，即原本定义时的真实样式。然而，随着界限定义的改变，比例因子应做相应的改变，否则会使填充图案过密或者过疏，因此在选择比例因子时可使用下列技巧进行操作。

（1）当处理较小区域的图案时，可以减小图案的比例因子值。相反，当处理较大区域的图案填充时，则可以增大图案的比例因子值。

（2）比例因子应恰当选择，要视具体图形界限的大小而定。

（3）当处理较大的填充区域时，要特别小心，如果选用的图案比例因子太小，则产生的图案就和使用"Solid"命令所得到的填充结果一样，这是因为在单位距离中有太多的线，不仅看起来不恰当，而且也增加了文件的长度。

（4）比例因子的取值应遵循"宁大不小"的原则。

5．图案填充时找不到范围怎么解决

在使用"BHATCH"命令进行图案填充时常常遇到找不到线段封闭范围的情况，尤其是.dwg 文件本身比较大时，此时可以采用"LAYISO"（图层隔离）命令，让欲填充的范围线所在的层孤立或冻结，再用"BHATCH"命令进行图案填充就可以快速找到所需填充范围。

另外，填充图案的边界确定有一个边界集设置的问题（在高级栏下）。在默认情况下，"BHATCH"命令通过分析图形中所有闭合的对象来定义边界。对屏幕中的所有完全可见或局部可见的对象进行分析以定义边界，在复杂的图形中可能耗费大量时间。要填充复杂图形的小区域，可以在图形中定义一个对象集，称作边界集。"BHATCH"命令不会分析边界集中未包含的对象。

3.9 上机实验

【练习 1】绘制如图 3-70 所示的哈哈猪。

【练习 2】绘制如图 3-71 所示的椅子。

【练习 3】绘制如图 3-72 所示的挡圈。

图 3-70 哈哈猪

图 3-71 椅子

图 3-72 挡圈

3.10 模拟试题

1. 重复使用刚执行的命令，按（　　）键。
   A．Ctrl　　　　　　B．Alt　　　　　　C．Enter　　　　　　D．Shift

2. 绘制圆环时，若将内径指定为 0，则会（　　）。
   A．绘制一个线宽为 0 的圆　　　　　　B．绘制一个实心圆
   C．提示重新输入数值　　　　　　　　D．提示错误，退出该命令

3. 同时填充多个区域，如果修改一个区域的填充图案而不影响其他区域，则（　　）。
   A．将图案分解
   B．在创建图案填充时选择"关联"
   C．删除图案，重新对该区域进行填充
   D．在创建图案填充时选择"创建独立的图案填充"

4. "多段线"（PLINE）命令不可以（　　）。
   A．绘制样条线　　　　B．绘制首尾不同宽度的线
   C．闭合多段线　　　　D．绘制由不同宽度的直线或圆弧所组成的连续线段

5. 关于圆环说法正确的是（　　）。
   A．圆环是填充环或实体填充圆，即带有宽度的闭合多段线
   B．圆环的两个圆是不能一样大的
   C．圆环无法创建实体填充圆
   D．圆环标注半径值是内环的值

6. 可以有宽度的线有（　　）。
   A．构造线　　　　　　B．多段线　　　　　C．直线　　　　　　D．样条曲线

7. 下面的命令不能绘制出线段或类似线段图形的有（　　）。
   A．LINE　　　　　　　B．XLINE　　　　　C．PLINE　　　　　　D．ARC

8. 动手试操作一下，进行图案填充时，下面图案类型中不需要同时指定角度和比例的有（　　）。
   A．预定义　　　　　　B．用户定义　　　　C．自定义　　　　　　D．B 和 C

9. 根据图案填充创建边界时，边界类型不可能是以下哪个选项？（　　）
   A．多段线　　　　　　B．样条曲线　　　　C．三维多段线　　　　D．螺旋线

10. 绘制带有圆角的矩形，首先要（　　）。
    A．先确定一个角点　　　　　　　　　B．绘制矩形再倒圆角
    C．先设置圆角再确定角点　　　　　　D．先设置倒角再确定角点

第 4 章 二维编辑命令

二维图形的编辑操作配合绘图命令的使用,可以进一步完成复杂图形对象的绘制工作,使用户合理安排和组织图形,保证绘图准确、减少重复。因此,对编辑命令的熟练掌握和使用有助于提高设计和绘图的效率。本章主要内容包括选择对象、复制类命令、改变位置类命令、删除及恢复类命令、改变几何特性命令和对象编辑等。

4.1 选择和删除对象

AutoCAD 2020 提供两种编辑图形的途径:
(1) 先执行编辑命令,然后选择要编辑的对象。
(2) 先选择要编辑的对象,然后执行编辑命令。

这两种途径的执行效果是相同的,但选择对象是进行编辑的前提。AutoCAD 2020 提供了多种对象选择方法,如点取方法、用选择窗口选择对象、用选择线选择对象、用对话框选择对象等。AutoCAD 可以把选择的多个对象组成整体,如选择集和对象组,进行整体编辑与修改。

4.1.1 构造选择集

选择集可以仅由一个图形对象构成,也可以是一个复杂的对象组,如位于某一特定层上的具有某种特定颜色的一组对象。选择集的构造可以在调用编辑命令之前或之后进行。

AutoCAD 提供以下几种方法来构造选择集:
(1) 先选择一个编辑命令,然后选择对象,按 Enter 键,结束操作。
(2) 使用"SELECT"命令。在命令提示行输入"SELECT",然后根据选择的选项,出现选择对象提示,按 Enter 键,结束操作。
(3) 用点取设备选择对象,然后调用编辑命令。
(4) 定义对象组。

无论使用哪种方法,AutoCAD 2020 都将提示用户选择对象,并且光标的形状由十字光标变为拾取框。

下面结合"SELECT"命令说明选择对象的方法。

"SELECT"命令可以单独使用,也可以在执行其他编辑命令时被自动调用。命令行提示与操作如下:

> 选择对象:(等待用户以某种方式选择对象作为回答。AutoCAD 2020 提供多种选择方式,可以键入"?"查看这些选择方式。选择选项后,出现如下提示)
> 需要点或窗口(W)/上一个(L)/窗交(C)/框(BOX)/全部(ALL)/栏选(F)/圈围(WP)/圈交(CP)/编组(G)/添加(A)/删除(R)/多个(M)/前一个(P)/放弃(U)/自动(AU)/单个(SI)/子对象 (SU)/对象 (O)

上面各选项的含义如下:

1．点

该选项表示直接通过点取的方式选择对象。用鼠标或键盘移动拾取框，使其框住要选取的对象，然后单击，就会选中该对象并高亮显示。

2．窗口(W)

用由两个对角顶点确定的矩形窗口选取位于其范围内部的所有图形，与边界相交的对象不会被选中。指定对角顶点应该按照从左向右的顺序，如图 4-1 所示。

3．上一个(L)

在"选择对象："提示下输入"L"后，按 Enter 键，系统会自动选取最后绘出的一个对象。

4．窗交(C)

该方式与上述"窗口"方式类似，区别在于：它不但选中矩形窗口内部的对象，也选中与矩形窗口边界相交的对象。如图 4-2 所示。

图中下部方框为选择框　　　选择后的图形　　　图中下部虚线框为选择框　　　选择后的图形

图 4-1　"窗口"对象选择方式　　　　　图 4-2　"窗交"对象选择方式

5．框(BOX)

使用时，系统根据用户在屏幕上给出的两个对角点的位置而自动引用"窗口"或"窗交"方式。若从左向右指定对角点，则为"窗口"方式；反之，则为"窗交"方式。

6．全部(ALL)

选取图面上的所有对象。

7．栏选(F)

用户临时绘制一些直线，这些直线不必构成封闭图形，凡是与这些直线相交的对象均被选中，执行结果如图 4-3 所示。

8．圈围(WP)

使用一个不规则的多边形来选择对象。根据提示，用户顺次输入构成多边形的所有顶点的坐标，最后按 Enter 键结束操作，系统将自动连接第一个顶点到最后一个顶点的各个顶点，形成封闭的多边形。凡是被多边形围住的对象均被选中（不包括边界），执行结果如图 4-4 所示。

9．圈交(CP)

类似于"圈围"方式，在"选择对象："提示后输入"CP"，后续操作与"圈围"方式相同。区别在于：与多边形边界相交的对象也被选中。

图中虚线为选择栏　　　选择后的图形　　　图中十字线所拉出多边形为选择框　　选择后的图形

图 4-3 "栏选"对象选择方式　　　　　　　图 4-4 "圈围"对象选择方式

10．编组(G)

使用预先定义的对象组作为选择集。事先将若干个对象组成对象组，用组名引用。

11．添加(A)

添加下一个对象到选择集，也可用于从移走模式（Remove）到选择模式的切换。

12．删除(R)

按住 Shift 键选择对象，可以从当前选择集中移走该对象，对象由高亮显示状态变为正常显示状态。

13．多个(M)

指定多个点，不高亮显示对象，这种方法可以加快在复杂图形上选择对象的过程。若两个对象交叉，两次指定交叉点，则可以选中这两个对象。

14．前一个(P)

用关键字"P"回应"选择对象:"的提示，则把上次编辑命令中的最后一次构造的选择集或最后一次使用"Select"（DDSELECT）命令预置的选择集作为当前选择集。这种方法适用于对同一选择集进行多种编辑操作的情况。

15．放弃(U)

用于取消加入选择集的对象。

16．自动(AU)

选择结果视用户在屏幕上的选择操作而定。如果选中单个对象，则该对象为自动选择的结果；如果选择点落在对象内部或外部的空白处，命令行提示与操作如下：

指定对角点：

此时，系统会采取一种窗口选择方式。对象被选中后，变为虚线形式，并高亮显示。

说明：

若矩形框从左向右定义，即第一个选择的对角点为左侧的对角点，矩形框内部的对象被选中，框外部的及与矩形框边界相交的对象不会被选中。若矩形框从右向左定义，矩形框内部及与矩形框边界相交的对象都会被选中。

17．单个(SI)

选择指定的第一个对象或对象集，而不继续提示进行下一步的选择。

4.1.2 "删除"命令

如果所绘制的图形不符合要求或绘错了图形,则可以使用"删除"(ERASE)命令将其删除。

【执行方式】

- 命令行:ERASE
- 菜单栏:修改→删除
- 快捷菜单:选择要删除的对象,在绘图区右击,从打开的右键快捷菜单上选择"删除"命令。
- 工具栏:修改→删除
- 功能区:默认→修改→删除

【操作步骤】

可以先选择对象,然后调用"删除"命令;也可以先调用"删除"命令,再选择对象。选择对象时,可以使用前面介绍的各种对象选择方法。

当选择多个对象时,多个对象都被删除;若选择的对象属于某个对象组,则该对象组的所有对象都被删除。

4.2 对象编辑

在对图形进行编辑时,还可以对图形对象本身的某些特性进行编辑,从而方便地进行图形绘制。

4.2.1 钳夹功能

利用钳夹功能可以快速方便地编辑对象。AutoCAD 在图形对象上定义了一些特殊点,称为夹点,利用夹点可以灵活地控制对象,如图 4-5 所示。

使用夹点编辑对象,要选择一个夹点作为基点,称为基准夹点。然后,选择一种编辑操作:删除、移动、复制选择、旋转和缩放,可以使用空格键、Enter 键或键盘上的快捷键循环选择这些功能。

4.2.2 修改对象属性

【执行方式】

- 命令行:DDMODIFY 或 PROPERTIES
- 菜单栏:修改→特性或工具→选项板→特性
- 工具栏:标准→特性
- 功能区:视图→选项板→特性

【操作步骤】

命令行提示与操作如下:

命令:DDMODIFY✓

AutoCAD 打开"特性"选项板，如图 4-6 所示。利用它可以方便地设置或修改对象的各种属性。不同的对象属性种类和值不同，修改属性值，对象的属性改变。

图 4-5 夹点

图 4-6 "特性"选项板

特性匹配

4.2.3 特性匹配

利用特性匹配功能可以将目标对象的属性与源对象的属性进行匹配，使目标对象的属性与源对象属性相同。利用特性匹配功能可以方便快捷地修改对象属性，并保持不同对象的属性相同。

【执行方式】

- 命令行：MATCHPROP
- 菜单栏：修改→特性匹配
- 功能区：默认→特性→特性匹配

【操作步骤】

命令行提示与操作如下：

命令：MATCHPROP↙
选择源对象：(选择源对象，如图 4-7（a）所示)
当前活动设置：颜色 图层 线型 线型比例 线宽 透明度 厚度 打印样式 标注 文字 图案填充 多段线 视口 表格材质 多重引线中心对象
选择目标对象或 [设置(S)]：(选择目标对象，如图 4-7（b）所示)

结果如图 4-7（c）所示。

图 4-7 特性匹配

4.3 复制类命令

本节详细介绍 AutoCAD 2020 的复制类命令，利用这些复制类命令，可以方便地编辑图形。

4.3.1 "偏移"命令

偏移对象是指保持选择的对象的形状，在不同的位置以不同的尺寸新建一个对象。

【执行方式】

- 命令行：OFFSET
- 菜单栏：修改→偏移
- 工具栏：修改→偏移 ⌐
- 功能区：默认→修改→偏移 ⌐

【操作步骤】

命令行提示与操作如下：

```
命令: OFFSET↵
当前设置: 删除源=否  图层=源  OFFSETGAPTYPE=0
指定偏移距离或 [通过(T)/删除(E)/图层(L)] <通过>: (指定距离值)
选择要偏移的对象, 或 [退出(E)/放弃(U)] <退出>: (选择要偏移的对象。按 Enter 键, 结束操作)
指定要偏移的那一侧上的点, 或 [退出(E)/多个(M)/放弃(U)] <退出>: (指定偏移方向)
```

【选项说明】

1. 指定偏移距离

输入一个距离值，或按 Enter 键，使用当前的距离值，系统把该距离值作为偏移距离。

2. 通过(T)

指定偏移对象的通过点，选择该选项后出现如下提示：

```
选择要偏移的对象或 <退出>: (选择要偏移的对象, 按 Enter 键, 结束操作)
指定通过点: (指定偏移对象的一个通过点)
```

操作完毕后，系统根据指定的通过点绘出偏移对象。

4.3.2 操作实践——绘制角钢

本实例绘制如图 4-8 所示的角钢。

(1) 单击"默认"选项卡"图层"面板中的"图层特性"按钮，新建如下 2 个图层。

① 第 1 个图层命名为"轮廓线"，线宽为 0.30mm，其余属性为默认值。

② 第 2 个图层命名为"剖面线"，其余属性为默认值。

(2) 将"轮廓线"图层设置为当前图层。单击"默认"选项卡"绘图"面板中的"直线"按钮，绘制长度为 30 的水平直线和竖直直线，如图 4-9 所示。

图 4-8 角钢   图 4-9 绘制直线

(3) 单击"默认"选项卡"修改"面板中的"偏移"按钮，将水平直线向右侧偏移 4、4

和 18，将竖直直线向上侧偏移 4、4 和 18，效果如图 4-10 所示。命令行提示与操作如下：

```
命令：_offset
当前设置：删除源=否  图层=源  OFFSETGAPTYPE=0
指定偏移距离或 [通过(T)/删除(E)/图层(L)] <4.0000>: 4↙
选择要偏移的对象，或 [退出(E)/放弃(U)] <退出>：（选择水平直线）
指定要偏移的那一侧上的点，或 [退出(E)/多个(M)/放弃(U)] <退出>：（在直线的右侧点取一点）
选择要偏移的对象，或 [退出(E)/放弃(U)] <退出>：（选择偏移后的竖直直线）
指定要偏移的那一侧上的点，或 [退出(E)/多个(M)/放弃(U)] <退出>：（在偏移后的直线的右侧点取一点）
选择要偏移的对象，或 [退出(E)/放弃(U)] <退出>：↙
命令：_offset
当前设置：删除源=否  图层=源  OFFSETGAPTYPE=0
指定偏移距离或 [通过(T)/删除(E)/图层(L)] <4.0000>: 18↙
选择要偏移的对象，或 [退出(E)/放弃(U)] <退出>：（选择第二次偏移得到的竖直直线）
指定要偏移的那一侧上的点，或 [退出(E)/多个(M)/放弃(U)] <退出>：（在偏移后的直线的右侧点取一点）
……
```

（4）单击"默认"选项卡"绘图"面板中的"圆弧"按钮，利用三点（起点、圆心和端点，按住键盘上的 Ctrl 键，可以切换绘制的圆弧的方向）画弧的方式，绘制如图 4-11 所示的 3 段圆弧。

图 4-10　偏移直线

图 4-11　绘制圆弧

（5）利用"删除"命令删除多余的图线，利用钳夹功能缩短相关图线到圆弧端点的位置，如图 4-12 所示。

（6）将"剖面线"图层设置为当前图层，单击"默认"选项卡"绘图"面板中的"图案填充"按钮，选择"ANSI31"图案，"填充图案比例"设置为 1，进行填充，如图 4-13 所示。完成角钢的绘制，最终效果如图 4-8 所示。

图 4-12　删除并缩短线段　　　　　图 4-13　"图案填充创建"选项卡

4.3.3　"复制"命令

【执行方式】

- 命令行：COPY

- 菜单栏：修改→复制
- 工具栏：修改→复制
- 快捷菜单：选择要复制的对象，在绘图区右击，从打开的右键快捷菜单上选择"复制选择"命令。
- 功能区：默认→修改→复制

【操作步骤】

命令行提示与操作如下：

命令：COPY✓
选择对象：（选择要复制的对象）

用前面介绍的选择对象方法选择一个或多个对象，按 Enter 键，结束选择操作。系统继续提示：

当前设置：复制模式 = 多个
指定基点或 [位移(D)/模式(O)] <位移>：
指定第二个点或 [阵列(A)] <使用第一个点作为位移>：
指定第二个点或 [阵列(A)/退出(E)/放弃(U)] <退出>：

4.3.4 操作实践——绘制槽钢

绘制槽钢

本实例绘制如图 4-14 所示的槽钢。

（1）单击"默认"选项卡"图层"面板中的"图层特性"按钮 ，弹出"图层特性管理器"选项板，新建如下 3 个图层。

① 第 1 个图层命名为"粗实线"，线宽为 0.30mm，其余属性为默认值。

② 第 2 个图层命名为"中心线"，颜色为红色，线型为 CENTER，其余属性为默认值。

③ 第 3 个图层命名为"剖面线"，其余属性为默认值。

（2）将"中心线"图层设置为当前图层。单击"默认"选项卡"绘图"面板中的"直线"按钮 ，绘制水平直线，长度为 56，效果如图 4-15 所示。

图 4-14 槽钢   图 4-15 绘制中心线

（3）单击"默认"选项卡"修改"面板中的"复制"按钮 ，将绘制的水平中心线向两侧复制，复制的间距为 33.2、41.17、44.15、48.13 和 50，效果如图 4-16 所示。命令行提示与操作如下：

命令：_copy
选择对象：（选择水平中心线）
选择对象：✓
当前设置：复制模式 = 多个
指定基点或 [位移(D)/模式(O)] <位移>：（在绘图区指定一点即可）
指定第二个点或 [阵列(A)] <使用第一个点作为位移>：33.2✓（方向向上）
指定第二个点或 [阵列(A)/退出(E)/放弃(U)] <退出>：41.17✓（方向向上）

```
指定第二个点或 [阵列(A)/退出(E)/放弃(U)] <退出>：44.15↙（方向向上）
指定第二个点或 [阵列(A)/退出(E)/放弃(U)] <退出>：48.13↙（方向向上）
指定第二个点或 [阵列(A)/退出(E)/放弃(U)] <退出>：50↙（方向向上）
……
```

将复制后的直线转换到"粗实线"图层。

（4）将"粗实线"图层设置为当前图层，单击"默认"选项卡"绘图"面板中的"直线"按钮 ∕，以最上侧的水平直线和最下侧的水平直线的起点为绘制直线的两个端点，绘制竖直直线，效果如图 4-17 所示。命令行提示与操作如下：

```
命令：_line
指定第一个点：（最上侧的水平直线的起点）
指定下一点或 [放弃(U)]：（最下侧的水平直线的起点）
指定下一点或[退出(E)/放弃(U)]：↙
```

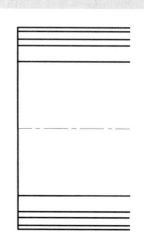

图 4-16 复制水平中心线　　　　　图 4-17 绘制竖直直线

（5）单击"默认"选项卡"修改"面板中的"复制"按钮 ⁰₀，复制竖直直线，将其向右侧复制，复制的间距为 5、12.3、46.35、50，复制完成后效果如图 4-18 所示。

（6）单击"默认"选项卡"绘图"面板中的"圆弧"按钮 ⌒，捕捉相关点为圆心和端点绘制圆弧。

（7）单击"默认"选项卡"绘图"面板中的"直线"按钮 ∕，绘制圆弧连接线，效果如图 4-19 所示。

（8）单击"默认"选项卡"修改"面板中的"删除"按钮 ⌫ 和使用钳夹功能，删除多余的直线，并调整直线的长度，结果如图 4-20 所示。

图 4-18 复制竖直直线　　　　图 4-19 绘制直线　　　　图 4-20 删除多余直线

（9）将"剖面线"图层设置为当前图层，单击"默认"选项卡"绘图"面板中的"图案填充"按钮，选择"ANSI31"图案，"填充图案比例"设置为1，进行填充，最终完成槽钢的绘制，效果如图4-14所示。

4.3.5 "镜像"命令

镜像对象是指把选择的对象以一条镜像线为对称轴进行镜像，镜像操作完成后，可以保留源对象也可以将其删除。

【执行方式】

- 命令行：MIRROR
- 菜单栏：修改→镜像
- 工具栏：修改→镜像
- 功能区：默认→修改→镜像

【操作步骤】

命令行提示与操作如下：

```
命令：MIRROR↙
选择对象：（选择要镜像的对象）
选择对象：↙
指定镜像线的第一点：（指定镜像线的第一个点）
指定镜像线的第二点：（指定镜像线的第二个点）
要删除源对象？[是(Y)/否(N)] <否>：（确定是否删除源对象）
```

4.3.6 操作实践——绘制油嘴

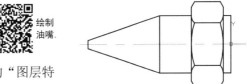

本实例绘制如图4-21所示的油嘴。

（1）单击"默认"选项卡"图层"面板中的"图层特性"按钮，弹出"图层特性管理器"选项板，新建如下2个图层。

图4-21 油嘴

① 第1个图层命名为"轮廓线"，线宽为0.30mm，其余属性为默认值。

② 第2个图层命名为"中心线"，颜色为红色，线型为CENTER，其余属性为默认值。

（2）将"中心线"图层设置为当前图层。单击"默认"选项卡"绘图"面板中的"直线"按钮，指定直线端点的坐标为（0,0）和（-36,0），绘制水平直线，如图4-22所示。

（3）将"轮廓线"图层设置为当前图层。单击"默认"选项卡"绘图"面板中的"直线"按钮，指定直线端点的坐标为（0,0）和（0,6.3），绘制竖直直线。

（4）单击"默认"选项卡"修改"面板中的"偏移"按钮，将竖直直线向左侧偏移，偏移距离为1.8、7.2、7.2和16.2，将水平直线向上侧偏移0.9，如图4-23所示。

（5）单击"默认"选项卡"绘图"面板中的"直线"按钮，绘制直线，然后单击"默认"选项卡"修改"面板中的"删除"按钮，将偏移后的水平直线进行删除，利用钳夹功能将最左边竖线缩短，如图4-24所示。

图4-22 绘制直线　　　　图4-23 偏移直线　　　　图4-24 绘制直线

(6) 单击"默认"选项卡"修改"面板中的"镜像"按钮▲，以水平中心线为对称线，将水平中心线上方的图形进行镜像，效果如图 4-25 所示。命令行提示与操作如下：

```
命令: _mirror
选择对象：（选择水平直线上方的所有图形）
选择对象:✓
指定镜像线的第一点：（水平中心线的起点）
指定镜像线的第二点：（水平中心线的终点）
要删除源对象吗？[是(Y)/否(N)] <否>:✓
```

(7) 单击"默认"选项卡"绘图"面板中的"直线"按钮∕，指定直线的坐标，绘制多条直线，直线的坐标为{(-9,6.3)、(-9,8.1)、(-8.28,9.35)、(-2.5,9.35)、(-1.8,8.1)、(-1.8,6.3)}，如图 4-26 所示。

图 4-25 镜像图形

图 4-26 绘制直线

(8) 单击"默认"选项卡"修改"面板中的"镜像"按钮▲，以水平中心线为对称线，将上步绘制的图形作为镜像对象，进行镜像，效果如图 4-27 所示。

(9) 单击"默认"选项卡"修改"面板中的"偏移"按钮⊆，将水平中心线向上下两侧进行偏移，偏移间距均为 4.68，将左侧竖直直线向右侧偏移 0.72，右侧竖直直线向左侧偏移 0.72。

(10) 单击"默认"选项卡"绘图"面板中的"直线"按钮∕，绘制水平直线，如图 4-28 所示。

图 4-27 镜像直线

图 4-28 绘制直线

(11) 单击"默认"选项卡"修改"面板中的"删除"按钮，将复制后的水平中心线删除，继续使用钳夹功能调整竖直直线的长度，结果如图 4-29 所示。

(12) 单击"默认"选项卡"绘图"面板中的"圆弧"按钮，捕捉相关点为端点，适当指定半径，绘制 2 段圆弧，如图 4-30 所示。

图 4-29 删除水平中心线

图 4-30 绘制圆弧

(13)单击"默认"选项卡"修改"面板中的"镜像"按钮,将绘制的小圆弧分别以水平中心线和图 4-31 中水平线段中点点 1 与点 2 连线为对称轴进行水平镜像和垂直镜像。使用相同的方法,将另一段圆弧也进行镜像操作,结果如图 4-32 所示。

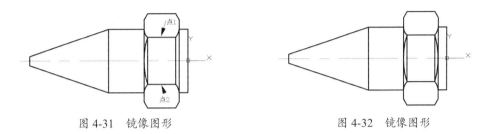

图 4-31 镜像图形   图 4-32 镜像图形

(14)单击"默认"选项卡"修改"面板中的"删除"按钮,删除多余的竖直直线,最终结果如图 4-21 所示。

4.3.7 "阵列"命令

阵列操作是指多重复制选择对象并把这些副本按矩形或环形排列。把副本按矩形排列称为建立矩形阵列,把副本按环形排列称为建立极阵列。建立极阵列时,应该控制复制对象的次数和对象是否被旋转;建立矩形阵列时,应该控制行和列的数量及对象副本之间的距离。

用该命令可以建立矩形阵列、极阵列(环形)和旋转的矩形阵列。

【执行方式】

- 命令行:ARRAY
- 菜单栏:修改→阵列→矩形阵列/路径阵列/环形阵列
- 工具栏:修改→矩形阵列、路径阵列和环形阵列
- 功能区:单击"默认"选项卡"修改"面板中的"矩形阵列"按钮/"路径阵列"按钮/"环形阵列"按钮

【操作步骤】

命令行提示与操作如下:

命令:ARRAY↙
选择对象:(使用对象选择方法)
输入阵列类型[矩形(R)/路径(PA)/极轴(PO)]<矩形>:

【选项说明】

1. 矩形(R)(命令行:arrayrect)

将选定对象的副本分布到行数、列数和层数的任意组合,选择该选项后出现如下提示:

选择夹点以编辑阵列或 [关联(AS)/基点(B)/计数(COU)/间距(S)/列数(COL)/行数(R)/层数(L)/退出(X)]
<退出>:(通过夹点调整阵列间距、列数、行数和层数,也可以分别选择各选项后输入数值)

2. 路径(PA)(命令行:arraypath)

沿路径或部分路径均匀分布选定对象的副本,选择该选项后出现如下提示:

选择路径曲线:(选择一条曲线作为阵列路径)
选择夹点以编辑阵列或 [关联(AS)/方法(M)/基点(B)/切向(T)/项目(I)/行(R)/层(L)/对齐项目(A)/Z 方向(Z)/退出(X)] <退出>:(通过夹点调整阵列行数和层数,也可以分别选择各选项后输入数值)

3. 环形阵列（命令行：arraypolar）

在环形阵列中，副本将均匀地围绕中心点或旋转轴分布，执行此命令后出现如下提示：

指定阵列的中心点或 ［基点(B)/旋转轴(A)］：(选择中心点)
选择夹点以编辑阵列或 ［关联(AS)/基点(B)/项目(I)/项目间角度(A)/填充角度(F)/行(ROW)/层(L)/旋转项目(ROT)/退出(X)］ <退出>：

4.3.8 操作实践——绘制齿圈

绘制如图4-33所示的齿圈，操作步骤如下。

（1）单击"默认"选项卡"图层"面板中的"图层特性"按钮 ，打开"图层特性管理器"选项板，新建两个图层，分别为"中心线"和"粗实线"图层，各个图层属性如图4-34所示。

图4-33 齿圈　　　　　　　　　图4-34 "图层特性管理器"选项板

（2）将"中心线"图层设置为当前图层。单击"默认"选项卡"绘图"面板中的"直线"按钮 ，绘制十字交叉的辅助线，其中水平直线和竖直直线的长度为20.5。

（3）将"粗实线"图层设置为当前图层。单击"默认"选项卡"绘图"面板中的"圆"按钮 ，以交点为圆心，绘制多个同心圆，其中圆的半径分别为5.5、7.85、8.15、8.37和9.5，结果如图4-35所示。

（4）单击"默认"选项卡"修改"面板中的"偏移"按钮 ，将水平中心线向上侧偏移8.94，竖直中心线向左侧偏移0.18、0.23和0.27，如图4-36所示。

图4-35 绘制同心圆　　　　　　　　图4-36 偏移直线

（5）单击"默认"选项卡"绘图"面板中的"圆弧"按钮 ，指定圆弧的三点，绘制圆弧，如图4-37所示。

（6）单击"默认"选项卡"修改"面板中的"删除"按钮 ，将上步偏移后的辅助线删除。

（7）单击"默认"选项卡"修改"面板中的"镜像"按钮 ，将圆弧进行镜像，其中镜像线为竖直的中心线,结果如图 4-38 所示。

图 4-37　绘制圆弧

图 4-38　镜像圆弧

(8) 单击"默认"选项卡"修改"面板中的"环形阵列"按钮,将绘制的圆弧进行环形阵列,其中圆心为阵列的中心点,阵列的项目数为 36,结果如图 4-39 所示。

```
命令: _arraypolar
选择对象:(选择圆弧)
类型 = 极轴  关联 = 是
指定阵列的中心点或 [基点(B)/旋转轴(A)]:
选择夹点以编辑阵列或 [关联(AS)/基点(B)/项目(I)/项目间角度(A)/填充角度(F)/行(ROW)/层(L)/旋转项目(ROT)/退出(X)] <退出>: I✓
输入阵列中的项目数或 [表达式(E)] <6>: 36✓
选择夹点以编辑阵列或 [关联(AS)/基点(B)/项目(I)/项目间角度(A)/填充角度(F)/行(ROW)/层(L)/旋转项目(ROT)/退出(X)] <退出>:✓
```

(9) 单击"默认"选项卡"绘图"面板中的"圆弧"按钮,绘制两段圆弧,如图 4-40 所示。

(10) 单击"默认"选项卡"修改"面板中的"删除"按钮,删除最外侧的两个同心圆,结果如图 4-41 所示。

图 4-39　环形阵列圆弧

图 4-40　绘制圆弧

图 4-41　删除同心圆

(11) 单击"默认"选项卡"修改"面板中的"环形阵列"按钮,将绘制的圆弧进行环形阵列,其中圆心为阵列的中心点,阵列的项目数为 36,结果如图 4-33 所示。

4.4　改变几何特性类命令

这一类编辑命令在对指定对象进行编辑后,使编辑对象的几何特性发生改变,包括"倒角""圆角""打断""剪切""延伸""拉长""拉伸"等命令。

4.4.1 "打断"命令

【执行方式】

- 命令行：BREAK
- 菜单栏：修改→打断
- 工具栏：修改→打断 [1]
- 功能区：默认→修改→打断 [1]

【操作步骤】

命令行提示与操作如下：

```
命令：BREAK↙
选择对象：（选择要打断的对象）
指定第二个打断点或 [第一点(F)]：（指定第二个断开点或输入"F"）
```

【选项说明】

如果选择"第一点(F)"选项，系统将丢弃前面的第一个选择点，重新提示用户指定两个打断点。

4.4.2 "打断于点"命令

打断于点是指在对象上指定一点，从而把对象在此点拆分成两部分。此命令与"打断"命令类似。

【执行方式】

- 命令行：BREAK
- 工具栏：修改→打断于点 [1]
- 功能区：默认→修改→打断于点 [1]

【操作步骤】

命令行提示与操作如下：

```
选择对象：（选择要打断的对象）
指定第二个打断点或 [第一点(F)]：_f（系统自动执行"第一点(F)"选项）
指定第一个打断点：（选择打断点）
指定第二个打断点：@（系统自动忽略此提示）
```

4.4.3 "圆角"命令

圆角是指用指定的半径决定的一段平滑的圆弧连接两个对象。系统规定可以圆角连接一对直线段、非圆弧的多段线、样条曲线、双向无限长线、射线、圆、圆弧和椭圆。可以在任何时刻圆角连接非圆弧多段线的每个节点。

【执行方式】

- 命令行：FILLET
- 菜单：修改→圆角
- 工具栏：修改→圆角 [1]
- 功能区：默认→修改→圆角 [1]

【操作步骤】

命令行提示与操作如下：
```
命令：FILLET↙
当前设置：模式 = 修剪，半径 = 0.0000
选择第一个对象或 [放弃(U)/多段线(P)/半径(R)/修剪(T)/多个(M)]：(选择第一个对象或别的选项)
选择第二个对象，按住 Shift 键选择对象以应用角点或 [半径(R)]：(选择第二个对象)
```

【选项说明】

（1）多段线(P)

在一条二维多段线的两段直线段的节点处插入圆滑的弧。选择多段线后，系统会根据指定圆弧的半径把多段线各顶点用圆滑的弧连接起来。

（2）修剪(T)

决定在圆角连接两条边时，是否修剪这两条边，如图 4-42 所示。

（3）多个(M)

可以同时对多个对象进行圆角编辑，而不必重新调用命令。

图 4-42　圆角连接

（4）半径(R)

按住 Shift 键并选择两条直线，可以快速创建零距离倒角或零半径圆角。

4.4.4　"倒角"命令

倒角是指用斜线连接两个不平行的线型对象，可以用斜线连接直线段、双向无限长线、射线和多段线。

【执行方式】

- 命令行：CHAMFER
- 菜单：修改→倒角
- 工具栏：修改→倒角
- 功能区：默认→修改→倒角

【操作步骤】

命令行提示与操作如下：
```
命令：CHAMFER↙
("不修剪" 模式) 当前倒角距离 1 = 0.0000，距离 2 = 0.0000
选择第一条直线或 [放弃(U)/多段线(P)/距离(D)/角度(A)/修剪(T)/方式(E)/多个(M)]：(选择第一条直线或别的选项)
选择第二条直线，或按住 Shift 键选择直线以应用角点或 [距离(D)/角度(A)/方法(M)]：(选择第二条直线)
```

【选项说明】

（1）距离(D)

选择倒角的两个斜线距离。斜线距离是指从被连接的对象与斜线的交点到被连接的两对象可能的交点之间的距离，如图 4-43 所示。这两个斜线距离可以相同也可以不相同，若二者均为 0，则系统不绘制连接的斜线，而是把两个对象延伸至相交，并修剪超出的部分。

（2）角度(A)

选择第一条直线的斜线距离和角度。采用这种方法斜线连接对象时，需要输入两个参数：斜线与一个对象的斜线距离和斜线与该对象的夹角，如图4-44所示。

图4-43　斜线距离　　　　　　图4-44　斜线距离与夹角

（3）多段线(P)

对多段线的各个交叉点进行倒角编辑。为了得到最好的连接效果，一般设置斜线是相等的值。系统根据指定的斜线距离把多段线的每个交叉点都进行斜线连接，连接的斜线成为多段线新添加的构成部分，如图4-45所示。

(a) 选择多段线　　　(b) 倒角结果

图4-45　斜线连接多段线

（4）修剪(T)

与圆角连接命令"FILLET"相同，该选项决定连接对象后，是否剪切源对象。

（5）方式(M)

决定采用"距离"方式还是"角度"方式来倒角。

（6）多个(U)

同时对多个对象进行倒角操作。

4.4.5　操作实践——绘制圆头平键

圆头平键也是一种通用机械零件，它的形状类似两头倒圆角的长方体，主视图呈拉长的运动场跑道形状，利用"矩形"命令和"圆角"命令绘制；俯视图呈矩形，利用"矩形"命令和"倒角"命令绘制。绘制的圆头平键如图4-46所示。

（1）设置图层。单击"默认"选项卡"图层"面板中的"图层特性"按钮，打开"图层特性管理器"选项板。新建"中心线""轮廓线""细实线"3个图层，如图4-47所示。

绘制圆头平键

图4-46　圆头平键

图 4-47　图层设置

（2）切换图层。将"中心线"图层设定为当前图层。

（3）绘制中心线。单击"默认"选项卡"绘图"面板中的"直线"按钮，指定两个端点坐标分别为（100,200）和（250,200），得到的效果如图 4-48 所示。

（4）偏移直线。对于第二条中心线{(100,120)、(250,120)}，既可以再次使用"直线"命令进行绘制，还可以使用"偏移"命令绘制。单击"默认"选项卡"修改"面板中的"偏移"按钮，偏移距离为 80，将直线向上侧偏移。得到的效果如图 4-49 所示。

（5）切换图层。将当前图层从"中心线"图层切换到"轮廓线"图层。

（6）绘制轮廓线。单击"默认"选项卡"绘图"面板中的"矩形"按钮，采用指定矩形两个角点的模式绘制两个矩形，角点坐标分别为（150,192）、（220,208）及（152,194）、（218,206），绘制出两个矩形，效果如图 4-50 所示。

图 4-48　绘制中心线　　　图 4-49　绘制偏移中心线　　　图 4-50　平键主视图

（7）图形倒圆角。单击"默认"选项卡"修改"面板中的"圆角"按钮，采用修剪、指定圆角半径模式，命令行提示与操作如下：

```
命令：_fillet
当前设置：模式 = 不修剪，半径 = 0.0000
选择第一个对象或 [放弃(U)/多段线(P)/半径(R)/修剪(T)/多个(M)]：R↙
指定圆角半径 <0.0000>：8↙
选择第一个对象或 [放弃(U)/多段线(P)/半径(R)/修剪(T)/多个(M)]：T↙
输入修剪模式选项 [修剪(T)/不修剪(N)] <不修剪>：T↙
选择第一个对象或 [放弃(U)/多段线(P)/半径(R)/修剪(T)/多个(M)]：M↙
选择第一个对象或 [放弃(U)/多段线(P)/半径(R)/修剪(T)/多个(M)]：（选择图 4-51 中矩形边 1）
选择第二个对象，或按住 Shift 键选择对象以应用角点或 [半径(R)]：（选择图 4-51 中矩形边 2）
```

重复上述步骤，其中，大矩形圆角半径为 8，小矩形圆角半径为 6。将两个矩形的 8 个直角倒成圆角。完成主视图，结果如图 4-52 所示。

图 4-51　倒圆角　　　　　　　　　　图 4-52　主视图

(8) 绘制俯视图轮廓线。单击"默认"选项卡"绘图"面板中的"矩形"按钮▭，采用指定矩形两个角点的模式，角点坐标分别为（150,115）和（220,125），绘制结果如图 4-53 所示。

(9) 矩形倒直角。单击"默认"选项卡"修改"面板中的"倒角"按钮，为矩形四角点倒斜角，命令行提示与操作如下：

```
命令：_chamfer
("修剪"模式) 当前倒角距离 1 = 0.0000，距离 2 = 0.0000
选择第一条直线或 [放弃(U)/多段线(P)/距离(D)/角度(A)/修剪(T)/方式(E)/多个(M)]:D↙
指定第一个倒角距离：2 ↙
指定第二个倒角距离：2 ↙
选择第一条直线或 [放弃(U)/多段线(P)/距离(D)/角度(A)/修剪(T)/方式(E)/多个(M)]：
选择第二条直线，或按住 Shift 键选择直线以应用角点或 [距离(D)/角度(A)/方法(M)]：(选择矩形相邻的两个边)
```

重复上述倒直角操作，直至矩形的 4 个顶角都被倒直角，倒直角后的效果如图 4-54 所示。

(10) 绘制直线。单击"默认"选项卡"绘图"面板中的"直线"按钮，绘制直线{(150,117)、(220,117)}和直线{(150,123)、(220,123)}，平键俯视图如图 4-55 所示。

图 4-53　绘制矩形　　　　图 4-54　倒直角　　　　图 4-55　绘制俯视图

(11) 修剪中心线。单击"默认"选项卡"修改"面板中的"打断"按钮，删掉过长的中心线，最终结果如图 4-46 所示。

4.4.6　"拉伸"命令

拉伸对象是指拖拉选择，且形状发生改变后的对象。拉伸对象时，应指定拉伸的基点和移至点。利用一些辅助工具如捕捉、钳夹功能及相对坐标等可以提高拉伸的精度，如图 4-56 所示。

(a) 选取对象　　(b) 拉伸后

图 4-56　拉伸

【执行方式】

- 命令行：STRETCH
- 菜单：修改→拉伸
- 工具栏：修改→拉伸
- 功能区：默认→修改→拉伸

【操作步骤】

命令行提示与操作如下：

```
命令：STRETCH↙
以交叉窗口或交叉多边形选择要拉伸的对象...
选择对象：C↙
指定第一个角点：指定对角点：找到 2 个 (采用交叉窗口的方式选择要拉伸的对象)
指定基点或 [位移(D)] <位移>：(指定拉伸的基点)
指定第二个点或 <使用第一个点作为位移>：(指定拉伸的移至点)
```

此时，若指定第二个点，系统将根据这两点决定的矢量拉伸对象。若直接按 Enter 键，系统会把第一个点作为 X 轴和 Y 轴的分量值。

"STRETCH"命令仅移动位于交叉选择内的顶点和端点,不更改那些位于交叉选择外的顶点和端点。部分包含在交叉选择窗口内的对象将被拉伸。

4.4.7 操作实践——绘制螺栓

本实例主要利用"拉伸"命令拉伸图形,绘制如图 4-57 所示的螺栓零件图。

图 4-57 螺栓

（1）图层设置。单击"默认"选项卡"图层"面板中的"图层特性"按钮，新建 3 个图层，名称及属性如下：

- "粗实线"图层，线宽为 0.3mm，其余属性为默认值。
- "细实线"图层，线宽为 0.15mm，所有属性为默认值。
- "中心线"图层，线宽为 0.15mm，线型为 CENTER，颜色为红色，其余属性为默认值。

（2）绘制中心线。将"中心线"图层设置为当前图层。单击"默认"选项卡"绘图"面板中的"直线"按钮，绘制坐标点为（-5,0）和（@30,0）的中心线。

（3）绘制初步轮廓线。将"粗实线"图层设置为当前图层。单击"默认"选项卡"绘图"面板中的"直线"按钮，绘制 4 条线段或连续线段，端点坐标分别为{(0,0)、(@0,5)、(@20,0)}、{(20,0)、(@0,10)、(@-7,0)、(@0,-10)}、{(10,0)、(@0,5)}、{(1,0)、(@0,5)}。

（4）绘制螺纹牙底线。将"细实线"图层设置为当前图层。单击"默认"选项卡"绘图"面板中的"直线"按钮，绘制线段，端点坐标为{(0,4)、(@10,0)}，打开"线宽"模式，绘制结果如图 4-58 所示。

（5）倒角处理。单击"默认"选项卡"修改"面板中的"倒角"按钮，倒角距离为 1，对图 4-59 中点 A 处的两条直线进行倒角处理，结果如图 4-59 所示。

（6）镜像处理。单击"默认"选项卡"修改"面板中的"镜像"按钮，对所有绘制的对象进行镜像，镜像轴为螺栓的中心线，绘制结果如图 4-60 所示。

图 4-58 绘制轮廓线图

图 4-59 倒角处理

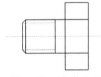
图 4-60 镜像处理

（7）拉伸处理。单击"默认"选项卡"修改"面板中的"拉伸"按钮，拉伸上步绘制的图形，命令行提示与操作如下：

```
命令：_stretch
以交叉窗口或交叉多边形选择要拉伸的对象...
选择对象:C↙
选择对象:（选择图 4-61 所示的虚框中的范围）
指定对角点：找到 13 个
选择对象：↙
指定基点或 [位移(D)] <位移>:（指定图中任意一点）
指定第二个点或 <使用第一个点作为位移>: @-8,0↙
```

绘制结果如图 4-62 所示。

按下空格键继续执行拉伸操作，命令行提示与操作如下：

命令：STRETCH↙
以交叉窗口或交叉多边形选择要拉伸的对象...
选择对象：（选择图 4-63 所示的虚框中的范围）
指定对角点：找到 13 个
选择对象：↙
指定基点或 [位移(D)] <位移>：（指定图中任意一点）
指定第二个点或 <使用第一个点作为位移>：@-15,0↙

绘制结果如图 4-64 所示。

图 4-61　拉伸操作　　图 4-62　拉伸图形　　图 4-63　继续拉伸操作　　图 4-64　拉伸螺栓

（8）保存文件。单击快速访问工具栏中的"保存"按钮，最后得到如图 4-57 所示的零件图。

说明：

"拉伸"命令只能采用"窗交"方式选择拉伸的对象和拉伸的两个角点。AutoCAD 可拉伸与选择窗口相交的圆弧、椭圆弧、直线、多段线、二维实体、射线、宽线和样条曲线。"STRETCH"命令移动窗口内的端点，而不改变窗口外的端点。"STRETCH"命令还移动窗口内的宽线和二维实体的顶点，而不改变窗口外的宽线和二维实体的顶点。多段线的每一段都被当作简单的直线或圆弧分开处理。

4.4.8　"拉长"命令

【执行方式】

- 命令行：LENGTHEN
- 菜单栏：修改→拉长
- 功能区：默认→修改→拉长 ↙

【操作步骤】

命令行提示与操作如下：

命令：LENGTHEN↙
选择要测量的对象或 [增量(DE)/百分比(P)/总计(T)/动态(DY)] <增量(DE)>：（选定对象）
当前长度：30.5001（给出选定对象的长度，如果选择圆弧则还将给出圆弧的包含角）
选择要测量的对象或 [增量(DE)/百分比(P)/总计(T)/动态(DY)] <增量(DE)>：DE↙（选择拉长或缩短的方式，如选择"增量(DE)"方式）
输入长度增量或 [角度(A)] <0.0000>：10↙（输入长度增量数值。如果选择圆弧段，则可输入选项"A"给定角度增量）
选择要修改的对象或 [放弃(U)]：（选定要修改的对象，进行拉长操作）
选择要修改的对象或 [放弃(U)]：（继续选择，按 Enter 键，结束命令）

【选项说明】

（1）增量(DE)

用指定增加量的方法来改变对象的长度或角度。

（2）百分比(P)

用指定要修改对象的长度占总长度的百分比的方法来改变圆弧或直线段的长度。

（3）总计(T)

用指定新的总长度或总角度值的方法来改变对象的长度或角度。

（4）动态(DY)

在这种模式下，可以使用拖动鼠标的方法来动态地改变对象的长度或角度。

4.4.9 "修剪"命令

【执行方式】

- 命令行：TRIM
- 菜单栏：修改→修剪
- 工具栏：修改→修剪 ⊁
- 功能区：默认→修改→修剪 ⊁

【操作步骤】

命令行提示与操作如下：

```
命令：TRIM↙
当前设置：投影=UCS，边=无
选择剪切边...
选择对象或 <全部选择>：（选择用作修剪边界的对象）
```

按 Enter 键，结束对象选择，系统提示：

```
选择要修剪的对象，或按住 Shift 键选择要延伸的对象，或[栏选(F)/窗交(C)/投影(P)/边(E)/删除(R)/放弃(U)]:
```

【选项说明】

（1）按住 Shift 键

在选择对象时，如果按住 Shift 键，系统就自动将"修剪"命令转换成"延伸"命令，"延伸"命令将在后面介绍。

（2）边(E)

选择此选项时，可以选择对象的修剪方式：延伸和不延伸。

① 延伸(E)。延伸边界进行修剪。在此方式下，如果剪切边没有与要修剪的对象相交，系统会延伸剪切边直至与要修剪的对象相交，然后再修剪。

② 不延伸(N)。不延伸边界修剪对象，只修剪与剪切边相交的对象。

（3）栏选(F)

选择此选项时，系统以栏选的方式选择被修剪对象。

（4）窗交(C)

选择此选项时，系统以窗交的方式选择被修剪对象。

4.4.10 操作实践——绘制扳手

绘制如图 4-65 所示的扳手，操作步骤如下。

（1）单击"默认"选项卡"绘图"面板中的"矩形"按钮 □，指定矩形的长度为 50，宽度为 10，如图 4-66 所示。

图 4-65　扳手　　　　　　　　　图 4-66　绘制矩形

（2）单击"默认"选项卡"绘图"面板中的"圆"按钮⊙，以矩形短边的中心为圆心，绘制半径为 10 的圆，如图 4-67 所示。

（3）单击"默认"选项卡"绘图"面板中的"多边形"按钮⬠，以竖直直线的中点为正多边形的中心，绘制内接圆，如图 4-68 所示。

图 4-67　绘制圆　　　　　　　　图 4-68　绘制多边形

（4）单击"默认"选项卡"修改"面板中的"镜像"按钮⚠，将绘制的多边形和圆进行镜像操作，如图 4-69 所示。

图 4-69　镜像图形

（5）单击状态栏中的"极轴追踪"按钮◉，选择"正在追踪设置"选项，打开如图 4-70 所示的"草图设置"对话框，勾选"极轴追踪"选项卡中的"启用极轴追踪"，"增量角"设置为 45°，然后单击"默认"选项卡"绘图"面板中的"直线"按钮╱，绘制两条斜向直线，结果如图 4-70 所示。

图 4-70　绘制斜向直线

（6）单击"默认"选项卡"修改"面板中的"移动"按钮✥（此命令会在后面章节中详细讲述），将多边形进行移动，如图 4-71 所示。命令行提示与操作如下：

命令：_move

选择对象：（选择多边形）
选择对象：✓
指定基点或 [位移(D)] <位移>：（以斜向直线的起点为基点）
指定第二个点或 <使用第一个点作为位移>：（以斜向直线和大圆的交点为第二点）

图 4-71　移动多边形

（7）修剪对象。单击"默认"选项卡"修改"面板中的"修剪"按钮 ，修剪多余的直线，命令行提示与操作如下：

命令：_trim
当前设置：投影=UCS，边=无
选择剪切边...
选择对象或 <全部选择>：✓
选择要修剪的对象，或按住 Shift 键选择要延伸的对象，或[栏选(F)/窗交(C)/投影(P)/边(E)/删除(R)/放弃(U)]：（选择需要修剪的直线）
选择要修剪的对象，或按住 Shift 键选择要延伸的对象，或 [投影(P)/边(E)/放弃(U)]：

如此重复修剪，并删掉斜线，最终结果如图 4-65 所示。

4.4.11　"延伸"命令

延伸对象是指将要延伸的对象延伸至另一个对象的边界线。

【执行方式】

- 命令行：EXTEND
- 菜单栏：修改→延伸
- 工具栏：修改→延伸
- 功能区：默认→修改→延伸

【操作步骤】

命令行提示与操作如下：

命令：EXTEND✓
当前设置:投影=UCS，边=无
选择边界的边...
选择对象或 <全部选择>：（选择边界对象）

此时可以通过选择对象来定义边界。若直接按 Enter 键，则选择所有对象作为可能的边界对象。

系统规定可以用作边界对象的有：直线段、射线、双向无限长线、圆弧、圆、椭圆、二维和三维多段线、样条曲线、文本、浮动的视口、区域。如果选择二维多段线作为边界对象，系统会忽略其宽度而把对象延伸至多段线的中心线上。

选择边界对象后，命令行提示如下：

选择要延伸的对象，或按住 Shift 键选择要修剪的对象，或[栏选(F)/窗交(C)/投影(P)/边(E)/放弃(U)]：

【选项说明】

（1）如果要延伸的对象是适配样条多段线，则延伸后会在多段线的控制框上增加新节点。

如果要延伸的对象是锥形的多段线，系统会修正延伸端的宽度，使多段线从起始端平滑地延伸至新的终止端。如果延伸操作导致新终止端的宽度为负值，则取宽度值为 0。

（2）选择对象时，如果按住 Shift 键，系统自动将"延伸"命令转换成"修剪"命令。

4.4.12 操作实践——绘制间歇轮

绘制如图 4-72 所示的间歇轮，操作步骤如下。

（1）单击"默认"选项卡"图层"面板中的"图层特性"按钮，打开"图层特性管理器"选项板，然后新建两个图层，分别是"中心线"和"实线层"图层，将"中心线"图层设置为当前图层，如图 4-73 所示。

图 4-72　间歇轮

图 4-73　设置图层

（2）单击"默认"选项卡"绘图"面板中的"直线"按钮，绘制十字交叉的直线，绘制结果如图 4-74 所示。

（3）单击"默认"选项卡"绘图"面板中的"圆"按钮，绘制半径为 32 的圆，结果如图 4-75 所示。

图 4-74　绘制轴线　　　　　　　　　图 4-75　绘制圆

重复绘制圆命令，绘制其余的圆，圆的半径分别为 14、26.5、9 和 3，结果如图 4-76 所示。

（4）单击"默认"选项卡"绘图"面板中的"直线"按钮，捕捉半径为 3 和半径为 14 的圆的角点为直线的起点，绘制两条竖直直线，其中直线的长度不超过半径为 26.5 的圆，结果如图 4-77 所示。

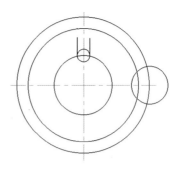

图 4-76　绘制其余的圆　　　　　　图 4-77　绘制直线

（5）单击"默认"选项卡"修改"面板中的"延伸"按钮，延伸直线至圆的边缘，结果如图 4-78 所示。命令行提示与操作如下：

```
命令：_extend
当前设置：投影=UCS，边=无
选择边界的边...
选择对象或 <全部选择>：（选择半径为 26.5 的圆）
选择对象：✓
选择要延伸的对象，或按住 Shift 键选择要修剪的对象，或[栏选(F)/窗交(C)/投影(P)/边(E)/放弃(U)]：
（选择竖直直线）
```

（6）单击"默认"选项卡"修改"面板中的"修剪"按钮，修剪多余的圆弧，结果如图 4-79 所示。

（7）单击"默认"选项卡"修改"面板中的"环形阵列"按钮，将圆弧和直线进行环形阵列，阵列的项目数为 6，以水平直线和竖直直线的交点为圆心，阵列的角度为 360°，结果如图 4-80 所示。

图 4-78　延伸直线　　　　　图 4-79　裁剪圆弧　　　　　图 4-80　环形阵列

（8）单击"默认"选项卡"修改"面板中的"修剪"按钮，修剪多余的圆弧，结果如图 4-72 所示。

4.4.13　"分解"命令

【执行方式】

- 命令行：EXPLODE
- 菜单栏：修改→分解
- 工具栏：修改→分解
- 功能区：默认→修改→分解

【操作步骤】

命令行提示与操作如下：
```
命令：EXPLODE↙
选择对象：（选择要分解的对象）
```

选择对象后，该对象会被分解。

4.4.14 操作实践——绘制腰形连接件

图 4-81　腰形连接件

绘制如图 4-81 所示的腰形连接件。

（1）单击"默认"选项卡"图层"面板中的"图层特性"按钮，打开"图层特性管理器"选项板，新建如下两个图层。

① 第 1 个图层为"轮廓线"图层，线宽为 0.30mm，其余属性为默认值。

② 第 2 个图层为"中心线"图层，颜色为红色，线型为 CENTER，其余属性为默认值。

（2）绘制主视图。

① 绘制矩形。将"轮廓线"图层设置为当前图层，单击"绘图"面板中的"矩形"按钮，以两个角点模式{（65,200）、（165,250）}绘制矩形，如图 4-82 所示。

② 分解矩形。单击"默认"选项卡"修改"面板中的"分解"按钮，将矩形分解，命令行提示与操作如下：

```
命令：_explode
选择对象：（选择矩形）
找到 1 个
选择对象：↙
```

③ 偏移直线。单击"默认"选项卡"修改"面板中的"偏移"按钮，将上侧的水平直线向下偏移 2.5，将下侧的水平直线向上偏移 2.5，效果如图 4-83 所示。

④ 倒角处理。单击"默认"选项卡"修改"面板中的"倒角"按钮，角度、距离模式分别为 45°和 2.5，完成主视图的绘制，效果如图 4-84 所示。

图 4-82　绘制矩形　　　图 4-83　偏移直线　　　图 4-84　倒角处理

（3）绘制俯视图。

① 绘制中心线。将"中心线"图层设置为当前图层。单击"默认"选项卡"绘图"面板中的"直线"按钮，以{（60,130）、（170,130）}为坐标点绘制一条水平中心线，效果如图 4-85 所示。

② 绘制直线。将"轮廓线"图层设置为当前图层。单击"默认"选项卡"绘图"面板中的"直线"按钮，以{（90,155）、（140,155）}和{（90,105）、（140,105）}为坐标点绘制两条水平直线，如图 4-86 所示。

③ 绘制圆弧。单击"默认"选项卡"绘图"面板中的"圆弧"按钮，以坐标（90,155）为起点、（90,105）为端点，绘制半径为 25 的圆弧。

重复"圆弧"命令，以坐标（140,105）为起点、（140,155）为端点，绘制半径为 25 的圆弧，如图 4-87 所示。

图 4-85　绘制中心线　　　　图 4-86　绘制直线　　　　图 4-87　绘制圆弧

④ 偏移直线和圆弧。单击"默认"选项卡"修改"面板中的"偏移"按钮⊆，将直线和圆弧分别向内偏移 2.5，最终完成腰形连接件的绘制，最终效果如图 4-81 所示。

4.4.15　"合并"命令

可以将直线、圆弧、椭圆弧和样条曲线等独立的对象合并为一个对象。

【执行方式】

- 命令行：JOIN
- 菜单栏：修改→合并
- 工具栏：修改→合并 ⇥
- 功能区：默认→修改→合并 ⇥

【操作步骤】

命令行提示与操作如下：

命令：JOIN↙
选择源对象或要一次合并的多个对象：找到 1 个（选择一个对象）
选择要合并的对象：找到 1 个，总计 2 个（选择另一个对象）
选择要合并的对象：↙

2 个对象已转换为 1 条多段线。

4.5　改变位置类命令

这一类编辑命令的功能是按照指定要求改变当前图形或图形的某部分的位置，主要包括"移动""旋转""缩放"等命令。

4.5.1　"移动"命令

【执行方式】

- 命令行：MOVE
- 菜单栏：修改→移动
- 快捷菜单：选择要复制的对象，在绘图区右击，从打开的右键快捷菜单上选择"移动"命令
- 工具栏：修改→移动 ✣
- 功能区：默认→修改→移动 ✣

【操作步骤】

命令行提示与操作如下：

命令：MOVE✓
选择对象：（选择对象）
选择对象：✓

用前面介绍的对象选择方法选择要移动的对象，按 Enter 键，结束选择。系统继续提示：

指定基点或 [位移(D)] <位移>：(指定基点或移至点)
指定第二个点或 <使用第一个点作为位移>：(指定基点或位移)

命令的选项功能与"复制"命令的选项功能类似。

4.5.2 操作实践——绘制电磁管压盖

绘制如图 4-88 所示的电磁管压盖，操作步骤如下。

（1）单击"默认"选项卡"图层"面板中的"图层特性"按钮，创建 3 个图层，分别为"中心线""实体线""剖面线"图层，其中"中心线"图层的颜色为红色，线型为 CENTER，线宽为默认值；"实体线"图层的颜色为白色，线型为实线，线宽为 0.30mm；"剖面线"图层为默认属性值，如图 4-89 所示。

图 4-88　电磁管压盖

（2）绘制中心线。

① 切换图层：将"中心线"图层设定为当前图层。

② 绘制中心线：单击"默认"选项卡"绘图"面板中的"直线"按钮，绘制长度为 45 的水平直线和竖直直线，结果如图 4-90 所示。

图 4-89　设置图层　　　　　　　　图 4-90　绘制中心线

（3）绘制电磁管压盖。

① 切换图层：将"实体线"图层设定为当前图层。

② 绘制实体线：单击"默认"选项卡"绘图"面板中的"矩形"按钮，绘制圆角半径为 2、尺寸为 40×40 的矩形，结果如图 4-91 所示。

（4）单击"默认"选项卡"修改"面板中的"移动"按钮，将矩形进行移动，结果如图 4-92 所示。命令行提示与操作如下：

命令：_move
选择对象：(选择矩形)
选择对象：✓
指定基点或 [位移(D)] <位移>：(在绘图区点取一点为基点)
指定第二个点或 <使用第一个点作为位移>：@-20,20✓

（5）单击"默认"选项卡"修改"面板中的"偏移"按钮，将水平直线向上侧偏移 15、向下侧偏移 7.5 和 7.5，将竖直直线向左侧和右侧分别偏移 13 和 2，如图 4-93 所示。

图 4-91　绘制矩形　　　　图 4-92　移动矩形　　　　图 4-93　偏移直线

(6) 单击"默认"选项卡"修改"面板中的"打断"按钮 ,调整中心线的长度,如图 4-94 所示。

(7) 单击"默认"选项卡"绘图"面板中的"圆"按钮 ,在如图 4-94 所示编号为 1 的位置绘制半径为 2 和 4.5 的同心圆,在编号为 2 的位置绘制半径为 2.5 和 4 的同心圆,如图 4-95 所示。

(8) 单击"默认"选项卡"绘图"面板中的"圆"按钮 ,在水平中心线和竖直中心线的交点绘制半径为 7.5 的圆,如图 4-96 所示。

图 4-94　调整直线的长度　　图 4-95　绘制同心圆　　　图 4-96　绘制圆

(9) 将"中心线"图层设置为当前图层,然后单击"默认"选项卡"绘图"面板中的"直线"按钮 ,在竖直中心线的追踪线上绘制一条长度为 8.5 的竖直直线,如图 4-97 所示。

(10) 单击"默认"选项卡"绘图"面板中的"构造线"按钮 ,连接矩形的竖直边和同心圆的象限点绘制竖直构造线,如图 4-98 所示。

图 4-97　绘制竖直直线　　　　图 4-98　绘制竖直构造线

(11) 单击"默认"选项卡"绘图"面板中的"直线"按钮 ,以最左侧和最右侧的竖直构造线为边界,绘制一条水平直线,如图 4-99 所示。

(12) 单击"默认"选项卡"修改"面板中的"偏移"按钮 ,将上步绘制的水平直线向上侧偏移 0.9 和 2.4,如图 4-100 所示。

(13) 单击"默认"选项卡"绘图"面板中的"直线"按钮 ,绘制多条斜直线,如图 4-101 所示。

图 4-99　绘制水平直线　　　　图 4-100　偏移直线

（14）单击"默认"选项卡"修改"面板中的"修剪"按钮 和"删除"按钮 ，修剪和删除多余的直线，如图 4-102 所示。

图 4-101　绘制斜直线　　　　图 4-102　修剪和删除多余的直线

（15）单击"默认"选项卡"修改"面板中的"镜像"按钮 ，以竖直的中心线为镜像线，将上步修剪后得到的图形进行镜像，如图 4-103 所示。

（16）单击"默认"选项卡"修改"面板中的"圆角"按钮 ，设置圆角半径为 1，对图 4-103 中标出位置进行圆角处理，结果如图 4-104 所示。

图 4-103　镜像图形　　　　图 4-104　圆角处理

（17）将"剖面线"图层设置为当前图层，单击"默认"选项卡"绘图"面板中的"图案填充"按钮 ，打开"图案填充创建"选项卡，如图 4-105 所示，选择"ANSI32"图案，"填充图案比例"为 0.5，单击"拾取点"按钮 ，进行填充操作，结果如图 4-88 所示。

图 4-105 "图案填充创建"选项卡

4.5.3 "旋转"命令

【执行方式】

- 命令行：ROTATE
- 菜单栏：修改→旋转
- 快捷菜单：选择要旋转的对象，在绘图区右击，从打开的右键快捷菜单上选择"旋转"命令
- 工具栏：修改→旋转 ↻
- 功能区：默认→修改→旋转 ↻

【操作步骤】

命令行提示与操作如下：

命令：ROTATE↙
UCS 当前的正角方向：ANGDIR=逆时针 ANGBASE=0
选择对象：（选择要旋转的对象）
选择对象：↙
指定基点：（指定旋转的基点，在对象内部指定一个坐标点）
指定旋转角度，或[复制(C)/参照(R)] <0>：（指定旋转角度或其他选项）

【选项说明】

（1）复制(C)

选择该选项，旋转对象的同时，保留源对象。

（2）参照(R)

采用参照方式旋转对象时，系统提示：

指定参照角 <0>：（指定要参考的角度，默认值为 0）
指定新角度或[点(P)] <0>：（输入旋转后的角度值）

操作完毕后，对象被旋转至指定的角度位置。

4.5.4 操作实践——绘制挡圈

本实例绘制如图 4-106 所示的挡圈。

（1）图层设定。单击"默认"选项卡 "图层"面板中的"图层特性"按钮，打开"图层特性管理器"选项板，新建如下 3 个图层。

① 第 1 个图层为"粗实线"图层，线宽为 0.30mm，其余属性为默认值。

② 第 2 个图层为"中心线"图层，颜色为红色，线型为 CENTER，其余属性为默认值。

③ 第 3 个图层为"剖面线"图层，颜色为蓝色，其余属性为默认值。

绘制挡圈

图 4-106 挡圈

(2)绘制挡圈主视图。

① 绘制中心线。将"中心线"图层设置为当前图层,单击"默认"选项卡"绘图"面板中的"直线"按钮╱,分别以{(45,190)、(120,190)}、{(77,210)、(88,210)}、{(145,210)、(165,210)}和{(145,190)、(165,190)}为坐标点绘制4条水平直线;以{(82.5,227.5)、(82.5,152.5)}为坐标点绘制一条竖直直线,如图4-107所示。

② 绘制圆。将"粗实线"图层设置为当前图层,单击"默认"选项卡"绘图"面板中的"圆"按钮⊙,以点(82.5,190)为圆心,分别绘制半径为32、30、13和6.6的同心圆;重复"圆"命令,以点(82.5,210)为圆心,绘制半径为4.2的圆,如图4-108所示。

(3)绘制挡圈剖视图。

① 绘制直线。将"粗实线"图层设置为当前图层,单击"默认"选项卡"绘图"面板中的"直线"按钮╱,分别以{(150,222)、(160,222)}和{(150,158)、(160,158)}为坐标点绘制两条水平直线;重复"直线"命令,分别以{(150,222)、(150,158)}和{(160,222)、(160,158)}为坐标点绘制两条竖直直线,如图4-109所示。

② 倒角处理。单击"默认"选项卡"修改"面板中的"倒角"按钮╱,设置角度、距离分别为45°和2,效果如图4-110所示。

图 4-107 绘制中心线   图 4-108 绘制圆   图 4-109 绘制直线   图 4-110 倒角处理

③ 绘制定位线。单击"默认"选项卡"绘图"面板中的"直线"按钮╱,以主视图中特征点为起点,利用"正交"功能绘制水平定位线,效果如图4-111所示。

④ 旋转并修剪直线。单击"默认"选项卡"修改"面板中的"旋转"按钮○,将直线1和直线2以其与右侧的竖直直线的交点为基点分别旋转45°和-45°,命令行提示与操作如下:

```
命令:_rotate
UCS 当前的正角方向: ANGDIR=逆时针 ANGBASE=0
选择对象:(选择直线1)
选择对象:↙
指定基点(选择直线1与右侧的竖直直线的交点为基点)
指定旋转角度,或 [复制(C)/参照(R)]<0>: 45↙
```

效果如图4-112所示。

⑤ 采用同样的方法旋转直线2。单击"默认"选项卡"修改"面板中的"修剪"按钮╳,对图形进行修剪,单击"默认"选项卡"绘图"面板中的"直线"按钮╱,补全图形,效果如图4-113所示。

图 4-111 绘制定位线   图 4-112 旋转直线   图 4-113 旋转并修剪直线

⑥ 绘制剖面线。将"剖面线"图层设置为当前图层，单击"默认"选项卡"绘图"面板中的"图案填充"按钮，绘制剖面线。完成挡圈的绘制，最终效果如图 4-106 所示。

4.5.5 "缩放"命令

【执行方式】

- 命令行：SCALE
- 菜单栏：修改→缩放
- 快捷菜单：选择要缩放的对象，在绘图区右击，从打开的右键快捷菜单上选择"缩放"命令
- 工具栏：修改→缩放 ▫
- 功能区：默认→修改→缩放 ▫

【操作步骤】

命令行提示与操作如下：

命令：SCALE✓
选择对象：（选择要缩放的对象）
选择对象：✓
指定基点：（指定缩放操作的基点）
指定比例因子或 [复制(C)/参照(R)] <1.0000>：

【选项说明】

（1）参照(R)

采用参考方向缩放对象时，系统继续提示：

指定参照长度 <1>：（指定参考长度值）
指定新的长度或 [点(P)] <1.0000>：（指定新长度值）

若新长度值大于参考长度值，则放大对象；否则，缩小对象。操作完毕后，系统以指定的基点按指定的比例因子缩放对象。如果选择"点(P)"选项，则指定两点来定义新的长度。

（2）指定比例因子

选择对象并指定基点后，从基点到当前光标位置会出现一条线段，线段的长度即为比例大小。鼠标选择的对象会动态地随着该连线长度的变化而缩放，按 Enter 键，确认缩放操作。

（3）复制(C)

选择"复制(C)"选项时，可以复制缩放对象，即缩放对象时，保留源对象。

4.5.6 创建面域

面域是具有边界的平面区域，内部可以包含孔。用户可以将由某些对象围成的封闭区域转变为面域，这些封闭区域可以是圆、椭圆、封闭二维多段线、封闭样条曲线等，也可以是由圆弧、直线、二维多段线和样条曲线等构成的封闭区域。

【执行方式】

- 命令行：REGION（快捷命令：REG）
- 菜单栏：绘图→面域

- 工具栏：绘图→面域
- 功能区：默认→绘图→面域

【操作步骤】

命令行提示与操作如下：

命令：REGION✓
选择对象：

选择对象后，系统自动将所选择的对象转换成面域。

4.5.7 面域的布尔运算

布尔运算是数学中的一种逻辑运算，用在 AutoCAD 绘图中，能够极大地提高绘图效率。布尔运算包括并集、交集和差集 3 种，操作方法类似，一并介绍如下。

【执行方式】

- 命令行：UNION（并集，快捷命令：UNI）或 INTERSECT（交集，快捷命令：IN）或 SUBTRACT（差集，快捷命令：SU）
- 菜单栏：修改→实体编辑→并集（差集、交集）
- 工具栏：实体编辑→并集 （差集、交集）
- 功能区：三维工具→实体编辑→并集 （差集、交集）

【操作步骤】

命令行提示与操作如下：

命令：UNION（SUBTRACT、INTERSECT）✓
选择对象：（选择对象后，系统对所选择的面域做并集（差集、交集）计算）
命令：SUBTRACT✓
选择要从中减去的实体、曲面和面域
选择对象：（选择差集运算的主体对象）
选择对象：（右击结束选择）
选择要减去的实体、曲面和面域
选择对象：（选择差集运算的参照体对象）
选择对象：（右击结束选择）

选择对象后，系统对所选择的面域做差集运算。运算逻辑是在主体对象上减去与参照体对象重叠的部分，布尔运算的结果如图 4-114 所示。

(a) 面域原图　　(b) 并集　　(c) 交集　　(d) 差集

图 4-114　布尔运算的结果

说明：
布尔运算的对象只包括实体和共面面域，对普通的线条对象无法使用布尔运算。

4.5.8 操作实践——绘制法兰盘

绘制法兰盘

本例主要利用"并集"命令合并绘制完成的法兰盘图形轮廓，结果如图 4-115 所示。

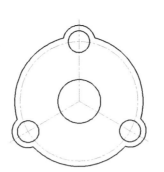

图 4-115　法兰盘

（1）创建图层。

单击"默认"选项卡"图层"面板中的"图层特性"按钮，打开"图层特性管理器"选项板，设置图层：

① "中心线"图层：颜色为红色，线型为 CENTER，线宽为 0.15mm；

② "粗实线"图层：颜色为白色，线型为 Continuous，线宽为 0.30mm。

（2）将"粗实线"图层设置为当前图层。单击"默认"选项卡"绘图"面板中的"圆"按钮，以半径为 60、20 和 55 分别绘制同心圆，将半径为 55 的圆转换到"中心线"图层，结果如图 4-116 所示。

（3）将"中心线"图层设置为当前图层。单击"默认"选项卡"绘图"面板中的"直线"按钮，指定端点坐标分别为大圆的圆心、（@0,75），绘制中心线，结果如图 4-117 所示。

（4）将"粗实线"图层设置为当前图层。

单击"默认"选项卡"绘图"面板中的"圆"按钮，捕捉定位圆和中心线的交点为圆心，分别绘制半径为 15 和 10 的圆，结果如图 4-118 所示。

图 4-116　绘制圆　　　　　图 4-117　绘制中心线　　　　图 4-118　绘制同心圆

（5）单击"默认"选项卡"修改"面板中的"环形阵列"按钮，以圆心为阵列的中心点，阵列的项目数为 3，进行环形阵列，结果如图 4-119 所示。单击"默认"选项卡"修改"面板中的"分解"按钮，分解环形阵列结果。

（6）单击"默认"选项卡"绘图"面板中的"面域"按钮，对圆 A、B、C 和 D 进行面域处理。命令行提示与操作如下：

命令：_region
选择对象：

（7）单击"三维工具"选项卡"实体编辑"面板中的"并集"按钮，对图形进行并集处理，结果如图 4-120 所示。命令行提示与操作如下：

命令：_union
选择对象：

图 4-119　阵列后的图形　　　　　图 4-120　并集后的图形

4.6　综合演练——绘制高压油管接头

本实例绘制的高压油管接头如图 4-121 所示。

【操作步骤】

（1）图层设置。

单击"默认"选项卡"图层"面板中的"图层特性"按钮，打开"图层特性管理器"选项板，单击"新建图层"按钮，新建 4 个图层。

① "剖面线"图层：属性保持默认设置。

② "实体线"图层：线宽为 0.3mm，其余属性保持默认设置。

③ "中心线"图层：线宽为默认值，颜色为红色，线型为 CENTER，其余属性保持默认设置。

④ "细实线"图层：属性保持默认设置。

（2）绘制主视图。

① 将"中心线"图层设置为当前图层。单击"默认"选项卡"绘图"面板中的"直线"按钮，绘制竖直中心线，坐标点为{（0,-2）、（0,51.6）}，如图 4-122 所示。

图 4-121　高压油管接头　　　　　图 4-122　绘制竖直直线

② 将"实体线"图层设置为当前图层。单击"默认"选项卡"绘图"面板中的"直线"按钮，绘制主视图的轮廓线，坐标点依次为{（0,0）、（7.8,0）、（7.8,4.0）、（9.0,4.0）、（9.0,18.0）、（-9,18）、（-9,3）、（-7.8,4.0）、（-7.8,0）、（0,0）}，{（7.8,3）、（-7.8,4.0）}、{（7.8,18）、（7.8,20.3）、（-7.8,20.3）、（-7.8,18）}，{（7.8,20.3）、（9,20.3）、（10.4,21.7）、（10.4,28.2）、（9.0,29.6）、（-9.0,29.6）、（-10.4,28.2）、（-10.4,21.7）、（-9,20.3）、（-7.8,20.3）}，{（8.0,29.6）、（8.0,36.6）、（-8,36.6）、（-8,29.6）}、

{（6,36.6）、（6,48.6）、（5,49.6）、（-5,49.6）、（-6,48.6）、（-6,36.6）}、{（6,48.6）、（-6,48.6）}，如图 4-123 所示。

③ 单击"默认"选项卡"修改"面板中的"偏移"按钮⊆，将图 4-123 中指出的直线，向内侧偏移 0.9，并将偏移后的直线转换到"细实线"图层，如图 4-124 所示。

图 4-123　绘制直线　　　　　　　　图 4-124　偏移直线

④ 单击"默认"选项卡"修改"面板中的"偏移"按钮⊆，选择需要偏移的竖直直线，向内侧偏移 5.2，如图 4-125 所示。

⑤ 单击"默认"选项卡"绘图"面板中的"圆弧"按钮，绘制两段圆弧，如图 4-126 所示。

图 4-125　偏移直线　　　　　　　　图 4-126　绘制圆弧

⑥ 单击"默认"选项卡"修改"面板中的"镜像"按钮，将绘制的圆弧分别以竖直中心线和偏移的直线的中点连线为镜像线，进行两次镜像，结果如图 4-127 所示。

（3）绘制俯视图。

① 将"中心线"图层设置为当前图层。单击"默认"选项卡"绘图"面板中的"直线"按钮，绘制水平和竖直的中心线，长度为 29，如图 4-128 所示。

图 4-127　镜像圆弧　　　　　　　　图 4-128　绘制中心线

② 将"实体线"图层设置为当前图层。单击"默认"选项卡"绘图"面板中的"圆"按钮 ⊙，以十字交叉线的中点为圆心，分别绘制半径为 2、4、5、6、8 和 9 的同心圆。

③ 单击"默认"选项卡"绘图"面板中的"多边形"按钮 ⊙，绘制六边形，中心点为十字交叉线的中心，外接圆的半径为 9，如图 4-129 所示。

（4）绘制剖面图。

① 单击"默认"选项卡"修改"面板中的"复制"按钮 ⊙，将主视图向右侧复制，复制的间距为 54，如图 4-130 所示。

图 4-129　绘制多边形　　　　　　图 4-130　复制主视图

② 单击"默认"选项卡"修改"面板中的"修剪"按钮 ⊥ 和"删除"按钮 ⊿，修剪和删除多余的直线，如图 4-131 所示。

③ 单击"默认"选项卡"绘图"面板中的"直线"按钮 ⁄，绘制竖直直线，如图 4-132 所示。

图 4-131　整理剖面图　　　　　　图 4-132　绘制直线

④ 单击"默认"选项卡"修改"面板中的"偏移"按钮 ⊆，将最下方的竖直直线向上偏移 0.5、14.5、10、22，如图 4-133 所示。

⑤ 单击"默认"选项卡"修改"面板中的"复制"按钮 ⊙，将竖直中心线向左右两侧复制 2、4、4.5、6.35、6.85，并将复制后的直线转换到"实体线"图层，如图 4-134 所示。

⑥ 单击"默认"选项卡"修改"面板中的"修剪"按钮 ⊥，修剪多余的直线，并单击"默认"选项卡"绘图"面板中的"直线"按钮 ⁄，补全图形，结果如图 4-135 所示。

图 4-133　偏移直线　　　图 4-134　复制直线　　　图 4-135　修剪和补全图形

⑦ 将"剖面线"图层设置为当前图层。单击"默认"选项卡"绘图"面板中的"图案填充"按钮，打开"图案填充创建"选项卡，如图 4-136 所示。选择"ANSI31"图案，"填充图案比例"为 0.5，单击"拾取点"按钮，进行填充操作，结果如图 4-121 所示。

图 4-136　"图案填充创建"选项卡

4.7　名师点拨——二维编辑跟我学

1．怎样用"TRIM"命令同时修剪多条线段

直线 AB 与 4 条平行线相交，现在要剪切直线 AB 右侧的部分，执行"TRIM"命令，在选择对象时选择 AB 并按 Enter 键，然后输入"F"并按 Enter 键，最后在 AB 右侧画一条直线并按 Enter 键，这样就可以了。

2．对圆进行打断操作时的方向问题

AutoCAD 会沿逆时针方向将圆上从第一断点到第二断点之间的那段圆弧删除。

3．"旋转"命令的操作技巧

可以用拖动鼠标的方法旋转对象。选择对象并指定基点后，从基点到当前光标位置会出现一条连线，移动鼠标选择的对象会动态地随着该连线与水平方向夹角的变化而旋转，按 Enter 键确认旋转操作。

4．"偏移"（OFFSET）命令的操作技巧

可将对象根据平移方向偏移一个指定的距离，创建一个与源对象相同或类似的新对象，它可操作的图元包括直线、圆、圆弧、多段线、椭圆、构造线、样条曲线等（类似于"复制"命令），偏移一个圆时，还可创建同心圆。当偏移一条闭合的多段线时，也可建立一个与源对象形状相同的闭合图形，可见"OFFSET"命令的应用相当灵活，因此"OFFSET"命令无疑成了 AutoCAD 修改命令中使用频率最高的一条。

在使用"OFFSET"命令时，用户可以通过两种方式创建新线段，一种是输入平行线间的

距离，这也是我们最常使用的方式；另一种是指定新平行线通过的点，输入提示参数"T"后，捕捉某个点作为新平行线的通过点，这样在不知道平行线距离时不用输入平行线之间的距离，而且不易出错（也可以通过复制操作来实现）。

5．"镜像"命令的操作技巧

镜像操作对创建对称的图样非常有用，可以快速地绘制半个对象，然后将其镜像，而不必绘制整个对象。

在默认情况下，镜像文字、属性及属性定义时，它们在镜像后所得图像中不会反转或倒置，文字的对齐和对正方式在镜像图样前后保持一致。如果制图时确实要反转文字，可将系统变量 MIRRTEXT 设置为 1，默认值为 0。

6．"偏移"命令的作用

在 AutoCAD 中，可以使用"偏移"命令对指定的直线、圆弧、圆等对象进行定距离偏移复制。在实际应用中，常利用"偏移"命令的特性创建平行线或等距离分布图。

4.8 上机实验

【练习 1】绘制如图 4-137 所示的挂轮架。

【练习 2】绘制如图 4-138 所示的均布结构图形。

【练习 3】绘制如图 4-139 所示的圆锥滚子轴承。

图 4-137　挂轮架　　　　图 4-138　均布结构图形　　　　图 4-139　圆锥滚子轴承

4.9 模拟试题

1．关于"分解"（EXPLODE）命令描述正确的是（　　）。

A．对象分解后颜色、线型和线宽不会改变

B．图案分解后图案与边界的关联性仍然存在

C. 多行文字分解后将变为单行文字
D. 构造线分解后可得到两条射线

2. 使用"复制"命令时,正确的情况是( )。
   A. 复制一个就退出命令　　　　　　B. 最多可复制 3 个
   C. 复制时,选择放弃,则退出命令　　D. 可复制多个,直到选择退出才结束复制

3. "拉伸"命令对下列哪个对象没有作用( )。
   A. 多段线　　　　B. 样条曲线　　　　C. 圆　　　　D. 矩形

4. 关于偏移,下面说法错误的是( )。
   A. 偏移值为 30
   B. 偏移值为-30
   C. 偏移圆弧时,即可以创建更大的圆弧,也可以创建更小的圆弧
   D. 可以偏移的对象类型有样条曲线

5. 下面图形不能偏移的是( )。
   A. 构造线　　　　B. 多线　　　　C. 多段线　　　　D. 样条曲线

6. 下面图形中偏移后图形属性没有发生变化的是( )。
   A. 多段线　　　　B. 椭圆弧　　　　C. 椭圆　　　　D. 样条曲线

7. 使用"SCALE"命令缩放图形时,在提示输入比例时输入"R",然后指定缩放的参照长度分别为 1、2,则缩放后的比例值为( )。
   A. 2　　　　B. 1　　　　C. 0.5　　　　D. 4

8. 能够将物体某部分改变角度的复制类命令有( )。
   A. MIRROR　　　　B. COPY　　　　C. ROTATE　　　　D. ARRAY

9. 要剪切与剪切边延长线相交的圆,则需执行的操作为( )。
   A. 剪切时按住 Shift 键　　　　　　B. 剪切时按住 Alt 键
   C. 修改"边"参数为"延伸"　　　　D. 剪切时按住 Ctrl 键

10. 使用"偏移"命令时,下列说法正确的是( )。
    A. 偏移值可以小于 0,是反向偏移　　B. 可以框选对象进行一次偏移多个对象
    C. 一次只能偏移一个对象　　　　　　D. 执行"偏移"命令时不能删除源对象

第 5 章　辅助绘图工具

文字注释是图形中重要的内容，进行各种设计时，通常不仅要绘出图形，还要在图形中标注文字，如技术要求、注释说明等，对图形对象加以解释。

AutoCAD 提供了多种写入文字的方法，本章将介绍文本的注释和编辑功能。图表在 AutoCAD 图形中也有大量的应用，如明细表、参数表和标题栏等，图表功能的应用使绘制图表更加方便快捷。

AutoCAD 2020 还提供了方便、准确的标注尺寸功能，图块、设计中心和工具选项板等则为快速绘图带来了方便，本章将简要介绍这些知识。

5.1 文本标注

文本是建筑图形的基本组成部分，在图签、说明、图纸目录等方面都要用到文本。本节讲述文本标注的基本方法。

5.1.1 设置文本样式

【执行方式】
- 命令行：STYLE 或 DDSTYLE
- 菜单栏：格式→文字样式
- 工具栏：文字→文字样式A
- 功能区：默认→注释→文字样式A

【操作步骤】

执行上述命令，系统打开"文字样式"对话框，如图 5-1 所示。

图 5-1　"文字样式"对话框

利用该对话框可以新建文字样式或修改当前文字样式，如图 5-2、图 5-3 所示为各种文字样式。

图 5-2　文字倒置标注与反向标注　　　　图 5-3　垂直标注文字

5.1.2　多行文本标注

【执行方式】

- 命令行：MTEXT
- 菜单栏：绘图→文字→多行文字
- 工具栏：绘图→多行文字 A 或文字→多行文字 A
- 功能区：默认→注释→多行文字 A 或注释→文字→多行文字 A

【操作步骤】

命令行提示与操作如下：

命令:MTEXT↙
当前文字样式:"Standard"　文字高度：2.5　注释性：否
指定第一角点:（指定矩形框的第一个角点）
指定对角点或[高度(H)/对正(J)/行距(L)/旋转(R)/样式(S)/宽度(W)/栏(C)]：

【选项说明】

指定对角点后，系统打开如图 5-4 所示的多行文字编辑器和"文字编辑器"选项卡，可利用此编辑器与选项卡输入多行文本并对其格式进行设置。该界面与 Word 软件界面类似，不再赘述。

图 5-4　多行文字编辑器和"文字编辑器"选项卡

5.1.3　操作实践——标注高压油管接头

标注高压油管接头

标注如图 5-5 所示的高压油管接头，操作步骤如下。

（1）打开文件。单击快速访问工具栏中的"打开"按钮，打开本书电子资源"源文件\第 5 章\高压油管接头.dwg"文件。

（2）保存文件。单击快速访问工具栏中的"保存"按钮，将文件另存为"标注高压油管接头.dwg"。

（3）单击"默认"选项卡"注释"面板中的"文字样式"按钮，弹出"文字样式"对话框，单击"新建"按钮，弹出

图 5-5　标注高压油管接头

"新建文字样式"对话框,输入"长仿宋体",如图 5-6 所示,单击"确定"按钮,返回"文字样式"对话框,设置新样式参数。在"字体名"下拉菜单中选择"仿宋",设置"高度"为 2.5,其余参数为默认值,如图 5-7 所示。单击"置为当前"按钮,将新建文字样式置为当前样式。

图 5-6　新建文字样式　　　　　　　　　　图 5-7　设置字体

单击"默认"选项卡"绘图"面板中的"直线"按钮，绘制引出线,如图 5-8 所示。

(4) 单击"默认"选项卡"注释"面板中的"多行文字"按钮A,在空白处单击,指定第一角点,向右下角拖动出适当距离,单击鼠标指定第二点,打开多行文字编辑器和"文字编辑器"选项卡,输入文字"A",如图 5-9 所示。

图 5-8　绘制直线　　　　　　　　　　图 5-9　输入文字

(5) 使用相同的方法继续标注图形其他部位的文字,最终结果如图 5-5 所示。

5.2　表格

在以前的版本中,要绘制表格必须采用绘制图线,或者图线结合偏移、复制等编辑命令来完成,这样的操作过程烦琐而复杂,不利于提高绘图效率。从 AutoCAD 2005 开始,新增了"表格"绘图功能,有了该功能,创建表格变得非常容易,用户可以直接插入设置好样式的表格,而不用绘制由单独的图线组成的栅格。

5.2.1 设置表格样式

【执行方式】

- 命令行：TABLESTYLE
- 菜单栏：格式→表格样式
- 工具栏：样式→表格样式管理器
- 功能区：默认→注释→表格样式 或注释→表格→表格样式→管理表格样式或注释→表格→对话框启动器

【操作步骤】

执行上述命令，系统打开"表格样式"对话框，如图 5-10 所示。

【选项说明】

（1）"新建"按钮

单击该按钮，系统打开"创建新的表格样式"对话框，如图 5-11 所示。输入新的表格样式名称后，单击"继续"按钮，系统打开"新建表格样式"对话框，如图 5-12 所示，从中可以定义新的表格样式，对表格中数据、列标题和标题等有关参数进行设置，如图 5-13 所示。

图 5-10 "表格样式"对话框

图 5-11 "创建新的表格样式"对话框

如图 5-14 所示为数据文字样式为"Standard"，"文字高度"为 5.5，文字颜色为"红"色，"填充颜色"为"黄"色，对齐方式为"右下"；没有列标题行，标题文字样式为"Standard"，"文字高度"为 6，"文字颜色"为"蓝"色，"填充颜色"为"无"，对齐方式为"正中"；"表格方向"为"上"，水平单元边距和垂直单元边距都为 1.5 的表格样式。

图 5-12 "新建表格样式"对话框

图 5-12 "新建表格样式"对话框(续)

图 5-13 表格样式

图 5-14 表格示例

(2)"修改"按钮

对当前表格样式进行修改,其方式与新建表格样式的方式相同。

5.2.2 创建表格

创建表格

【执行方式】

- 命令行:TABLE
- 菜单栏:绘图→表格
- 工具栏:绘图→表格⊞
- 功能区:默认→注释→表格⊞或注释→表格→表格⊞

【操作步骤】

执行上述命令,系统打开"插入表格"对话框,如图 5-15 所示。

【选项说明】

(1)表格样式:在要从中创建表格的当前图形中选择表格样式。通过单击下拉列表旁边的按钮,用户也可以创建新的表格样式。

(2)插入方式:指定表格位置。

① 指定插入点:指定表格左上角的位置。可以使用定点设备,也可以在命令提示下输入

坐标值。如果表格样式将表格的方向设置为由下而上读取，则插入点位于表格的左下角。

图 5-15 "插入表格"对话框

② 指定窗口：指定表格的大小和位置。可以使用定点设备，也可以在命令提示下输入坐标值。选定此选项时，行数、列数、列宽和行高取决于窗口的大小以及列和行设置。

（3）列和行设置：设置列和行的数目和大小。

① 列数：选择"指定窗口"选项并指定列宽时，"自动"选项将被选定，且列数由表格的宽度控制。如果已指定包含起始表格的表格样式，则可以选择要添加到此起始表格其他列的数量。

② 列宽：指定列的宽度。选择"指定窗口"选项并指定列数时，则选定了"自动"选项，且列宽由表格的宽度控制。最小列宽为一个字符。

③ 数据行数：指定行数。选择"指定窗口"选项并指定行高时，则选定了"自动"选项，且行数由表格的高度控制。带有标题行和表格头行的表格样式最少应有三行，最小行高为一个文字行。如果已指定包含起始表格的表格样式，则可以选择要添加到此起始表格的其他数据行的数量。

④ 行高：按照行数指定行高。文字行高基于文字高度和单元边距，这两项均在表格样式中设置。选择"指定窗口"选项并指定行数时，则选定了"自动"选项，且行高由表格的高度控制。

（4）设置单元样式：对于那些不包含起始表格的表格样式，指定新表格中行的单元格式。

① 第一行单元样式：指定表格中第一行的单元样式。默认情况下，使用标题单元样式。

② 第二行单元样式：指定表格中第二行的单元样式。默认情况下，使用表头单元样式。

③ 所有其他行单元样式：指定表格中所有其他行的单元样式。默认情况下，使用数据单元样式。

5.3 尺寸标注

在本节中尺寸标注相关命令的菜单方式集中在"标注"菜单中，工具栏方式集中在"标注"工具栏中。

5.3.1 设置尺寸样式

【执行方式】

- 命令行：DIMSTYLE
- 菜单栏：格式→标注样式或标注→标注样式
- 工具栏：标注→标注样式
- 功能区：默认→注释→标注样式

【操作步骤】

执行上述命令，系统打开"标注样式管理器"对话框，如图 5-16 所示。利用此对话框可方便直观地定制和浏览尺寸标注样式，包括产生新的标注样式、修改已存在的样式、设置当前尺寸标注样式、样式重命名及删除一个已有样式等。

【选项说明】

1. "置为当前"按钮

单击此按钮，将在"样式"列表框中选中的样式设置为当前样式。

2. "新建"按钮

单击此按钮，AutoCAD 打开"创建新标注样式"对话框，如图 5-17 所示，利用此对话框可创建一个新的尺寸标注样式，单击"继续"按钮，系统打开"新建标注样式"对话框，如图 5-18 所示，利用此对话框可对新样式的各项特性进行设置。该对话框中各部分的含义和功能将在后面进行介绍。

图 5-16 "标注样式管理器"对话框

图 5-17 "创建新标注样式"对话框

3. "修改"按钮

单击此按钮，AutoCAD 弹出"修改标注样式"对话框，该对话框中的各选项与"新建标注样式"对话框中完全相同，可以对已有标注样式进行修改。

4. "替代"按钮

单击此按钮，AutoCAD 打开"替代当前样式"对话框，该对话框中各选项与"新建标注样式"对话框完全相同，用户可改变选项的设置，但这种修改只对指定的尺寸标注起作用，而不影响当前尺寸变量的设置。

如图 5-18 所示的"新建标注样式"对话框中，有 7 个选项卡，分别说明如下：

图 5-18　"新建标注样式"对话框

(1)"线"选项卡

在"新建标注样式"对话框中，第一个选项卡就是"线"选项卡。该选项卡用于设置尺寸线、尺寸界线的形式和特性，如图 5-18 所示。

(2)"符号和箭头"选项卡

该选项卡对箭头、圆心标记、折断标注、弧长符号和半径折弯标注的各个参数进行设置，如图 5-19 所示。包括箭头的大小、引线、形状等参数，圆心标记的类型大小，弧长符号的位置，半径折弯标注的折弯角度，线性折弯标注的折弯高度因子及折断标注的折断大小。

图 5-19　"符号和箭头"选项卡

(3)"文字"选项卡

该选项卡对文字的外观、位置、对齐方式等各个参数进行设置，如图 5-20 所示。包括文字样式、文字颜色、填充颜色、文字高度、分数高度比例、是否绘制文字边框等，文字位置的垂直、水平和从尺寸线偏移量等参数。对齐方式有水平、与尺寸线对齐、ISO 标准三种方式。

(4)"调整"选项卡

该选项卡对调整选项、文字位置、标注特征比例、优化等各个参数进行设置。

图 5-20 "文字"选项卡

(5) "主单位"选项卡

该选项卡用来设置尺寸标注的主单位和精度,以及给尺寸文本添加固定的前缀或后缀。本选项卡含两个选项组,分别对长度型标注和角度型标注进行设置,如图 5-21 所示。

图 5-21 "主单位"选项卡

(6) "换算单位"选项卡

该选项卡用于对替换单位进行设置。

(7) "公差"选项卡

该选项卡用于对尺寸公差进行设置,如图 5-22 所示。其中"方式"下拉列表框列出了 AutoCAD 提供的五种标注公差的形式,用户可从中选择。这五种形式分别是"无""对称""极限偏差""极限尺寸""基本尺寸",其中"无"表示不标注公差。其余四种标注情况如图 5-23 所示。在"精度""上偏差""下偏差""高度比例""垂直位置"等文本框中输入或选择相应的参数值。

> **注意:**
> 系统自动在上偏差数值前加"+"号,在下偏差数值前加"-"号。如果上偏差是负值或下偏差是正值,都需要在输入的偏差值前加负号。如下偏差是+0.005,则需要在"下偏差"微调框中输入"-0.005"。

图 5-22 "公差"选项卡

图 5-23 公差标注的形式

5.3.2 尺寸标注

1．线性标注

【执行方式】

- 命令行：DIMLINEAR（快捷命令：DIMLIN）
- 菜单栏：标注→线性
- 工具栏：标注→线性┌┐
- 功能区：默认→注释→线性┌┐

【操作步骤】

命令行提示与操作如下：

命令：DIMLINEAR↙
指定第一个尺寸界线原点或 <选择对象>：

在此提示下有两种选择，直接回车选择要标注的对象或确定尺寸界线的起始点，回车并选择要标注的对象，或指定两条尺寸界线的起始点后，系统继续提示：

指定尺寸线位置或[多行文字(M)/文字(T)/角度(A)/水平(H)/垂直(V)/旋转(R)]：

【选项说明】

（1）指定尺寸线位置：确定尺寸线的位置。用户可移动鼠标选择合适的尺寸线位置，然后回车或单击鼠标，AutoCAD 则自动测量所标注线段的长度并标注出相应的尺寸。

（2）多行文字(M)：用多行文字编辑器确定尺寸文本。

（3）文字(T)：在命令行提示下输入或编辑尺寸文本。选择此选项后，AutoCAD 提示：

输入标注文字 <默认值>：

其中的"默认值"是 AutoCAD 自动测量得到的被标注线段的长度，直接回车即可采用此长度值，也可输入其他数值代替默认值。当尺寸文本中包含默认值时，可使用尖括号"<>"表示默认值。

2．基线标注

基线标注用于产生一系列基于同一条尺寸界线的尺寸标注，适用于长度尺寸标注、角度标注和坐标标注等。在使用基线标注方式之前，应该先标注出一个相关的尺寸，如图 5-24 所示。

基线标注两平行尺寸线间距由"新建（修改）标注样式"对话框"符号和箭头"选项卡中"尺寸线"选项组中的"基线间距"文本框中的值决定。

【执行方式】

- 命令行：DIMBASELINE
- 菜单：标注→基线
- 工具栏：标注→基线标注
- 功能区：注释→标注→基线

【操作步骤】

命令行提示与操作如下：

命令：DIMBASELINE✓
指定第二个尺寸界线原点或 [选择(S)/放弃(U)] <选择>：

直接确定另一个尺寸的第二个尺寸界线的起点，AutoCAD 以上次标注的尺寸为基准标注，标注出相应尺寸，直接回车，系统提示：

选择基准标注：（选取作为基准的尺寸标注）

连续标注又叫尺寸链标注，用于产生一系列连续的尺寸标注，后一个尺寸标注均把前一个标注的第二个尺寸界线作为它的第一条尺寸界线。与基线标注一样，在使用连续标注方式之前，应先标注出一个相关的尺寸。其标注过程与基线标注类似，如图 5-25 所示。

图 5-24 基线标注

图 5-25 连续标注

3. 引线标注

【执行方式】

- 命令行：QLEADER

【操作步骤】

命令行提示与操作如下：

命令：QLEADER✓
指定第一个引线点或 [设置(S)] <设置>：
指定下一点：（输入指引线的第二点）
指定下一点：（输入指引线的第三点）
指定文字宽度 <0.0000>：（输入多行文本的宽度）
输入注释文字的第一行 <多行文字(M)>：（输入单行文本或回车打开多行文字编辑器输入多行文本）
输入注释文字的下一行：（输入另一行文本）
输入注释文字的下一行：（输入另一行文本或回车）

也可以在上面操作过程中选择"设置(S)"选项，打开"引线设置"对话框进行相关参数设置，如图 5-26 所示。

另外还有一个"LEADER"命令也可以进行引线标注，与"QLEADER"命令类似，不再赘述。

第 5 章　辅助绘图工具

图 5-26　"引线设置"对话框

5.3.3　操作实践——标注电磁管压盖

标注如图 5-27 所示的电磁管压盖尺寸,操作步骤如下。

图 5-27　标注电磁管压盖

1．打开文件

（1）单击快速访问工具栏中的"打开"按钮，打开"源文件\第 5 章\标注电磁管压盖\电磁管压盖.dwg"文件。

（2）单击"默认"选项卡"图层"面板中的"图层特性"按钮，新建"标注"图层，并将其为当前图层。

（3）设置标注样式。采用上个实例中设置的标注样式，这里不再重复设置。

2．标注主视图尺寸

（1）单击"默认"选项卡"注释"面板中的"线性"按钮，标注主视图中的线性尺寸 0.9，结果如图 5-28 所示。命令行提示与操作如下：

```
命令: _dimlinear
指定第一个尺寸界线原点或 <选择对象>：(捕捉标注为 "0.9" 的边的下端点，作为第一个尺寸界线原点)
指定第二条尺寸界线原点：(捕捉标注为 "0.9" 的边的上端点，作为第二条尺寸界线原点)
指定尺寸线位置或[多行文字(M)/文字(T)/角度(A)/水平(H)/垂直(V)/旋转(R)]：(指定尺寸线的位置)
标注文字 = 0.9
```

图 5-28　标注线性尺寸

（2）单击"注释"选项卡"标注"面板中"连续"下拉菜单中的"基线"按钮⊟，标注主视图中的基线尺寸2.4，结果如图5-29所示。命令行提示与操作如下：

```
命令：_dimbaseline
指定第二个尺寸界线原点或 [选择(S)/放弃(U)] <选择>：(捕捉标注为"2.4"的边的上端点，作为第二个尺寸界线原点)
标注文字 = 2.4
指定第二个尺寸界线原点或 [选择(S)/放弃(U)] <选择>：✓
选择基准标注：✓
```

图5-29 标注基线尺寸

（3）单击"默认"选项卡"注释"面板中的"半径"按钮⊘，标注主视图中的半径尺寸，结果如图5-30所示。命令行提示与操作如下：

```
命令：_dimradius
选择圆弧或圆：(选择R1圆弧)
标注文字 = 1
指定尺寸线位置或 [多行文字(M)/文字(T)/角度(A)]：(指定尺寸线位置)
```

图5-30 标注半径尺寸

3. 标注俯视图尺寸

（1）单击"默认"选项卡"注释"面板中的"线性"按钮┝┥，标注俯视图中的线性尺寸，结果如图5-31所示。

图5-31 标注线性尺寸

（2）单击"默认"选项卡"注释"面板中的"半径"按钮⊘，标注俯视图中的半径尺寸$R2$，结果如图5-32所示。

（3）单击"默认"选项卡"注释"面板中的"直径"按钮⊘，标注直径尺寸$4×\phi8$，结果如图5-33所示。命令行提示与操作如下：

```
命令：_dimdiameter
选择圆弧或圆：(选择直径为8的圆)
标注文字 = 8
指定尺寸线位置或 [多行文字(M)/文字(T)/角度(A)]：M✓(回车后弹出多行文字编辑器和"文字编辑器"选项卡，其中多行文字编辑器中显示测量值，即"ϕ8"，在前面输入"4×"，即"4×ϕ8")
```

指定尺寸线位置或 [多行文字(M)/文字(T)/角度(A)]：(指定尺寸线放置位置)

重复"直径"命令，标注其余直径尺寸，最终结果如图5-27所示。

图 5-32　标注半径尺寸

图 5-33　标注直径尺寸

5.4　图块及其属性

将一组图形对象组合成图块加以保存，需要的时候可以把图块作为一个整体，以任意比例和旋转角度插入到图中任意位置，这样不仅避免了大量的重复工作，提高绘图速度和工作效率，还可节省磁盘空间。

5.4.1　图块操作

1．定义图块

【执行方式】

- 命令行：BLOCK
- 菜单栏：绘图→块→创建
- 工具栏：绘图→创建块
- 功能区：默认→块→创建"或插入→块定义→创建块

【操作步骤】

执行上述命令，系统打开如图5-34所示的"块定义"对话框，利用该对话框可指定定义对象和基点及其他参数，定义成图块并命名。

2．保存图块

【执行方式】

- 命令行：WBLOCK

【操作步骤】

执行上述命令，系统打开如图5-35所示的"写块"对话框。利用此对话框可把图形对象保存为图块或把图块转换成图形文件。

以"BLOCK"命令定义的图块只能插入到当前图形；以"WBLOCK"命令保存的图块既可以插入到当前图形，也可以插入到其他图形。

图 5-34 "块定义"对话框　　　　　图 5-35 "写块"对话框

3．插入图块

【执行方式】

- 命令行：INSERT
- 菜单栏：插入→"块"选项板
- 工具栏：插入→插入块 或 绘图→插入块
- 功能区：默认→块→"插入"下拉菜单或插入→块→"插入"下拉菜单（如图 5-36 所示）

【操作步骤】

执行上述命令，系统打开"块"选项板，如图 5-37 所示。利用此对话框可设置插入点位置、插入比例及旋转角度等。

图 5-36 "插入"下拉菜单　　　　　图 5-37 "块"选项板

4．动态块

动态块具有灵活性和智能性，用户在操作时可以轻松地更改图形中的动态块参照。可以通过自定义夹点或自定义特性来操作动态块参照中的几何图形，这使得用户可以根据需要调整块，而不用搜索另一个块以插入或重定义现有的块。

可以使用块编辑器创建动态块。块编辑器是一个专门的编写区域，用于添加能够使块成为动态块的元素。用户可以从头创建块，可以向现有的块定义中添加动态行为，也可以像在绘图区域中一样创建几何图形。

【执行方式】

- 命令行：BEDIT

- 菜单栏：工具→块编辑器
- 工具栏：标准→块编辑器
- 快捷菜单：双击图块或选择一个块参照，右击，选择"块编辑器"选项
- 功能区：插入→块定义→块编辑器

【操作步骤】

执行上述命令，系统打开"编辑块定义"对话框，如图 5-38 所示。在"要创建或编辑的块"文本框中输入块名，或在列表框中选择已定义的块或当前图形。确认后系统打开块编写选项板和"块编辑器"选项卡，如图 5-39 所示。

图 5-38 "编辑块定义"对话框

图 5-39 块编辑状态绘图平面

【选项说明】

块编写选项板包含 4 个选项卡，各选项卡介绍如下。

（1）"参数"选项卡：提供用于向块编辑器中的动态块定义中添加参数的工具。参数用于指定几何图形在块参照中的位置、距离和角度。将参数添加到动态块定义中时，该参数将定义块的一个或多个自定义特性。此选项卡也可以通过"BPARAMETER"命令打开。

① 点：将向动态块定义中添加一个点参数，并定义块参照的自定义 X 和 Y 特性。点参数定义图形中的 X 和 Y 位置。在块编辑器中，点参数类似于一个坐标标注。

② 可见性：向动态块定义中添加一个可见性参数，并定义块参照的自定义可见性特性。可见性参数允许用户创建可见性状态，并控制对象在块中的可见性。可见性参数总是应用于整个块，并且无须与任何动作相关联。在图形中单击夹点可以显示块参照中所有可见性状态的列表。在块编辑器中，可见性参数显示为带有关联夹点的文字。

③ 查寻：向动态块定义中添加一个查寻参数，并定义块参照的自定义查寻特性。查寻参数用于定义自定义特性，用户可以指定或设置该特性，以便从定义的列表或表格中计算出某个值。该参数可以与单个查寻夹点相关联，在块参照中单击该夹点可以显示可用值的列表。在块编辑器中，查寻参数显示为文字。

④ 基点：向动态块定义中添加一个基点参数，基点参数用于定义动态块参照相对于块中的几何图形的基点。基点参数无法与任何动作相关联，但可以属于某个动作的选择集。在块编辑器中，基点参数显示为带有十字光标的圆。

其他参数与上面各项类似，这里不再赘述。

（2）"动作"选项卡：提供用于向块编辑器中的动态块定义中添加动作的工具。动作定义了在图形中操作块参照的自定义特性时，动态块参照的几何图形将如何移动或变化，应将动作与参数相关联。此选项卡也可以通过"BACTIONTOOL"命令来打开。

① 移动：在用户将移动动作与点参数、线性参数、极轴参数或 XY 参数关联时，将该动作添加到动态块定义中。在动态块参照中，移动动作使对象移动指定的距离和角度。

② 查寻：向动态块定义中添加一个查寻动作。将查寻动作添加到动态块定义中，并将其与查寻参数相关联。它将创建一个查寻表，可以使用查寻表指定动态块的自定义特性和值。

其他动作与上面各项类似，这里不再赘述。

（3）"参数集"选项卡：提供用于在块编辑器中向动态块定义中添加一个参数和至少一个动作的工具。将参数集添加到动态块中时，动作将自动与参数相关联。将参数集添加到动态块中后，双击黄色警示图标（或使用"BACTIONSET"命令），然后按照命令行上的提示将动作与几何图形选择集相关联。此选项卡也可以通过"BPARAMETER"命令来打开。

① 点移动：向动态块定义中添加一个点参数，系统会自动添加与该点参数相关联的移动动作。

② 线性移动：向动态块定义中添加一个线性参数，系统会自动添加与该线性参数的端点相关联的移动动作。

③ 可见性集：向动态块定义中添加一个可见性参数，并允许定义可见性状态，无须添加与可见性参数相关联的动作。

④ 查寻集：向动态块定义中添加一个查寻参数，系统会自动添加与该查寻参数相关联的查寻动作。

其他参数集与上面各项类似，这里不再赘述。

（4）"约束"选项卡：几何约束可将几何对象关联在一起，或者指定固定的位置或角度。

例如，用户可以指定某条直线应始终与另一条直线垂直、某个圆弧应始终与某个圆保持同心，或者某条直线应始终与某个圆弧相切。

① 水平：使直线或点对位于与当前坐标系的 X 轴平行的位置，默认选择类型为对象。

② 垂直：可使选定直线垂直于另一条直线，垂直约束在两个对象之间应用。

③ 平行：使选定的直线位于彼此平行的位置，平行约束在两个对象之间应用。

④ 相切：将两条曲线约束为保持彼此相切或其延长线保持彼此相切，相切约束在两个对象之间应用。圆可以与直线相切，即使圆与直线不相交。

⑤ 平滑：将样条曲线约束为连续，并与其他样条曲线、直线、圆弧或多段线保持连续性。

⑥ 重合：约束两个点使其重合，或者约束一个点使其位于曲线（或曲线的延长线）上。可以使对象上的约束点与某个对象重合，也可以使其与另一对象上的约束点重合。

⑦ 同心：将两个圆弧、圆或椭圆约束到同一个中心点，结果与将重合约束应用于曲线的中心点所产生的结果相同。

⑧ 共线：使两条或多条直线段沿同一直线方向。

⑨ 对称：使选定对象受对称约束，相对于选定直线对称。

⑩ 相等：将选定圆弧和圆的尺寸重新调整为半径相同，或将选定直线的尺寸重新调整为

长度相同。

⑪ 固定：将点和曲线位置锁定。

5.4.2 图块的属性

1．属性定义

【执行方式】

- 命令行：ATTDEF
- 菜单栏：绘图→块→定义属性
- 功能区：默认→块→定义属性 或插入→块定义→定义属性

【操作步骤】

执行上述命令，系统打开"属性定义"对话框，如图 5-40 所示。

图 5-40 "属性定义"对话框

【选项说明】

（1）"模式"选项组

① "不可见"复选框：选中此复选框，属性为不可见显示方式，即插入图块并输入属性值后，属性值在图中并不显示出来。

② "固定"复选框：选中此复选框，属性值为常量，即属性值在定义属性时给定，在插入图块时 AutoCAD 不再提示输入属性值。

③ "验证"复选框：选中此复选框，插入图块时 AutoCAD 重新显示属性值让用户验证该值是否正确。

④ "预设"复选框：选中此复选框，插入图块时 AutoCAD 自动把事先设置好的默认值赋予属性，而不再提示输入属性值。

⑤ "锁定位置"复选框：选中此复选框，插入图块时 AutoCAD 锁定块参照中属性的位置。解锁后，属性可以相对于使用夹点编辑的块的其他部分移动，并且可以调整多行属性的大小。

⑥ "多行"复选框：指定属性值可以包含多行文字。选中此复选框后，可以指定属性的边界宽度。

（2）"属性"选项组

① "标记"文本框：输入属性标签。属性标签可由除空格和感叹号以外的所有字符组成，AutoCAD 自动把小写字母改为大写字母。

② "提示"文本框：输入属性提示。属性提示是插入图块时 AutoCAD 要求输入属性值的提示，如果不在此文本框内输入文本，则以属性标签作为提示。如果在"模式"选项组选中"固定"复选框，即设置属性为常量，则不需设置属性提示。

③ "默认"文本框：设置默认的属性值。可把使用次数较多的属性值作为默认值，也可不设默认值。

其他各选项组比较简单，这里不再赘述。

2. 修改属性定义

【执行方式】

- 命令行：DDEDIT
- 菜单栏：修改→对象→文字→编辑

【操作步骤】

命令行提示与操作如下：

```
命令：DDEDIT↙
选择注释对象或 [放弃(U)]：
```

在此提示下选择要修改的属性定义，AutoCAD 打开"编辑属性定义"对话框，如图 5-41 所示。可以在该对话框中修改属性定义。

3. 图块属性编辑

【执行方式】

- 命令行：EATTEDIT
- 菜单栏：修改→对象→属性→单个
- 工具栏：修改 II→编辑属性
- 功能区：默认→块→编辑属性

【操作步骤】

命令行提示与操作如下：

```
命令：EATTEDIT↙
选择块：
```

利用"创建块"命令，创建编辑属性后的块，单击"确定"按钮，弹出"编辑属性"对话框，设置属性，如图 5-42 所示。

关闭对话框。执行"EATTEDIT"命令，系统打开"增强属性编辑器"对话框，如图 5-43 所示。该对话框不仅可以编辑属性值，还可以编辑属性的文字选项和图层、线型、颜色等特性值。

图 5-41 "编辑属性定义"对话框　　图 5-42 "编辑属性"对话框　　图 5-43 "增强属性编辑器"对话框

4．提取属性数据

提取属性信息可以直接从图形数据中生成日程表或 BOM 表，新的向导使得此过程更加简单。

【执行方式】

- 命令行：EATTEXT
- 菜单栏：工具→数据提取

【操作步骤】

执行上述命令后，系统打开"数据提取-开始"对话框，如图 5-44 所示。单击"下一步"按钮，依次打开各个对话框，在各对话框中对提取属性的各选项进行设置。设置完成后，系统生成包含提取数据的 BOM 表。

图 5-44 "数据提取-开始"对话框

绘制明细表

5.4.3 操作实践——绘制明细表

利用"矩形"及"偏移"命令，绘制表格，然后输入明细表内容，绘制如图 5-45 所示的明细表。

序号	名　称	数量	材　料	备　注

图 5-45 明细表

1. 绘制明细表标题栏

（1）绘制表格。单击"默认"选项卡"绘图"面板中的"矩形"按钮▢，指定矩形的两个角点{（40,10）、（220,17）}。单击"默认"选项卡"修改"面板中的"分解"按钮，分解刚绘制的矩形；再单击"默认"选项卡"修改"面板中的"偏移"按钮，结果如图 5-46 所示。

图 5-46 绘制表格

（2）设置文字样式。单击"默认"选项卡"注释"面板中的"文字样式"按钮A，打开"文字样式"对话框，单击"新建"按钮，新建"明细表"样式，在"字体名"下拉列表中选择"仿宋_GB2312"，"字体样式"设置为"常规"，在"高度"文本框中输入"3.5000"，"效果"选项组中的选项不变，如图 5-47 所示。完成后，单击"置为当前"按钮，将其设置为当前使用的文字样式。

图 5-47 "文字样式"对话框

（3）填写明细表标题栏。单击"默认"选项卡"注释"面板中的"多行文字"按钮A，弹出多行文字编辑器，依次填写明细表标题栏中的各项，结果如图 5-48 所示。

| 序号 | 名　　称 | 数量 | 材　料 | 备　注 |

图 5-48 填写明细表标题栏

（4）创建"明细表标题栏"图块。单击"默认"选项卡"块"面板中的"创建"按钮，打开"块定义"对话框，创建"明细表标题栏"图块，如图 5-49 所示。

（5）保存"明细表标题栏"图块。在命令行输入"WBLOCK"后按 Enter 键，打开"写块"对话框，如图 5-50 所示。在"源"选项组中选择"块"选项，从下拉列表中选择"明细表标题栏"，在"目标"选项组中选择文件名和路径，完成零件图块的保存。

图 5-49 "块定义"对话框　　　　　图 5-50 "写块"对话框

说明：

对于明细表内容栏，可以采用同样的方法绘制并创建"明细表内容栏"图块，只是这个图块只包含明细表内容栏的轮廓线，具体内容则需要在插入图块后，调用文字工具进行填写，这样操作就会显得非常烦琐。AutoCAD 2020 提供了一种简洁的完成填写明细表内容栏的方法，即创建以明细表各栏文字为属性的"明细表内容栏"图块，这样在每次插入的时候系统会自动提示每栏的输入要求，允许在命令行中直接进行输入，省去了调用文字工具进行填写的烦琐过程。

2．绘制明细表内容栏

（1）绘制表格。仿照标题栏表格的绘制方法，绘制内容栏表格，如图 5-51 所示。

图 5-51　绘制表格

（2）打开"属性定义"对话框。单击"默认"选项卡"块"面板中的"定义属性"按钮，打开"属性定义"对话框，如图 5-52 所示。

（3）定义"序号"属性。在"属性定义"对话框中，在"标记"文本框输入"N"，在"提示"文本框输入"输入序号："，选择"在屏幕上指定"复选框，如图 5-53 所示。插入时，在明细表内容栏中的第一栏中单击鼠标，单击"确定"按钮，完成"序号"属性的定义。

图 5-52　"属性定义"对话框　　　　　图 5-53　定义"序号"属性

（4）定义其他 4 个属性。使用同样的方法，打开"属性定义"对话框，依次定义明细表内容栏的后 4 个属性：

① 标记"NAME"，提示"输入名称："；

② 标记"Q"，提示"输入数量："；

③ 标记"MATERAL"，提示"输入材料："；

④ 标记"NOTE"，提示"输入备注："。

插入点都是用鼠标在屏幕上选取的。定义好 5 个文字属性的明细表内容栏，如图 5-54 所示。

（5）创建并保存带文字属性的图块。单击"默认"选项卡"块"面板中的"创建"按钮，打开"块定义"对话框，选择明细表内容栏及 5 个文字属性，创建"明细表内容栏"图块，"拾取点"为表格左下角点，单击"确定"按钮，弹出"编辑属性"对话框，如图 5-55 所示。单击"确定"按钮，退出对话框。

| N | NAME | Q | MATERAL | NOTE |

图 5-54 定义 5 个文字属性　　　　　图 5-55 "编辑属性"对话框

调用"WBLOCK"命令，打开"写块"对话框，保存"明细表内容栏"图块。

> **说明：**
> 在"属性定义"对话框中，"模式"选项组的 4 个选项的含义分别为："不可见"指插入块后是否显示属性值；"固定"指属性是否为常数；"验证"指插入块时是否验证所输入的属性值；"预设"指是否将属性设置成它的默认值。

5.5 设计中心与工具选项板

使用 AutoCAD 设计中心可以很容易地组织设计内容，并把它们拖动到当前图形中。工具选项板是"工具选项板"窗口中选项卡形式的区域，是组织、共享和放置块及填充图案的有效方法。工具选项板还可以包含由第三方开发人员提供的自定义工具，也可以利用设计中的组织内容，将其创建为工具选项板。设计中心与工具选项板的使用大大方便了绘图，提高了绘图的效率。

5.5.1 设计中心

设计中心

1. 启动设计中心

【执行方式】

- 命令行：ADCENTER
- 菜单栏：工具→选项板→设计中心
- 工具栏：标准→设计中心
- 功能区：视图→选项板→设计中心
- 快捷键：CTRL+2

【操作步骤】

执行上述命令，系统打开设计中心。第一次启动设计中心时，它默认打开"文件夹"选项卡。内容显示区采用大图标显示，左边的资源管理器采用树形结构，浏览资源的同时，在内容显示区显示所浏览资源的有关细目或内容，如图 5-56 所示。也可以搜索资源，方法与 Windows 资源管理器类似。

图 5-56 AutoCAD 2020 设计中心

2. 利用设计中心插入图形

设计中心一个最大的优点是它可以将系统文件夹中的 DWG 图形当成图块插入到当前图形中，具体方法如下：

（1）从文件夹列表或查找结果列表框选择要插入的对象，拖动对象到打开的图形。

（2）在相应的命令行提示下输入比例和旋转角度等数值。

被选择的对象根据指定的参数插入到图形当中。

5.5.2 工具选项板

工具选项板

1. 打开工具选项板

【执行方式】

- 命令行：TOOLPALETTES
- 菜单栏：工具→选项板→工具选项板
- 工具栏：标准→工具选项板

- 功能区：视图→选项板→工具选项板
- 快捷键：CTRL+3

【操作步骤】

执行上述命令，系统自动打开工具选项板，如图 5-57 所示。该工具选项板上有系统预设置的几个选项卡，可以右击鼠标，在系统打开的快捷菜单中选择"新建选项板"命令，如图 5-58 所示。系统新建一个空白选项卡，可以命名该选项卡，如图 5-59 所示。

图 5-57　工具选项板　　　　图 5-58　快捷菜单　　　　图 5-59　新建选项卡

2．将设计中心内容添加到工具选项板

在设计中心的文件夹上右击，系统打开右键快捷菜单，从中选择"创建工具选项板"命令，如图 5-60 所示。

设计中心中储存的图元就出现在工具选项板中新建的选项卡上，如图 5-61 所示。这样就可以将设计中心与工具选项板结合起来，建立一个快捷方便的工具选项板。

3．利用工具选项板绘图

只需要将工具选项板中的图形单元拖动到当前图形，该图形单元就以图块的形式插入到当前图形中。如图 5-62 所示就是将工具选项板中"Mechanical - Imperial"选项卡中的图形单元拖动到当前图形绘制的标准零件。

图 5-60　快捷菜单　　　　图 5-61　创建工具选项板　图 5-62　标准零件

5.6 综合演练——绘制出油阀座

绘制如图 5-63 所示的出油阀座。

图 5-63 出油阀座

（1）单击快速访问工具栏中的"新建"按钮，建立新文件，将新文件命名为"出油阀座.dwg"并保存。单击"默认"选项卡"图层"面板中的"图层特性"按钮，设置图层如图 5-64 所示。

图 5-64 "图层特性管理器"选项板

（2）将"中心线"图层设置为当前图层。单击"默认"选项卡"绘图"面板中的"直线"按钮，绘制两条相互垂直的中心线，竖直中心线和水平中心线长度分别为 10 和 10，如图 5-65 所示。

（3）将"粗实线"图层设置为当前图层，单击"默认"选项卡"绘图"面板中的"圆"按钮，分别绘制半径为 0.75、2.7 和 4 的圆，如图 5-66 所示。

（4）将"中心线"图层设置为当前图层。单击"默认"选项卡"绘图"面板中的"直线"按钮，在主视图的上方，以竖直中心线的延长线上的一点为直线的起点，绘制长度为 22 的竖直直线，如图 5-67 所示。

（5）将"粗实线"图层设置为当前图层，单击"默认"选项卡"绘图"面板中的"直线"按钮，绘制一条长度为 5.9 的水平直线，其中点在竖直直线上。

（6）单击"默认"选项卡"修改"面板中的"偏移"按钮，将水平直线向上偏移，其中偏移的距离为 5.3、2.5、1、1.2、0.7、2、1 和 2.5，如图 5-68 所示。

（7）单击"默认"选项卡"修改"面板中的"复制"按钮，将竖直直线向左侧复制，复制的间距为 2.05、2.45、2.5、2.7 和 4，如图 5-69 所示。

图 5-65　绘制中心线　　　　图 5-66　绘制同心圆　　　　图 5-67　绘制竖直直线

（8）将复制后的轴线转换到"粗实线"图层，如图 5-70 所示。单击"默认"选项卡"修改"面板中的"延伸"按钮 →|，将水平直线进行延伸，延伸到最外侧的竖直直线，如图 5-71 所示。

图 5-68　偏移直线　　　图 5-69　复制轴线　　　图 5-70　转换图层　　　图 5-71　延伸水平直线

（9）单击"默认"选项卡"修改"面板中的"修剪"按钮，进行修剪操作，修剪多余的直线，结果如图 5-72 所示。

（10）单击"默认"选项卡"绘图"面板中的"直线"按钮，补全左侧的图形，如图 5-73 所示。

（11）单击"默认"选项卡"修改"面板中的"镜像"按钮，将左侧的图形以竖直中心线为镜像线，进行竖向的镜像，如图 5-74 所示。

（12）单击"默认"选项卡"修改"面板中的"偏移"按钮，将竖直中心线向左右两侧分别偏移 0.1 和 0.4，并将偏移后的直线转换到"粗实线"图层，将最下侧的水平直线向上侧偏移 0.2。单击"默认"选项卡"修改"面板中的"修剪"按钮，进行修剪操作，绘制主视图内部的图形，如图 5-75 所示。

图 5-72　修剪直线　　　图 5-73　绘制直线　　　图 5-74　镜像图形　　　图 5-75　修剪图形

（13）单击"默认"选项卡"修改"面板中的"倒角"按钮，指定倒角距离为0.2，对主视图下部的直线进行倒角操作，如图5-76所示。

（14）单击"默认"选项卡"修改"面板中的"圆角"按钮，对上部图形进行圆角操作，圆角半径设置为0.2，如图5-77所示。

（15）单击"默认"选项卡"修改"面板中的"复制"按钮，将主视图向右侧复制，复制的间距为20，如图5-78所示。

图 5-76　倒角处理　　　　图 5-77　圆角处理　　　　图 5-78　复制主视图

（16）单击"默认"选项卡"修改"面板中的"删除"按钮和"修剪"按钮，删除和修剪主视图的内部图形，如图5-79所示。

（17）单击"默认"选项卡"绘图"面板中的"矩形"按钮，绘制长度为1.3、宽度为2的矩形和长度为1.5、宽度为2的矩形。

（18）单击"默认"选项卡"绘图"面板中的"直线"按钮，绘制竖直直线，如图5-80所示。

图 5-79　删除和修剪多余图形　　　　图 5-80　绘制直线

（19）将"剖面线"图层设置为当前图层。单击"默认"选项卡"图层"面板中的"图层特性"按钮，打开"图案填充创建"选项卡，如图5-81所示。选择"ANSI31"图案，"填充图案比例"设置为0.5，单击"拾取点"按钮，进行填充，结果如图5-82所示。

（20）单击"默认"选项卡"修改"面板中的"复制"按钮，以主视图中心线的下端点为基点，以剖面图的下端点为第二点，将俯视图中的十字交叉中心线向右侧复制，结果如图5-83所示。

（21）单击"默认"选项卡"绘图"面板中的"圆"按钮，以十字交叉线的交点为圆心，绘制半径为2.5的圆，如图5-84所示。

（22）单击"默认"选项卡"修改"面板中的"偏移"按钮，将水平中心线向上下两侧分别偏移0.1和0.4，将竖直中心线向左侧偏移2.05，如图5-85所示。

图 5-81 "图案填充创建"选项卡

图 5-82 填充图案　　图 5-83 复制直线　　图 5-84 绘制圆　　图 5-85 偏移直线

（23）单击"默认"选项卡"绘图"面板中的"直线"按钮 ，绘制直线，如图 5-86 所示。

（24）单击"默认"选项卡"修改"面板中的"删除"按钮 ，删除偏移后的辅助直线，如图 5-87 所示。

（25）单击"默认"选项卡"修改"面板中的"环形阵列"按钮 ，以交点为阵列的中心点，阵列的项目数为 4，进行环形阵列，结果如图 5-88 所示。

（26）单击"默认"选项卡"修改"面板中的"修剪"按钮 ，对多余的圆弧进行修剪，结果如图 5-89 所示。

图 5-86 绘制直线　　图 5-87 绘制直线　　图 5-88 环形阵列　　图 5-89 修剪圆弧

（27）将"剖面线"图层设置为当前图层。单击"默认"选项卡"绘图"面板中的"图案填充"按钮 ，打开"图案填充创建"选项卡，如图 5-90 所示。选择"ANSI31"图案，"填充图案比例"设置为 0.5，单击"拾取点"按钮 ，进行填充，结果如图 5-91 所示。

图 5-90 "图案填充创建"选项卡　　　　　　　　图 5-91 填充图形

（28）设置标注样式。单击"默认"选项卡"注释"面板中的"标注样式"按钮 ，系统弹出"标注样式管理器"对话框。单击"修改"按钮，系统弹出"修改标注样式"对话框。在"线"选项卡中，设置"基线间距"为 2，"超出尺寸线"为 1.25，"起点偏移量"为 0.625，其他设置保持默认值。在"符号和箭头"选项卡中，设置箭头为"实心闭合"，"箭头大小"为 1，其他设置保持默认值。在"文字"选项卡中,设置"文字高度"为 1,其他设置保持默认值。在"主单位"选项卡中,设置"精度"为"0.0","小数分隔符"为"句点",其他设置保持默认值。完成后单击"确定"按钮退出。在"标注样式管理器"对话框中将样式设置为当前样式,单击"关闭"按钮退出。

(29)将"尺寸线"图层设置为当前图层。单击"默认"选项卡"注释"面板中的"线性"按钮,标注主视图中尺寸中的线性尺寸 1、2、2.5、8.3、18,如图 5-92 所示。

(30)标注主视图中的圆角和倒角。圆角半径为 0.2,其中"R"为"Times New Roman"字体,并将其设置为斜体,倒角距离为 0.2,其中"C"为"Times New Roman"字体,并将其设置为斜体,如图 5-93 所示。

图 5-92 标注尺寸

图 5-93 标注圆角和倒角

(31)标注主视图中的形位公差。

① 在命令行中输入"QLEADER",命令行提示与操作如下:

命令: QLEADER✓
指定第一个引线点或 [设置(S)] <设置>: S✓(在弹出的"引线设置"对话框中,设置各个选项卡,如图 5-94 和图 5-95 所示。设置完成后,单击"确定"按钮)
指定第一个引线点或 [设置(S)] <设置>: (捕捉主视图尺寸 2.5 竖直直线上的一点)
指定下一点: (向右移动鼠标,在适当位置处单击,弹出"形位公差"对话框,对其进行设置,单击"确定"按钮,如图 5-96 所示)

图 5-94 "注释"选项卡

图 5-95 "引线和箭头"选项卡

图 5-96 "形位公差"对话框

② 利用相同方法标注下侧的几何公差，结果如图 5-97 所示。

③ 单击"默认"选项卡"绘图"面板中的"多边形"按钮⬠，绘制等边三角形，边长为 0.7，结果如图 5-98 所示。命令行提示与操作如下：

```
命令：_polygon
输入侧面数 <4>: 3✓
指定正多边形的中心点或 [边(E)]: E✓
指定边的第一个端点：（在尺寸为8.3的竖直直线上点取一点为起点）
指定边的第二个端点：0.7✓（指定三角形的边长为0.7）
```

④ 单击"默认"选项卡"绘图"面板中的"直线"按钮 ╱ 和"矩形"按钮 ▭，绘制长度为 0.5 的水平直线和边长为 1.25 的矩形。

⑤ 单击"默认"选项卡"绘图"面板中的"图案填充"按钮▨，选择"Solid"图案进行填充，结果如图 5-99 所示。

⑥ 单击"默认"选项卡"注释"面板中的"多行文字"按钮 A，输入基准符号"*A*"，"*A*"为"Times New Roman"字体，斜体，文字的高度设置为 1，如图 5-100 所示。

图 5-97　标注几何公差　　图 5-98　绘制三角形　　图 5-99　填充图案　　图 5-100　标注基准符号

（32）单击"默认"选项卡"修改"面板中的"复制"按钮 ⅽ⋄，复制引线，然后单击"默认"选项卡"绘图"面板中的"直线"按钮 ╱ 和"多行文字"按钮 A，绘制粗糙度符号，并标注粗糙度数值，如图 5-101 所示。

（33）使用相同的方法绘制剩余部位的粗糙度符号，结果如图 5-102 所示，标注主视图后观察一下绘制的图形，可以发现标注的文字高度跟图形不太协调，因此单击"默认"选项卡"修改"面板中的"缩放"按钮 ◻，将除尺寸以外的标注缩放为原来大小的 0.8，结果如图 5-103 所示。

图 5-101　标注粗糙度符号　　图 5-102　标注其余粗糙度符号　　图 5-103　缩放图形

（34）将"剖面线"图层设置为当前图层。单击"默认"选项卡"绘图"面板中的"直线"按钮 ╱，绘制剖切的符号，直线的长度可以设置为 2.5，如图 5-104 所示。

（35）将"尺寸线"图层设置为当前图层，单击"默认"选项卡"注释"面板中的"直径按钮◯，标注俯视图中的直径尺寸"φ8"和"φ5.4"，将"φ"设置为"Times New Roman"字体，斜体，然后双击"φ5.4"，输出"+0.02^ 0"，标注极限偏差数值，结果如图 5-105 所示。

图 5-104　绘制剖切符号　　　　图 5-105　标注俯视图尺寸

（36）使用相同的方法标注剖面图的尺寸，最终结果如图 5-63 所示。

5.7　名师点拨——文字与表格绘制技巧

1．为什么不能显示汉字？输入的汉字变成了问号

可能原因：

（1）对应的字型没有使用汉字字体，如 HZTXT.SHX 等。

（2）当前系统中没有汉字字型文件，应将所用到的字型文件复制到 AutoCAD 的字体文件目录中（一般为\FONTS\）。

（3）对于某些符号，如希腊字母等，同样必须使用对应的字型文件，否则会显示"？"。

2．为什么输入的文字高度无法改变

使用的字型高度值不为 0 时，用"DTEXT"命令书写文本时都不提示输入高度，这样写出来的文本高度是不变的，包括使用该字型进行的尺寸标注。

3．如何改变已经存在的字体格式

如果想改变已有文字的大小、字体、高宽比例、间距、倾斜角度、插入点等，最好利用"特性"（DDMODIFY）命令（前提是已经定义好了许多文字格式）。执行"特性"命令，单击要修改的文字，然后按 Enter 键，出现修改文字窗口，选择要修改的项目进行修改即可。

4．在 AutoCAD 中制作表格的方法

AutoCAD 尽管有强大的图形功能，但表格处理功能相对较弱，而在实际工作中，往往需要在 AutoCAD 中制作各种表格，如工程数量表等，如何高效制作表格，是一个很实用的问题。

在 AutoCAD 环境下用手工画线方法绘制表格，然后在表格中填写文字，不但效率低，而

且很难精确控制文字的书写位置，文字排版也很困难。尽管 AutoCAD 支持对象链接与嵌入，可以插入 Word 或 Excel 表格，但是一方面修改起来不方便，一点小小的修改就需进入 Word 或 Excel 软件，修改完成后又需退回到 AutoCAD；另一方面，一些特殊符号，如一级钢筋符号及二级钢筋符号等，在 Word 或 Excel 软件中很难输入，那么有没有两全其美的方法呢？经过研究，可以这样解决：先在 Excel 软件中制完表格，复制到剪贴板，然后再在 AutoCAD 环境下选择"编辑"菜单中的"选择性粘贴"命令，确定以后，表格即转换成 AutoCAD 实体，用"EXPLODE"命令分解，即可编辑其中的线条及文字，非常方便。

5.8 上机实验

【练习1】标注如图 5-106 所示的技术要求。

【练习2】在练习1标注的技术要求中加入如图 5-107 所示的文字。

图 5-106 技术要求

图 5-107 加入文字

【练习3】绘制如图 5-108 所示的变速箱组装图明细表。

14	端盖	1	HT150	
13	端盖	1	HT150	
12	定距环	1	Q235A	
11	大齿轮	1	40	
10	键 16×70	1	Q275	GB 1095-79
9	轴	1	45	
8	轴承	2		30208
7	端盖	1	HT200	
6	轴承	2		30211
5	轴	1	45	
4	键 8×50	1	Q275	GB 1095-79
3	端盖	1	HT200	
2	调整垫片	2组	08F	
1	减速器箱体	1	HT200	
序号	名称	数量	材料	备注

图 5-108 变速箱组装图明细表

5.9 模拟试题

1. 在设置文字样式时，设置了文字的高度，其效果是（　　）。
   A. 在输入单行文字时，可以改变文字高度　B. 在输入单行文字时，不可以改变文字高度
   C. 在输入多行文字时，不能改变文字高度　D. 都能改变文字高度
2. 使用多行文字编辑器时，"%%C""%%D""%%P"分别表示（　　）。

A. 直径、度数、下划线　　　　　　B. 直径、度数、正负
C. 度数、正负、直径　　　　　　　D. 下划线、直径、度数

3. 在正常输入汉字时却显示"？"，是因为（　　）。
A. 文字样式没有设定好　　　　　　B. 输入错误
C. 堆叠字符　　　　　　　　　　　D. 字高太高

4. 在插入字段的过程中，如果显示"####"，则表示该字段（　　）。
A. 没有值　　　　　　　　　　　　B. 无效
C. 字段太长，溢出　　　　　　　　D. 字段需要更新

5. 以下不是表格的单元格式数据类型的是（　　）。
A. 百分比　　B. 时间　　　C. 货币　　　D. 点

6. 在表格中不能插入（　　）。
A. 块　　　　B. 字段　　　C. 公式　　　D. 点

7. 按如图 5-109 所示设置文字样式，则文字的高度、宽度因子是（　　）。
A. 0，5　　　B. 0，0.5　　C. 5，0　　　D. 0，0

图 5-109 "文字样式"对话框

8. 试用"MTEXT"命令输入如图 5-110 所示的文本。

9. 试用"DTEXT"命令输入如图 5-111 所示的文本。

图 5-110 "MTEXT"命令练习　　　　图 5-111 "DTEXT"命令练习

10. 绘制如图 5-112 所示的齿轮参数表。

齿数	Z	24
模数	m	3
压力角	α	30°
公差等级及配合类别	6H-GE	T3478.1-1995
作用齿槽宽最小值	$E_{V\min}$	4.7120
实际齿槽宽最大值	$E_{\max}$	4.8370
实际齿槽宽最小值	$E_{\min}$	4.7590
作用齿槽宽最大值	$E_{V\max}$	4.7900

图 5-112 齿轮参数表

第 6 章 三维图形基础知识

AutoCAD 2020 不仅具有强大的二维绘图功能,还具备完成复杂图形绘制与编辑的功能。三维绘图既利于看到真实、直观的效果,也可以方便地通过投影转化为二维图形,本章将主要讲述如何利用 AutoCAD 2020 进行三维绘图。

6.1 三维坐标系统

三维坐标系统

AutoCAD 使用的是笛卡尔坐标系。AutoCAD 使用的直角坐标系有两种类型。一种是绘制二维图形时常用的坐标系,即世界坐标系(*WCS*),由系统默认提供。世界坐标系又称为通用坐标系或绝对坐标系。对于二维绘图来说,世界坐标系足以满足要求。为了方便创建三维模型,AutoCAD 2020 允许用户根据自己的需要设定坐标系,即另一种坐标系——用户坐标系(*UCS*)。合理地创建 *UCS*,用户可以方便地创建三维模型。

6.1.1 创建坐标系

【执行方式】

- 命令行:UCS
- 菜单栏:工具→新建 UCS
- 工具栏:UCS→UCS
- 功能区:视图→坐标→UCS

【操作步骤】

命令行提示与操作如下:

命令: ucs↙
当前 UCS 名称: *世界*
指定 UCS 的原点或 [面(F)/命名(NA)/对象(OB)/上一个(P)/视图(V)/世界(W)/X/Y/Z/Z 轴(ZA)] <世界>:

【选项说明】

(1) 指定 UCS 的原点:使用一点、两点或三点定义一个新的 *UCS*。如果指定单个点 1,当前 *UCS* 的原点将会移动而不更改 *X*、*Y* 和 *Z* 轴的方向。选择该选项,命令行提示与操作如下:

指定 X 轴上的点或 <接受>:(继续指定 X 轴通过的点 2 或直接按 Enter 键,接受原坐标系 X 轴为新坐标系的 X 轴)
指定 XY 平面上的点或 <接受>:(继续指定 XY 平面通过的点 3 以确定 Y 轴或直接按 Enter 键,接受原坐标系 XY 平面为新坐标系的 XY 平面,根据右手法则,相应的 Z 轴也同时确定)

示意图如图 6-1 所示。

(2) 面(F):将 *UCS* 与三维实体的选定面对齐。要选择一个面,请在此面的边界内或面的边上单击,被选中的面将高亮显示,*UCS* 的 *X* 轴将与找到的第一个面上最近的边对齐。选择该选项,命令行提示与操作如下:

(a)原坐标系　　　　(b)指定一点　　　　(c)指定两点　　　　(d)指定三点

图 6-1　指定原点

选择实体面、曲面或网格：(选择面)
输入选项 [下一个(N)/X 轴反向(X)/Y 轴反向(Y)] <接受>：✓（结果如图 6-2 所示）

如果选择"下一个(N)"选项，系统将 UCS 定位于邻接的面或选定边的后向面。

（3）对象(OB)：根据选定三维对象定义新的坐标系，如图 6-3 所示。新建 UCS 的拉伸方向（Z 轴正方向）与选定对象的拉伸方向相同。选择该选项，命令行提示与操作如下：

选择对齐 UCS 的对象：(选择对象)

对于大多数对象，新 UCS 的原点位于离选定对象最近的顶点处，并且 X 轴与一条边对齐或相切。对于平面对象，UCS 的 XY 平面与该对象所在的平面对齐。对于复杂对象，将重新定位原点，但是轴的当前方向保持不变。

图 6-2　选择面确定坐标系　　　　图 6-3　选择对象确定坐标系

（4）视图(V)：以垂直于观察方向（平行于屏幕）的平面为 XY 平面，创建新的坐标系。UCS 原点保持不变。

（5）世界(W)：将当前用户坐标系设置为世界坐标系。WCS 是所有用户坐标系的基准，不能被重新定义。

说明：
该选项不能用于下列对象：三维多段线、三维网格和构造线。

（6）X、Y、Z：绕指定轴旋转当前 UCS。

（7）Z 轴(ZA)：利用指定的 Z 轴正半轴定义 UCS。

6.1.2　动态坐标系

打开动态坐标系的具体操作方法是单击状态栏中的"允许/禁止动态 UCS"按钮 。可以使用动态 UCS 在三维实体的平整面上创建对象，而无须手动更改 UCS 方向。在执行命令的过程中，当将光标移动到面上方时，动态 UCS 会临时将 UCS 的 XY 平面与三维实体的平整面对齐，如图 6-4 所示。

(a)原坐标系　　　　　　(b)绘制圆柱体时的动态坐标系

图 6-4　动态 UCS

激活动态 UCS 后，指定的点和绘图工具（如极轴追踪和栅格）都将与动态 UCS 建立的临时 UCS 相关联。

6.2 观察模式

观察模式

AutoCAD 2020 增强了图形观察功能、动态观察功能及相机、漫游、飞行和运动路径动画的功能。

6.2.1 动态观察

AutoCAD 2020 提供了具有交互控制功能的三维动态观测器，利用三维动态观测器用户可以实时地控制和改变当前视口中创建的三维视图，以得到期望的效果。动态观察分为 3 类，分别是受约束的动态观察、自由动态观察和连续动态观察，具体介绍如下。

1．受约束的动态观察

【执行方式】

- 命令行：3DORBIT（快捷命令：3DO）
- 菜单栏：视图→动态观察→受约束的动态观察
- 快捷菜单：启用交互式三维视图后，在视口中右击，打开快捷菜单，如图 6-5 所示，选择"受约束的动态观察"命令
- 工具栏：动态观察→受约束的动态观察 或三维导航→受约束的动态观察 （如图 6-6 所示）
- 功能区：视图→导航→"动态观察"下拉菜单中的"动态观察"

图 6-5　快捷菜单

图 6-6　"动态观察"和"三维导航"工具栏

执行上述操作后，视图的目标将保持静止，而视点将围绕目标移动。但是，从用户的视点看起来三维模型正在随着光标的移动而旋转，用户可以以此方式指定模型的任意视图。

系统显示三维动态观察光标，如果水平拖动鼠标，相机将平行于世界坐标系（WCS）的 XY 平面移动。如果垂直拖动鼠标，相机将沿 Z 轴移动，如图 6-7 所示。

第6章 三维图形基础知识

（a）原始图形　　　　　　（b）拖动鼠标

图 6-7　受约束的三维动态观察

> **说明：**
> "3DORBIT"命令处于活动状态时，无法编辑对象。

2．自由动态观察

【执行方式】

- 命令行：3DFORBIT
- 菜单栏：视图→动态观察→自由动态观察
- 快捷菜单：启用交互式三维视图后，在视口中右击，打开快捷菜单，如图 6-5 所示，选择"自由动态观察"命令
- 工具栏：动态观察→自由动态观察 或三维导航→自由动态观察
- 功能区：视图→导航→自由动态观察

执行上述操作后，在当前视口出现一个绿色的大圆，在大圆上有 4 个绿色的小圆，此时通过拖动鼠标就可以对视图进行旋转观察。

在三维动态观测器中，查看目标的点被固定，用户可以利用鼠标控制相机位置，绕观察对象得到动态的观测效果。当光标在绿色大圆的不同位置进行拖动时，光标的表现形式是不同的，视图的旋转方向也不同。视图的旋转由光标的表现形式和其位置决定，光标在不同位置有 、 、 、 几种表现形式，可分别对对象进行不同形式的旋转。

6.2.2　视图控制器

使用视图控制器功能，可以方便地转换方向视图。

【执行方式】

- 命令行：NAVVCUBE

【操作步骤】

命令行提示与操作如下：

命令: navvcube↙
输入选项 [开(ON)/关(OFF)/设置(S)] <ON>:

上述命令控制视图控制器的打开与关闭，当打开该功能时，绘图区的右上角自动显示视图控制器，如图 6-8 所示。

单击控制器的显示面或指示箭头，界面图形会自动转换到相应的方向视图。如图 6-9 所示为单击控制器"上"面后，系统转换到上视图的情形。单击控制器上的按钮 ，系统回到西南等轴测视图。

图 6-8 显示视图控制器

图 6-9 单击控制器"上"面后的视图

6.3 绘制三维网格曲面

从 AutoCAD 2020 版本开始,系统新增加了可以平滑化、锐化、分割和优化默认的网格对象类型——三维网格曲面。通过保持最大平滑度、面和栅格层,有助于确保不会创建由于过密而难以有效修改的网格。但相对而言,它可能会降低程序的性能。

6.3.1 直纹网格曲面

【执行方式】

- 命令行:RULESURF
- 菜单栏:绘图→建模→网格→直纹网格
- 功能区:三维工具→建模→直纹网格

【操作步骤】

命令行提示与操作如下:

命令:RULESURF✓
当前线框密度:SURFTAB1=6
选择第一条定义曲线:(指定第一条曲线)
选择第二条定义曲线:(指定第二条曲线)

下面生成一个简单的直纹曲面。首先选择菜单栏中的"视图"→"三维视图"→"西南等轴测"命令,将视图转换为"西南等轴测",然后绘制如图 6-10(a)所示的两个圆作为草图,执行直纹曲面命令"RULESURF",分别选择绘制的两个圆作为第一条和第二条定义曲线,最后生成的直纹曲面如图 6-10(b)所示。

(a)作为草图的圆

(b)生成的直纹曲面

图 6-10 绘制直纹曲面

6.3.2 平移网格曲面

【执行方式】

- 命令行：TABSURF
- 菜单栏：绘图→建模→网格→平移网格
- 功能区：三维工具→建模→平移网格

【操作步骤】

命令行提示与操作如下：

```
命令：TABSURF✓
当前线框密度：SURFTAB1=6
选择用作轮廓曲线的对象：（选择一个已经存在的轮廓曲线）
选择用作方向矢量的对象：（选择一个方向线）
```

【选项说明】

（1）轮廓曲线：可以是直线、圆弧、圆、椭圆、二维或三维多段线。AutoCAD 默认从轮廓曲线上离选定点最近的点开始绘制曲面。

（2）方向矢量：指出形状的拉伸方向和长度，在多段线或直线上选定的端点决定拉伸的方向。

如图 6-11 所示，选择图 6-11（a）中六边形为轮廓曲线对象，以图 6-11（a）中所绘制的直线为方向矢量绘制图形，平移后的曲面图形如图 6-11（b）所示。

另外"三维工具"选项卡"建模"面板中还有"旋转网格"和"边界曲面"等命令，它们的操作类似，这里不再赘述。

（a）六边形和方向线　　（b）平移后的曲面

图 6-11　平移曲面

6.4　绘制基本三维网格

三维基本图元与三维基本形体表面类似，有长方体表面、圆柱体表面、棱锥面、楔体表面、球面、圆锥面、圆环面等。

6.4.1　绘制网格长方体

【执行方式】

- 命令行：MESH
- 菜单栏：绘图→建模→网格→图元→长方体
- 工具栏：平滑网格图元→网络长方体
- 功能区：三维工具→建模→网格长方体

【操作步骤】

命令行提示与操作如下：

```
命令：_MESH
```

```
当前平滑度设置为：0
输入选项 [长方体(B)/圆锥体(C)/圆柱体(CY)/棱锥体(P)/球体(S)/楔体(W)/圆环体(T)/设置(SE)] <长方体>：_BOX
指定第一个角点或 [中心(C)]：（给出长方体角点）
指定其他角点或 [立方体(C)/长度(L)]：（给出长方体其他角点）
指定长度：<正交 开>
指定宽度：
指定高度或 [两点(2P)]：（给出长方体的高度）
```

【选项说明】

（1）指定第一个角点：设置网格长方体的第一个角点。

（2）中心(C)：设置网格长方体的中心。

（3）立方体(C)：将长方体的所有边设置为长度相等。

（4）宽度：设置网格长方体沿 Y 轴的宽度。

（5）高度：设置网格长方体沿 Z 轴的高度。

（6）两点(2P)：基于两点之间的距离设置高度。

6.4.2 操作实践——绘制三阶魔方

绘制如图 6-12 所示的三阶魔方，操作步骤如下：

（1）单击"可视化"选项卡"视图"面板中的"西南等轴测"按钮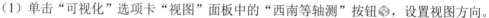，设置视图方向。

（2）在命令行中输入"DIVMESHCYLAXIS"，将圆柱网格的边数设置为 20，命令行提示与操作如下：

```
命令：DIVMESHCYLAXIS↙
输入 DIVMESHCYLAXIS 的新值 <8>：20↙
```

（3）单击"三维工具"选项卡"建模"面板中的"网格长方体"按钮，绘制长度、宽度和高度均为 56 的网格长方体，结果如图 6-13 所示。命令行提示与操作如下：

图 6-12　绘制三阶魔方　　图 6-13　绘制网格长方体

```
命令：_MESH
当前平滑度设置为：0
输入选项 [长方体(B)/圆锥体(C)/圆柱体(CY)/棱锥体(P)/球体(S)/楔体(W)/圆环体(T)/设置(SE)] <长方体>：_BOX
指定第一个角点或 [中心(C)]：
指定其他角点或 [立方体(C)/长度(L)]：L↙
指定长度：<正交 开> 56↙
指定宽度：56↙
指定高度或 [两点(2P)] <47.88>：56↙
```

（4）用"消隐"（HIDE）命令对图形进行处理，最终结果如图 6-12 所示。

6.4.3 绘制网格圆锥体

【执行方式】

- 命令行：MESH
- 菜单栏：绘图→建模→网格→图元→圆锥体
- 工具栏：平滑网格图元→网格圆锥体
- 功能区：三维工具→建模→网格圆锥体

【操作步骤】

命令行提示与操作如下：

```
命令：_MESH
当前平滑度设置为：0
输入选项 [长方体(B)/圆锥体(C)/圆柱体(CY)/棱锥体(P)/球体(S)/楔体(W)/圆环体(T)/设置(SE)] <长方体>：_CONE
指定底面的中心点或 [三点(3P)/两点(2P)/切点、切点、半径(T)/椭圆(E)]：
指定底面半径或 [直径(D)]：
指定高度或 [两点(2P)/轴端点(A)/顶面半径(T)] <100.0000>：
```

【选项说明】

（1）指定底面的中心点：设置网格圆锥体底面的中心点。

（2）三点(3P)：通过指定三点设置网格圆锥体的位置、大小和平面。

（3）两点(2P)（直径）：根据两点定义网格圆锥体的底面直径。

（4）切点、切点、半径(T)：定义具有指定半径，且半径与两个对象相切的网格圆锥体的底面。

（5）椭圆(E)：指定网格圆锥体的椭圆底面。

（6）指定底面半径：设置网格圆锥体底面的半径。

（7）直径(D)：设置圆锥体的底面直径。

（8）指定高度：设置网格圆锥体沿与底面所在平面垂直的轴的高度。

（9）两点(2P)（高度）：通过指定两点之间的距离定义网格圆锥体的高度。

（10）轴端点：设置圆锥体顶点的位置，或圆锥体平截面顶面的中心位置。轴端点的方向可以为三维空间中的任意位置。

（11）顶面半径(T)：指定创建圆锥体平截面时圆椎体的顶面半径。

其他的基本实体，如网格棱锥面、网格圆柱面、网格球面、网格半球面、网格圆环面、网格楔体表面等的绘制方法与上面讲述的长方体表面类似，这里不再赘述。

6.5 显示形式

在AutoCAD中，三维实体有多种显示形式，包括二维线框、三维线框、三维消隐、真实、概念、消隐显示等。

6.5.1 消隐

【执行方式】

- 命令行：HIDE（快捷命令：HI）
- 菜单栏：视图→消隐
- 工具栏：渲染→隐藏
- 功能区：视图→视觉样式→隐藏

执行上述操作后，系统将被其他对象挡住的图线隐藏起来，以增强三维视觉效果，效果如图6-14所示。

（a）消隐前　　　　　　　　（b）消隐后

图 6-14　消隐效果

6.5.2　视觉样式

【执行方式】

- 命令行：VSCURRENT
- 菜单栏：视图→视觉样式→二维线框
- 工具栏：视觉样式→二维线框
- 功能区：单击"视图"选项卡"视觉样式"面板中的"二维线框"

【操作步骤】

命令行提示与操作如下：

```
命令：VSCURRENT✓
输入选项 [二维线框(2)/线框(w)/隐藏(H)/真实(R)/概念(C)/着色(S)/带边缘着色（E)/灰度(G)/勾画(SK)/X射线(X)/其他(O)] <二维线框>：
```

【选项说明】

（1）二维线框(2)：用直线和曲线表示对象的边界。光栅和 OLE 对象、线型和线宽都是可见的。即使将系统变量 COMPASS 的值设置为 1，它也不会出现在二维线框视图中。如图 6-15 所示为 UCS 坐标和手柄二维线框图。

（2）线框(W)：显示对象时利用直线和曲线表示边界。显示一个已着色的三维 UCS 图标，光栅和 OLE 对象、线型及线宽不可见。可将系统变量 COMPASS 的值设置为 1 来查看坐标球，将显示应用到对象的材质颜色。如图 6-16 所示为 UCS 坐标和手柄三维线框图。

图 6-15　UCS 坐标和手柄的二维线框图　　　图 6-16　UCS 坐标和手柄的三维线框图

（3）隐藏(H)：显示用三维线框表示的对象并隐藏表示后向面的直线。如图 6-17 所示为 UCS 坐标和手柄的消隐图。

（4）真实(R)：着色多边形平面间的对象，并使对象的边平滑化。如果已为对象附着材质，将显示已附着到对象材质。如图 6-18 所示为 UCS 坐标和手柄的真实图。

（5）概念(C)：着色多边形平面间的对象，并使对象的边平滑化。着色使用冷色和暖色之间的过渡，效果缺乏真实感，但是可以更方便地查看模型的细节。如图 6-19 所示为 UCS 坐标和手柄的概念图。

（6）着色(S)：产生平滑的着色模型。

（7）带边缘着色(E)：产生平滑、带有可见边的着色模型。

（8）灰度(G)：使用单色面颜色模式可以产生灰色效果。

图 6-17　UCS 坐标和手柄的消隐图　　图 6-18　UCS 坐标和手柄的真实图　　图 6-19　UCS 坐标和手柄的概念图

（9）勾画(SK)：使用外伸和抖动产生手绘效果。

（10）X 射线(X)：更改面的不透明度使整个场景变成部分透明。

（11）其他(O)：选择该选项，命令行提示如下。

输入视觉样式名称 [?]：

可以输入当前图形中的视觉样式名称或输入"?"，以显示名称列表并重复该提示。

6.5.3　视觉样式管理器

【执行方式】

- 命令行：VISUALSTYLES。
- 菜单栏：视图→视觉样式→视觉样式管理器或工具→选项板→视觉样式
- 工具栏：视觉样式→管理视觉样式
- 功能区：视图→视觉样式→视觉样式管理器

执行上述操作后，系统打开"视觉样式管理器"选项板，可以对视觉样式的各参数进行设置，如图 6-20 所示。按图 6-20 所示进行设置的概念图显示结果如图 6-21 所示，读者可以与图 6-19 进行比较，感受它们之间的差别。

图 6-20　"视觉样式管理器"选项板

图 6-21　显示结果

6.6　渲染实体

渲染实体

渲染是对三维图形对象加上颜色和材质因素，或灯光、背景、场景等因素的操作，能够更真实地表达图形的外观和纹理。渲染是输出图形前的关键步骤，尤其在效果图的设计中。

6.6.1 贴图

贴图的功能是在实体附着带纹理的材质后，调整实体或面上纹理贴图的方向。当材质被映射后，调整材质以适应对象的形状。将合适的材质贴图类型应用到对象中，可以使之更加适合于对象。

【执行方式】

- 命令行：MATERIALMAP
- 菜单栏：视图→渲染→贴图（如图6-22所示）
- 工具栏：渲染→贴图（如图6-23所示）或贴图（如图6-24所示）

图6-22 "贴图"子菜单

图6-23 "渲染"工具栏　　图6-24 "贴图"工具栏

【操作步骤】

命令行提示与操作如下：

命令：MATERIALMAP↙
选择选项[长方体(B)/平面(P)/球面(S)/柱面(C)/复制贴图至(Y)/重置贴图(R)]<长方体>：

【选项说明】

（1）长方体(B)：将图像映射到类似长方体的实体上，该图像将在对象的每个面上重复使用。

（2）平面(P)：将图像映射到对象上，就像将其从幻灯片投影器投影到二维曲面上一样，图像不会失真，但是会被缩放以适应对象。该贴图最常用于面。

（3）球面(S)：在水平和垂直两个方向上同时使图像弯曲。纹理贴图的顶边在球体的"北极"压缩为一个点；同样，底边在"南极"压缩为一个点。

（4）柱面(C)：将图像映射到圆柱形对象上，水平边将一起弯曲，但顶边和底边不会弯曲，图像的高度将沿圆柱体的轴进行缩放。

（5）复制贴图至(Y)：将贴图从原始对象或面应用到选定对象。

（6）重置贴图(R)：将UV坐标重置为贴图的默认坐标。

如图6-25所示是球面贴图实例。

贴图前　　　贴图后

图6-25 球面贴图

6.6.2 渲染

1. 高级渲染设置

【执行方式】

- 命令行：RPREF（快捷命令：RPR）
- 菜单栏：视图→渲染→高级渲染设置
- 工具栏：渲染→高级渲染设置
- 功能区：视图→选项板→高级渲染设置

执行上述操作后，系统打开如图6-26所示的"高级渲染设置"选项板。通过该选项板，可以对渲染的有关参数进行设置。

2. 渲染

【执行方式】

- 命令行：RENDER（快捷命令：RR）
- 菜单栏：视图→渲染→渲染
- 工具栏：渲染→渲染

执行上述操作，系统打开如图6-27所示的"渲染"对话框，显示渲染结果和相关参数。

图 6-26 "高级渲染设置"选项板

图 6-27 "渲染"对话框

> **说明：**
> 在AutoCAD 2020中，渲染代替了传统的建筑、机械、工程图形使用水彩、蜡笔和油墨等材质生成的最终演示渲染效果图。渲染图形的过程一般分为以下4个步骤。
> （1）准备渲染模型：包括遵从正确的绘图技术、删除消隐面、创建光滑的着色网格和设置视图的分辨率。
> （2）创建和放置光源及创建阴影。
> （3）定义材质并建立材质与可见表面间的联系。
> （4）进行渲染，包括检验渲染对象的准备、照明和颜色的中间步骤。

6.7 绘制基本三维实体

本节主要介绍各种基本三维实体的绘制方法。

6.7.1 螺旋

【执行方式】

- 命令行：HELIX
- 工具栏：建模→螺旋 ⟰
- 功能区：默认→绘图→螺旋 ⟰

【操作步骤】

命令行提示与操作如下：

```
命令：HELIX↙
圈数 = 3.0000  扭曲=CCW
指定底面的中心点:（指定点）
指定底面半径或 [直径(D)] <1.0000>:（输入底面半径或直径）
指定顶面半径或 [直径(D)] <26.5531>:（输入顶面半径或直径）
指定螺旋高度或 [轴端点(A)/圈数(T)/圈高(H)/扭曲(W)] <1.0000>:
```

【选项说明】

（1）轴端点(A)：指定螺旋轴的端点位置，它定义了螺旋的长度和方向。

（2）圈数(T)：指定螺旋的圈（旋转）数，螺旋的圈数不能超过500。

（3）圈高(H)：指定螺旋内一个完整圈的高度。当指定圈高值时，螺旋中的圈数将相应地自动更新。如果已指定螺旋的圈数，则不能输入圈高的值。

（4）扭曲(W)：指定是以顺时针（CW）方向还是以逆时针方向（CCW）绘制螺旋，螺旋扭曲的默认值是逆时针方向。

6.7.2 长方体

【执行方式】

- 命令行：BOX
- 菜单栏：绘图→建模→长方体
- 工具栏：建模→长方体 ▭
- 功能区：三维工具→建模→长方体 ▭

【操作步骤】

命令行提示与操作如下：

```
命令：BOX↙
指定第一个角点或 [中心(C)]:（指定第一点或按回车键表示原点是长方体的角点，或输入"c"代表中心点）
```

【选项说明】

（1）指定第一个角点：确定长方体一个顶点的位置。选择该选项后，系统继续提示如下：

```
指定其他角点或 [立方体(C)/长度(L)]:（指定第二点或输入选项）
```

（2）指定其他角点：输入另一角点的数值，即可确定该长方体。如果输入的是正值，则沿着当前 UCS 的 X、Y 和 Z 轴的正向绘制长度。如果输入的是负值，则沿着 X、Y 和 Z 轴的负向绘制长度。如图 6-28 所示为使用相对坐标绘制的长方体。

（3）立方体(C)：创建一个长、宽、高相等的长方体，如图 6-29 所示为使用指定长度命令创建的正方体。

（4）长度(L)：要求输入长、宽、高的值，如图 6-30 所示为使用长、宽和高命令创建的长方体。

（5）中心点(C)：使用指定的中心点创建长方体，如图 6-31 为使用中心点命令创建的正方体。

图 6-28　利用相对坐标创建的长方体

图 6-29　利用指定长度命令创建的长方体

图 6-30　利用长、宽和高命令创建的长方体

图 6-31　使用中心点命令创建的长方体

6.7.3　操作实践——绘制凸形平块

绘制如图 6-32 所示的凸形平块，操作步骤如下。

（1）单击"可视化"选项卡"视图"面板中的"西南等轴测"按钮◈，将当前视图切换到西南等轴测视图。

（2）单击"三维工具"选项卡"建模"面板中的"长方体"按钮▭，绘制长方体，如图 6-33 所示。命令行提示与操作如下：

图 6-32　凸形平块

```
命令：_box
指定第一个角点或 [中心(C)]：0,0,0↙
指定其他角点或 [立方体(C)/长度(L)]：100,50,50↙（注意观察坐标，与向右和向上方向为正值，相反则为负值）
```

（3）单击"三维工具"选项卡"建模"面板中的"长方体"按钮▭，绘制长方体，如图 6-34 所示。命令行提示与操作如下：

```
命令：_box
指定第一个角点或 [中心(C)]：25,0,0↙
指定其他角点或 [立方体(C)/长度(L)]：L↙
指定长度 <100.0000>：<正交 开> 50↙（鼠标位置指定在 X 轴的右侧）
指定宽度 <150.0000>：150↙（鼠标位置指定在 Y 轴的右侧）
指定高度或 [两点(2P)] <50.0000>：25↙（鼠标位置指定在 Z 轴的上侧）
```

（4）单击"三维工具"选项卡"建模"面板中的"长方体"按钮▭，绘制长方体，如图 6-35 所示。命令行提示与操作如下：

```
命令：_box
指定第一个角点或 [中心(C)]：(指定点 1)
指定其他角点或 [立方体(C)/长度(L)]：L↙
```

```
指定长度 <50.0000>：<正交 开>（指定点2）
指定宽度 <70.0000>：70↙
指定高度或 [两点(2P)] <50.0000>：25↙
```

图 6-33　绘制长方体　　　　图 6-34　绘制长方体　　　　图 6-35　绘制长方体

（5）用"消隐"（HIDE）命令对图形进行处理，最终结果如图 6-32 所示。

6.7.4 圆柱体

【执行方式】

- 命令行：CYLINDER
- 菜单栏：绘图→建模→圆柱体
- 工具栏：建模→圆柱体
- 功能区：三维工具→建模→圆柱体

【操作步骤】

命令行提示与操作如下：

```
命令：CYLINDER↙
指定底面的中心点或 [三点(3P)/两点(2P)/切点、切点、半径(T)/椭圆(E)]：
```

【选项说明】

（1）指定底面的中心点：输入底面圆心的坐标，此选项为系统的默认选项，然后指定底面的半径和高度，AutoCAD 按指定的高度创建圆柱体，且圆柱体的中心线与当前坐标系的 Z 轴平行，如图 6-36 所示。也可以指定另一个端面的圆心来指定高度。AutoCAD 根据圆柱体两个端面的中心位置来创建圆柱体，该圆柱体的中心线就是两个端面的连线，如图 6-37 所示。

（2）椭圆(E)：绘制椭圆柱体。其中，端面椭圆的绘制方法与平面椭圆一样，结果如图 6-38 所示。

其他基本实体（如螺旋、楔体、圆锥体、球体、圆环体等）的绘制方法与上面讲述的长方体和圆柱体类似，这里不再赘述。

图 6-36　按指定的高度创建圆柱体　　图 6-37　指定圆柱体另一个端面的中心位置　　图 6-38　椭圆柱体

6.7.5 操作实践——绘制石桌

绘制石桌

绘制如图 6-39 所示的石桌,操作步骤如下。

(1) 单击"三维工具"选项卡"建模"面板中的"圆柱体"按钮,绘制圆柱体的桌柱,命令行提示与操作如下:

```
命令: _cylinder
指定底面的中心点或 [三点(3P)/两点(2P)/切点、切点、半径(T)/椭圆(E)]: 0,0,0↙
指定底面半径或 [直径(D)] <240.6381>: 10↙
指定高度或 [两点(2P)/轴端点(A)] <30.7452>: 60↙
```

(2) 单击"三维工具"选项卡"建模"面板中的"长方体"按钮,绘制长方体的桌面,如图 6-40 所示。命令行提示与操作如下:

```
命令: _box
指定第一个角点或 [中心(C)]: C↙
指定中心: 0,0,60↙
指定角点或 [立方体(C)/长度(L)]: L↙
指定长度 <50.0000>: <正交 开> 100↙
指定宽度 <70.0000>: 100↙
指定高度或 [两点(2P)] <60.0000>: 10↙
```

(3) 使用同样的方法绘制底面中心点为(80,0,0)、半径为 5、高为 30 的圆柱体,绘制底面中心点为(80,0,30)、半径为 15、高为 5 的圆柱体桌凳。

(4) 单击"可视化"选项卡"视图"面板中的"东南等轴测"按钮,将当前视图切换到东南等轴测视图,绘制结果如图 6-41 所示。

(5) 单击"默认"选项卡"修改"面板中的"环形阵列"按钮,设置项目数为 4,填充角度为 360°,选择桌凳为阵列对象,阵列图形,结果如图 6-42 所示。命令行提示与操作如下:

```
命令: _arraypolar
选择对象:(选择桌凳)
选择对象: ↙
类型 = 极轴 关联 = 是
指定阵列的中心点或 [基点(B)/旋转轴(A)]: 0,0,0↙
选择夹点以编辑阵列或 [关联(AS)/基点(B)/项目(I)/项目间角度(A)/填充角度(F)/行(ROW)/层(L)/旋转项目(ROT)/退出(X)] <退出>: I↙
输入阵列中的项目数或 [表达式(E)] <6>: 4↙
```

图 6-39 绘制石桌　　图 6-40 绘制桌面和桌柱　　图 6-41 绘制桌凳　　图 6-42 阵列处理

(6) 单击"视图"选项卡"视觉样式"面板中的"隐藏"按钮,对实体进行消隐,最终结果如图 6-39 所示。

6.8 布尔运算

布尔运算在数学的集合运算中得到广泛应用,AutoCAD 也将该运算应用到实体的创建过程中。用户可以对三维实体对象进行下列布尔运算：并集、交集、差集。

6.8.1 并集

【执行方式】

- 命令行：UNION
- 菜单栏：修改→实体编辑→并集
- 工具栏：建模→并集
- 功能区：三维工具→实体编辑→并集

【操作步骤】

命令行提示与操作如下：

```
命令：UNION↙
选择对象：（点取绘制好的第 1 个对象，按住 Ctrl 键可同时选取其他对象）
选择对象：（点取绘制好的第 2 个对象）
选择对象：↙
```

按回车键后，所有已经选择的对象合并成一个整体。如图 6-43 所示为圆柱和长方体并集后的图形。

图 6-43　并集

6.8.2 差集

【执行方式】

- 命令行：SUBTRACT
- 菜单栏：修改→实体编辑→差集
- 工具栏：建模→差集
- 功能区：三维工具→实体编辑→差集

【操作步骤】

命令行提示与操作如下：

```
命令：SUBTRACT↙
选择要从中减去的实体、曲面和面域…
选择对象：（点取绘制好的对象，按住 Ctrl 键选取其他对象）
选择对象：↙
选择要减去的实体、曲面和面域…
选择对象：（点取要减去的对象，按住 Ctrl 键选取其他对象）
选择对象：↙
```

按回车键后，得到的则是求差后的实体。如图 6-44 所示为圆柱体和长方体差集后的结果。

6.8.3 操作实践——绘制单凸平梯块

绘制单凸平梯块

图 6-44　差集运算

绘制如图 6-45 所示的单凸平梯块，操作步骤如下。

(1) 新建文件。单击快速访问工具栏中的"新建"按钮，弹出"新建"对话框，在"打开"按钮下拉列表中选择"无样板打开-公制"选项，进入绘图环境。

(2) 设置线框密度。在命令行中输入"ISOLINES"，默认设置是 8，有效值的范围为 0~2047。设置对象上每个曲面的轮廓线数目为 10，命令行提示与操作如下：

```
命令: ISOLINES↙
输入 ISOLINES 的新值 <8>: 10↙
```

(3) 设置视图方向。单击"可视化"选项卡"视图"面板中的"西南等轴测"按钮，将当前视图方向设置为西南等轴测视图。

(4) 单击"三维工具"选项卡"建模"面板中的"长方体"按钮，绘制长方体，如图 6-46 所示。命令行提示与操作如下：

```
命令: _box
指定第一个角点或 [中心(C)]: 0,0,0↙
指定其他角点或 [立方体(C)/长度(L)]: 100,200,50↙
```

(5) 使用相同方法，绘制另外三个长方体，长方体 1 的坐标为{（25,0,0,)、(75,50,50）}，长方体 2 的坐标为{（75,0,0,）、(100,150,50）}，长方体 3 的坐标为{（0,200,0,）、(-25,150,75）}。

(6) 同时按下 Shift 键和单击鼠标左键，进入自定义视图模式，查看绘制的图形，如图 6-47 所示。

图 6-45 单凸平梯块

图 6-46 绘制长方体

图 6-47 查看图形

(7) 设置视图方向。单击"可视化"选项卡"视图"面板中的"东南等轴测"按钮，将当前视图方向设置为东南等轴测视图。

(8) 差集处理。单击"三维工具"选项卡"实体编辑"面板中的"差集"按钮，将外部长方体轮廓和内部长方体轮廓进行差集处理，命令行提示与操作如下：

```
命令: _subtract
选择要从中减去的实体、曲面和面域...
选择对象：(选择第一次绘制的长方体)
选择对象：
选择要减去的实体、曲面和面域...
选择对象：找到 1 个
选择对象：
```

(9) 并集处理。单击"三维工具"选项卡"实体编辑"面板中的"并集"按钮，将所有图形进行并集运算，结果如图 6-48 所示。命令行提示与操作如下：

```
命令:UNION↙
选择对象：(选择所有对象)
选择对象：↙
```

(10) 用"消隐"（HIDE）命令对图形进行处理，最终结果如图 6-49 所示。

(11) 保存文件。单击快速访问工具栏中的"保存"按钮，将新文件命名为"单凸平梯块.dwg"并保存。

图 6-48 布尔运算

图 6-49 消隐图形

6.9 特征操作

特征操作主要用于使用二维或三维曲线创建三维实体或曲面。

6.9.1 拉伸

【执行方式】

- 命令行：EXTRUDE（快捷命令：EXT）
- 菜单栏：绘图→建模→拉伸
- 工具栏：建模→拉伸
- 功能区：三维工具→建模→拉伸

【操作步骤】

命令行提示与操作如下：

```
命令：EXTRUDE↙
当前线框密度：ISOLINES=4,闭合轮廓创建模式=实体
选择要拉伸的对象或[模式(MO)]：（选择绘制好的二维对象）
选择要拉伸的对象或[模式(MO)]：（可继续选择对象或按Enter键结束选择）
指定拉伸的高度或 [方向(D)/路径(P)/倾斜角(T)/表达式(E)]：
```

【选项说明】

（1）拉伸的高度：按指定的高度拉伸出三维实体对象。输入高度值后，根据实际需要，指定拉伸的倾斜角度。如果指定的角度为 0，AutoCAD 则把二维对象按指定的高度拉伸成柱体；如果输入角度值，拉伸后实体截面沿拉伸方向按此角度变化，成为一个棱台或圆台体。如图 6-50 所示为按不同角度拉伸圆的结果。

(a) 拉伸前

(b) 拉伸锥角为 0°

(c) 拉伸锥角为 10°

(d) 拉伸锥角为 -10°

图 6-50 拉伸圆

（2）路径(P)：将现有的图形对象拉伸创建三维实体对象。如图 6-51 所示为沿圆弧曲线路径拉伸圆的结果。

> 说明：
> 可以使用创建圆柱体的"轴端点"命令确定圆柱体的高度和方向。轴端点是圆柱体顶面的中心点，轴端点可以位于三维空间的任意位置。

6.9.2 旋转

【执行方式】

- 命令行：REVOLVE（快捷命令：REV）
- 菜单栏：绘图→建模→旋转
- 工具栏：建模→旋转
- 功能区：三维工具→建模→旋转

【操作步骤】

命令行提示与操作如下：
```
命令：REVOLVE↙
当前线框密度：ISOLINES=4，闭合轮廓创建模式 = 实体
选择要旋转的对象或[模式(MO)]：（选择绘制好的二维对象）
选择要旋转的对象或[模式(MO)]：（继续选择对象或按 Enter 键结束选择）
指定轴起点或根据以下选项之一定义轴 [对象(O)/X/Y/Z]<对象>：
```

【选项说明】

（1）指定轴起点：通过两个点来定义旋转轴。AutoCAD 将按指定的角度和旋转轴旋转二维对象。

（2）对象(O)：选择已经绘制好的直线或用"多段线"命令绘制的直线段作为旋转轴线。

（3）X/Y：将二维对象绕当前坐标系（UCS）的 X（Y）轴旋转，如图 6-52 所示为矩形平面绕 X 轴旋转的结果。

（a）拉伸前　　（b）拉伸后
图 6-51　沿圆弧曲线路径拉伸圆

（a）旋转界面　　　　（b）旋转后的实体
图 6-52　旋转体

6.9.3 扫掠

【执行方式】

- 命令行：SWEEP
- 菜单栏：绘图→建模→扫掠
- 工具栏：建模→扫掠
- 功能区：三维工具→建模→扫掠

【操作步骤】

命令行提示与操作如下：
```
命令：SWEEP↙
当前线框密度：ISOLINES=4，闭合轮廓创建模式=模式
选择要扫掠的对象或[模式(MO)]：（选择对象，如图 6-53（a）中的圆）
选择要扫掠的对象：↙
选择扫掠路径或 [对齐(A)/基点(B)/比例(S)/扭曲(T)]：（选择对象，如图 6-53（a）中的螺旋线）
```

扫掠结果如图6-53(b)所示。

【选项说明】

(1) 对齐(A): 指定是否对齐轮廓以使其作为扫掠路径切向的法向，默认情况下，轮廓是对齐的。选择该选项，命令行提示与操作如下：

扫掠前对齐垂直于路径的扫掠对象 [是(Y)/否(N)] <是>: (输入 "n"，指定轮廓无须对齐；按Enter键，指定轮廓将对齐)

(a) 对象和路径　　(b) 结果
图 6-53　扫掠

说明：

使用"扫掠"命令，可以通过沿开放或闭合的二维或三维路径扫掠开放或闭合的平面曲线（轮廓）来创建新实体或曲面。"扫掠"命令用于沿指定路径以指定轮廓的形状（扫掠对象）创建实体或曲面。可以扫掠多个对象，但是这些对象必须在同一平面内。如果沿一条路径扫掠闭合的曲线，则生成实体。

(2) 基点(B): 指定要扫掠对象的基点。如果指定的点不在选定对象所在的平面上，则该点将被投影到该平面上。选择该选项，命令行提示与操作如下：

指定基点：(指定选择集的基点)

(3) 比例(S): 指定比例因子以进行扫掠操作。从扫掠路径的开始到结束，比例因子将统一应用到扫掠的对象上。选择该选项，命令行提示与操作如下：

输入比例因子或 [参照(R)] <1.0000>: (指定比例因子，输入 "r"，调用 "参照(R)" 选项；按Enter键选择默认值)

其中"参照(R)"选项表示通过拾取点或输入值来根据参照的长度缩放选定的对象。

(4) 扭曲(T): 设置正被扫掠对象的扭曲角度。扭曲角度指定沿扫掠路径全部长度的旋转量，选择该选项，命令行提示与操作如下：

输入扭曲角度或允许非平面扫掠路径倾斜 [倾斜(B)] <n>: (指定小于360°的角度值，输入 "b"，选择 "倾斜(B)" 选项；按Enter键，选择默认角度值)

其中"倾斜(B)"选项指定被扫掠的曲线是否沿三维扫掠路径（三维多线段、三维样条曲线或螺旋线）自然倾斜（旋转）。

如图6-54所示为扭曲扫掠示意图。

(a) 对象和路径　　(b) 不扭曲　　(c) 扭曲45°
图 6-54　扭曲扫掠

6.9.4 拖拽

【执行方式】

- 命令行：PRESSPULL
- 工具栏：建模→按住并拖动
- 功能区：三维工具→实体编辑→按住并拖动

【操作步骤】

命令行提示与操作如下：

```
命令：PRESSPULL↙
选择对象或边界区域：（单击有限区域以进行按住或拖动操作）
```

选择有限区域后，按住鼠标左键并拖动，相应的区域就会进行拉伸变形。如图 6-55 所示为选择圆台上表面，按住并拖动的结果。

（a）圆台　　　　（b）向下拖动　　　　（c）向上拖动

图 6-55　按住并拖动

绘制油标尺

6.9.5　操作实践——绘制油标尺

油标尺零件由一系列同轴的圆柱体组成，从下到上分为标尺、连接螺纹、密封环和油标尺帽 4 部分。在绘制过程中，可以首先绘制一组同心的二维圆，调用"拉伸"命令绘制出相应的圆柱体；调用"圆环体"和"球体"命令，细化油标尺，最终完成立体图绘制。绘制的油标尺如图 6-56 所示。

（1）建立新文件。打开 AutoCAD 2020 应用程序，以"无样板打开-公制"方式建立新文件，将新文件命名为"油标尺立体图.dwg"并保存。

（2）绘制同心圆。单击"默认"选项卡"绘图"面板中的"圆"按钮⊙，圆心为（0,0），半径依次为 3、6、8 和 10，结果如图 6-57（a）所示。

（3）拉伸实体。单击"三维工具"选项卡"建模"面板中的"拉伸"按钮，对 4 个圆进行拉伸操作：$R3 \times 100$，$R6 \times 22$，$R8 \times 12$，$R10 \times (-6)$；拉伸角度均为 0°。命令行提示与操作如下：

```
命令：_extrude
当前线框密度：ISOLINES=10，闭合轮廓创建模式 = 实体
选择要拉伸的对象或 [模式(MO)]：（选取 R3 圆）
选择要拉伸的对象或 [模式(MO)]：↙
指定拉伸的高度或 [方向(D)/路径(P)/倾斜角(T)/表达式(E)]：100↙
```

用同样方法拉伸另外 3 个圆。

（4）单击"可视化"选项卡"视图"面板中的"西南等轴测"按钮，拉伸结果如图 6-57（b）所示。

图 6-56　油标尺　　　　图 6-57　拉伸实体

(5) 绘制圆环体。单击"三维工具"选项卡"建模"面板中的"圆环体"按钮 ◎，绘制圆环，圆环体中心坐标为（0,0,4），半径为11，圆管半径为5，如图6-58所示。

(6) 布尔运算求差集。单击"三维工具"选项卡"实体编辑"面板中的"差集"按钮，从 $R8\times 12$ 的圆柱体中减去圆环体，消隐结果如图6-59所示。

(7) 绘制球体。单击"三维工具"选项卡"建模"面板中的"球体"按钮 ◯，绘制球体，球心为（0,0,-6），球体半径为3，结果如图6-60所示。命令行提示与操作如下：

```
命令：SPHERE✓
指定中心点或 [三点(3P)/两点(2P)/切点、切点、半径(T)]：0,0,-6✓
指定半径或 [直径(D)]：3✓
```

(8) 布尔运算求并集。单击"三维工具"选项卡"实体编辑"面板中的"并集"按钮，将图6-60中的所有实体合并为一个实体，结果如图6-61所示。

图6-58 绘制圆环体　　图6-59 布尔运算求差集　　图6-60 绘制球体　　图6-61 布尔运算求并集

(9) 按前面类似的方法，进行渲染设置，对油标尺进行渲染，最终结果如图6-56所示。

6.10 编辑三维图形

本节主要介绍各种三维编辑命令。

6.10.1 倒角

【执行方式】

- 命令行：CHAMFER（快捷命令：CHA）
- 菜单栏：修改→倒角
- 工具栏：修改→倒角
- 功能区：默认→修改→倒角

【操作步骤】

命令行提示与操作如下：

```
命令：CHAMFER✓
("修剪"模式) 当前倒角距离 1 = 0.0000，距离 2 = 0.0000
选择第一条直线或 [放弃(U)/多段线(P)/距离(D)/角度(A)/修剪(T)/方式(E)/多个(M)]：
```

【选项说明】

(1) 选择第一条直线：选择实体的一条边，此选项为系统的默认选项。选择某一条边后，与此边相邻的两个面中的一个面的边框就变成虚线。选择实体上要倒直角的边后，命令行提示如下：

基面选择...
输入曲面选择选项 [下一个(N)/当前(OK)] <当前(OK)>:

该提示要求选择基面，默认选项是"当前(OK)"，即以虚线表示的面作为基面。如果选择"下一个(N)"选项，则以与所选边相邻的另一个面作为基面。

选择好基面后，命令行继续出现如下提示：

指定基面倒角距离或 [表达式(E)] <20.0000>:（输入基面上的倒角距离）
指定其他曲面倒角距离或 [表达式(E)] <20.0000>:（输入与基面相邻的另外一个面上的倒角距离）
选择边或 [环(L)]:

① 选择边：确定需要进行倒角的边，此项为系统的默认选项。选择基面的某一边后，命令行提示如下：

选择边或 [环(L)]:

在此提示下，按 Enter 键对选择好的边进行倒直角，也可以继续选择其他需要倒直角的边。

② 选择环：对基面上所有的边都进行倒直角。

(a) 选择倒角边　　　　(b) 选择边倒角结果　　　　(c) 选择环倒角结果

图 6-62　对实体棱边倒角

（2）其他选项。

与二维斜角类似，这里不再赘述。

如图 6-62 所示为对长方体倒角的结果。

6.10.2　圆角

【执行方式】

- 命令行：FILLET（快捷命令：F）
- 菜单栏：修改→圆角
- 工具栏：修改→圆角
- 功能区：默认→修改→圆角

【操作步骤】

命令行提示与操作如下：

命令: FILLET↙
当前设置: 模式 = 修剪, 半径 = 0.0000
选择第一个对象或 [放弃(U)/多段线(P)/半径(R)/修剪(T)/多个(M)]:（选择实体上的一条边）
输入圆角半径或[表达式(E)]:（输入圆角半径）
选择边或 [链(C)/环(L)/半径(R)]:

【选项说明】

选择"链(C)"选项，表示与此边相邻的边都被选中，并进行倒圆角的操作。如图 6-63 所示为对长方体倒圆角的结果。

(a) 选择倒圆角边

(b) 边倒圆角结果

(c) 链倒圆角结果

图 6-63　对实体棱边倒圆角

6.10.3　操作实践——绘制平键

本实例主要利用"拉伸""倒角"命令,绘制如图 6-64 所示的平键立体图。

(1)建立新文件。打开 AutoCAD 2020 应用程序,以"无样板打开-公制"方式建立新文件,将新文件命名为"平键立体图.dwg"并保存。

图 6-64　平键

(2)绘制轮廓线。单击"默认"选项卡"绘图"面板中的"矩形"按钮 ▭ ,指定矩形的两个角点:{(0,0)、(32,12)},如图 6-65(a)所示。

(3)单击"默认"选项卡"修改"面板中的"圆角"按钮 ⌒ ,圆角半径为 6,对矩形 4 个直角进行修剪。命令行提示与操作如下:

```
命令:_fillet
当前设置:模式 = 修剪,半径 = 0.0000
选择第一个对象或 [放弃(U)/多段线(P)/半径(R)/修剪(T)/多个(M)]:R✓
指定圆角半径 <0.0000>:6✓
选择第一个对象或 [放弃(U)/多段线(P)/半径(R)/修剪(T)/多个(M)]:M✓
选择第一个对象或 [放弃(U)/多段线(P)/半径(R)/修剪(T)/多个(M)]:(选择矩形一个边)
选择第二个对象,或按住 Shift 键选择对象以应用角点或 [半径(R)]:(选择矩形相邻的边)
```

用同样的方法,对另外三个角进行圆角处理,结果如图 6-65(b)所示。

(4)拉伸实体。单击"三维工具"选项卡"建模"面板中的"拉伸"按钮 ▮ ,选择上步倒完圆角的矩形,拉伸高度为 10,命令行提示与操作如下:

```
命令:_extrude
当前线框密度:ISOLINES=8,闭合轮廓创建模式 = 实体
选择要拉伸的对象或 [模式(MO)]:找到 1 个
选择要拉伸的对象或 [模式(MO)]:✓
指定拉伸的高度或 [方向(D)/路径(P)/倾斜角(T)/表达式(E)] <906.7156>:10✓
```

执行命令后,由于当前处于俯视观察角度,因而似乎没有变化,如图 6-66(a)所示。

(5)单击"可视化"选项卡"视图"面板中的"西南等轴测"按钮 ◈ ,拉伸后的效果立即可见,如图 6-66(b)所示。

图 6-65　绘制轮廓线

图 6-66　拉伸实体

(6)实体倒直角。单击"默认"选项卡"修改"面板中的"倒角"按钮 ⌒ ,选择拉伸实体上端面边线,倒角距离为 1,命令行提示与操作如下:

命令：（单击"默认"选项卡"修改"面板中的"倒角"按钮）
（"修剪"模式）当前倒角距离 1 = 0.0000，距离 2 = 0.0000
选择第一条直线或 [放弃(U)/多段线(P)/距离(D)/角度(A)/修剪(T)/方式(E)/多个(M)]：（选择边 1，如图 6-67（a）所示。绘图窗口用虚线显示侧面，如图 6-67（b）所示）
基面选择...
输入曲面选择选项 [下一个(N)/当前(OK)] <当前>：N ↙（绘图窗口用虚线显示上表面，如图 6-68（a）所示）
输入曲面选择选项 [下一个(N)/当前(OK)] <当前>：↙
指定基面倒角距离或 [表达式(E)]：1.0 ↙
指定其他曲面倒角距离或 [表达式(E)] <1.0000>：↙
选择边或 [环(L)]：L ↙
选择环边或 [边(E)]：（选择上表面的环边，两条直线和两段圆弧以虚线显示）
选择环边或 [边(E)]：↙ （实体倒直角结果如图 6-68（b）所示）

（a）　　　　　　　（b）　　　　　　　　　　（a）　　　　　　　（b）
　　图 6-67　选择倒角基面　　　　　　　　　　　图 6-68　实体倒直角

说明：

所谓"倒角的基面"是指构成选择边的两个平面之一，输入"O"选项或按 Enter 键可以使用当前高亮显示的面作为基面，也可以选择"下一个(N)"选项来选择另外一个表面作为基面。如果基面的边框已经倒角，如平键的侧面，这时系统不会执行倒直角（或倒圆角）命令。

（7）平键底面倒直角。与上面方法相同，单击"默认"选项卡"修改"面板中的"倒角"按钮，对平键底面进行倒直角操作，至此，简单的平键实体绘制完毕。实体概念图如图 6-64 所示。

6.10.4　三维旋转

【执行方式】

- 命令行：3DROTATE
- 菜单栏：修改→三维操作→三维旋转
- 工具栏：建模→三维旋转

【操作步骤】

命令行提示与操作如下：

命令：3DROTATE↙
UCS 当前的正角方向：ANGDIR=逆时针　ANGBASE=0
选择对象：（点取要旋转的对象）
选择对象：（选择下一个对象或按回车键）
指定基点：
拾取旋转轴：
指定角的起点或键入角度：

确定旋转轴线，指定旋转角度后旋转对象。如图 6-69 所示为一个棱锥表面绕某一轴顺时针旋转 30°的情形。

图 6-69　三维旋转

6.10.5 三维镜像

【执行方式】
- 命令行：3DMIRROR
- 菜单栏：修改→三维操作→三维镜像

【操作步骤】

命令行提示与操作如下：

```
命令：3DMIRROR↙
选择对象：（选择镜像的对象）
选择对象：（选择下一个对象或按回车键）
指定镜像平面(三点)的第一个点或 [对象(O)/最近的(L)/Z 轴(Z)/视图(V)/XY 平面(XY)/YZ 平面(YZ)/ZX 平面(ZX)/三点(3)] <三点>：
```

【选项说明】

（1）第一个点：输入镜像平面上第一个点的坐标。该选项通过 3 个点确定镜像平面，是系统的默认选项。

（2）Z 轴(Z)：利用指定的平面作为镜像平面。选择该选项后，命令行提示与操作如下：

```
在镜像平面上指定点：（输入镜像平面上一点的坐标）
在镜像平面的 Z 轴（法向）上指定点：（输入与镜像平面垂直的任意一条直线上任意一点的坐标）
是否删除源对象？[是(Y)/否(N)] <否>：（根据需要确定是否删除源对象）
```

（3）视图(V)：指定一个平行于当前视图的平面作为镜像平面。

（4）XY（YZ、ZX）平面(XY、YZ、ZX)：指定一个平行于当前坐标系的 XY（YZ、ZX）平面作为镜像平面。

6.10.6 操作实践——绘制支架

绘制支架

绘制如图 6-70 所示的支架，操作步骤如下。

（1）绘制圆柱体。

① 单击"可视化"选项卡"视图"面板中的"西南等轴测"按钮，设置视图方向。

② 单击"三维工具"选项卡"建模"面板中的"圆柱体"按钮，绘制两个圆柱体，如图 6-71 所示。命令行提示与操作如下：

```
命令：_cylinder
指定底面的中心点或 [三点(3P)/两点(2P)/切点、切点、半径(T)/椭圆(E)]:0,0,0↙
指定底面半径或 [直径(D)]：20↙
指定高度或 [两点(2P)/轴端点(A)]：50↙
```

（2）用同样的方法，绘制另一个底面圆心坐标为（0,0,0）、底面半径为 15、高度为 50 的圆柱体。

（3）单击"三维工具"选项卡"建模"面板中的"长方体"按钮，绘制角点坐标分别为（-40,27.5,0）和（40,-27.5,-15）的长方体，如图 6-72 所示。

图 6-70 绘制支架

图 6-71 绘制圆柱体

图 6-72 绘制长方体

(4) 单击"可视化"选项卡"视图"面板中的"前视"按钮 ，将视图切换到前视图方向。单击"默认"选项卡"绘图"面板中的"直线"按钮 ，绘制直线，水平直线的长度为 15，竖直直线的长度为 25，连接水平和竖直直线的端点绘制斜直线，形成一个封闭的三角形，结果如图 6-73 所示。

(5) 单击"默认"选项卡"绘图"面板中的"面域"按钮 ，将三角形创建为面域。

(6) 单击"默认"选项卡"修改"面板中的"拉伸"按钮 ，将三角形进行拉伸，拉伸的高度为 7.5。

(7) 单击"可视化"选项卡"视图"面板中的"西南等轴测"按钮 ，设置视图方向。

(8) 单击"默认"选项卡"修改"面板中的"移动"按钮 ，以短边中点为基点，向 Z 轴方向移动-3.75，如图 6-74 所示。

图 6-73　绘制直线　　　　　　　图 6-74　绘制拉伸实体并移动

(9) 选择菜单栏中的"修改"→"三维操作"→"三维镜像"命令，镜像图形，命令行提示与操作如下：

命令：_mirror3d
选择对象：（选择上步绘制完成的实体）
选择对象：↙
指定镜像平面 (三点) 的第一个点或 [对象(O)/最近的(L)/Z 轴(Z)/视图(V)/XY 平面(XY)/YZ 平面(YZ)/ZX 平面(ZX)/三点(3)] <三点>：YZ↙
指定 YZ 平面上的点 <0,0,0>:0,0,0↙
是否删除源对象？[是(Y)/否(N)] <否>：↙

绘制结果如图 6-75 所示。

(10) 单击"三维工具"选项卡"实体编辑"面板中的"差集"按钮 ，在大圆柱中减去小圆柱体，进行差集操作。命令行提示与操作如下：

命令：_subtract
选择要从中减去的实体、曲面和面域…
选择对象：（选择大圆柱体）
选择要减去的实体、曲面和面域…
选择对象：（选择小圆柱体）
选择对象：

(11) 单击"三维工具"选项卡"实体编辑"面板中的"并集"按钮 ，将所有实体进行并集操作。

(12) 单击"视图"选项卡"视觉样式"面板中的"隐藏"按钮 ，消隐之后结果如图 6-76 所示。

(13) 在命令行输入"UCS"，将坐标系转换到世界坐标系。单击"三维工具"选项卡"建模"面板中的"圆环体"按钮 ，绘制以（-30,0,15）为底面中心点，半径为 5，高度为-15 的圆柱体。

(14) 选择菜单栏中的"修改"→"三维操作"→"三维镜像"命令，镜像圆柱体，命令行提示与操作如下：

```
命令：_mirror3d
选择对象：（选择圆柱体）
选择对象：✓
指定镜像平面（三点）的第一个点或 [对象(O)/最近的(L)/Z 轴(Z)/视图(V)/XY 平面(XY)/YZ 平面(YZ)/ZX 平面(ZX)/三点(3)] <三点>：ZX✓
指定 ZX 平面上的点 <0,0,0>：0,0,0✓
是否删除源对象？[是(Y)/否(N)] <否>：✓
```

(15) 采用相同的方法，将上步绘制完成的两个圆柱体，以 YZ 平面和坐标原点为镜像面，进行第二次镜像，结果如图 6-77 所示。

图 6-75 三维镜像处理　　　图 6-76 消隐处理　　　图 6-77 三维镜像圆柱体

(16) 单击"三维工具"选项卡"实体编辑"面板中的"差集"按钮，在大实体中减去四个小圆柱体，进行差集操作。

(17) 单击"视图"选项卡"视觉样式"面板中的"概念"按钮，最终结果如图 6-70 所示。

6.10.7　三维阵列

【执行方式】

- 命令行：3DARRAY
- 菜单栏：修改→三维操作→三维阵列
- 工具栏：建模→三维阵列

【操作步骤】

命令行提示与操作如下：

```
命令：3DARRAY✓
正在初始化... 已加载 3DARRAY。
选择对象：（选择阵列的对象）
选择对象：（选择下一个对象或按回车键）
输入阵列类型[矩形(R)/环形(P)]<矩形>：
```

【选项说明】

(1) 矩形(R)：是系统的默认选项。选择该选项后，命令行提示与操作如下：

```
输入行数(---) <1>：（输入行数）
输入列数(|||) <1>：（输入列数）
输入层数(...) <1>：（输入层数）
指定行间距（——）：（输入行间距）
指定列间距（|||）：（输入列间距）
指定层间距（...）：（输入层间距）
```

（2）环形(P)：选择该选项后，命令行提示与操作如下：

```
输入阵列中的项目数目：（输入阵列的数目）
指定要填充的角度（+=逆时针，-=顺时针）<360>：（输入环形阵列的圆心角）
旋转阵列对象？[是(Y)/否(N)]<Y>：（确定阵列上的每个图形是否根据旋转轴线的位置进行旋转）
指定阵列的中心点：（输入旋转轴上一点的坐标）
指定旋转轴上的第二点：（输入旋转轴上另一点的坐标）
```

如图 6-78 所示为 3 层 3 行 3 列间距分别为 300 的圆柱的矩形阵列，如图 6-79 所示为圆柱的环形阵列。

图 6-78　三维图形的矩形阵列　　　　图 6-79　三维图形环形阵列

6.10.8　操作实践——绘制底座

绘制如图 6-80 所示的底座，操作步骤如下。

（1）单击"可视化"选项卡"视图"面板中的"前视"按钮，将视图切换到前视图方向。

（2）单击"默认"选项卡"绘图"面板中的"多边形"按钮，绘制三角形，如图 6-81 所示，命令行提示与操作如下：

```
命令：_polygon
输入侧面数 <3>：3↙
指定正多边形的中心点或 [边(E)]：（在绘图区指定一点）
输入选项 [内接于圆(I)/外切于圆(C)] <C>：I↙
指定圆的半径：16↙
```

图 6-80　绘制底座

（3）单击"默认"选项卡"修改"面板中的"拉伸"按钮，将上步绘制的三角形进行拉伸，拉伸的高度为 5。

（4）单击"可视化"选项卡"视图"面板中的"西南等轴测"按钮，设置视图方向，如图 6-82 所示。

（5）将坐标系转换到世界坐标系，然后继续在命令行中输入"UCS"，将坐标系移动到三维实体的上端点，如图 6-83 所示。命令行提示与操作如下：

```
命令：UCS↙
当前 UCS 名称：*没有名称*
指定 UCS 的原点或 [面(F)/命名(NA)/对象(OB)/上一个(P)/视图(V)/世界(W)/X/Y/Z/Z 轴(ZA)] <世界>：（捕捉上端点）
```

（6）通过观察，我们知道此时的 Z 轴方向是竖直向上的，在绘制圆柱体时，需要沿着实体 Y 轴方向来指定圆柱体的高度，因此需要转换坐标系，这里输入"UCS"，将坐标系绕着 X 轴旋转 90°，如图 6-84 所示，命令行提示与操作如下：

```
命令：UCS↙
当前 UCS 名称：*没有名称*
指定 UCS 的原点或 [面(F)/命名(NA)/对象(OB)/上一个(P)/视图(V)/世界(W)/X/Y/Z/Z 轴(ZA)] <世界>：X↙
指定绕 X 轴的旋转角度 <90>：90↙
```

图 6-81　绘制三角形　　图 6-82　设置视图方向　　图 6-83　调整坐标系　　图 6-84　旋转坐标系

（7）单击"三维工具"选项卡"建模"面板中的"圆柱体"按钮，绘制圆柱体，如图 6-85 所示，命令行提示与操作如下：

```
命令：_cylinder
指定底面的中心点或 [三点(3P)/两点(2P)/切点、切点、半径(T)/椭圆(E)]：0,-5,0↙
指定底面半径或 [直径(D)] <11.0000>：2↙
指定高度或 [两点(2P)/轴端点(A)] <11.0000>：-5↙
```

（8）选择菜单栏中的"修改"→"三维操作"→"三维阵列"命令，阵列绘制的圆柱体，命令行提示与操作如下：

```
命令：_3darray
选择对象：（选择圆柱体）
选择对象：↙
输入阵列类型 [矩形(R)/环形(P)] <矩形>：p↙
输入阵列中的项目数目：3↙
指定要填充的角度 (+=逆时针，-=顺时针) <360>：↙
旋转阵列对象？ [是(Y)/否(N)] <Y>：↙
指定阵列的中心点：（实体的中心）（此时利用了对象捕捉功能）
指定旋转轴上的第二点：（中心延长线上的一点）（此时打开正交模式）
```

绘制结果如图 6-86 所示。

（9）单击"三维工具"选项卡"实体编辑"面板中的"差集"按钮，将上步绘制完成的圆柱体从实体中减去。

（10）单击"三维工具"选项卡"实体编辑"面板中的"圆角边"按钮，将实体的三个短边均进行圆角操作，圆角半径为 1，结果如图 6-87 所示。命令行提示与操作如下：

```
命令：_FILLETEDGE
半径 = 1.0000
选择边或 [链(C)/环(L)/半径(R)]：R↙
输入圆角半径或 [表达式(E)] <1.0000>：1↙
选择边或 [链(C)/环(L)/半径(R)]：（依次选择 3 个短边）
```

（11）单击"三维工具"选项卡"建模"面板中的"圆柱体"按钮，以实体的中心为圆柱体的地面中心点，分别绘制半径为 3、3.5，高度为 6 的圆柱体，如图 6-88 所示。

图 6-85　绘制圆柱体　　图 6-86　三维阵列　　图 6-87　圆角处理　　图 6-88　绘制圆柱体

（12）单击"三维工具"选项卡"实体编辑"面板中的"差集"按钮，将大圆柱体和小圆柱体进行差集操作。

(13) 单击"三维工具"选项卡"实体编辑"面板中的"并集"按钮，将所有实体进行并集操作。

(14) 单击"视图"选项卡"视觉样式"面板中的"概念"按钮，最终结果如图6-80所示。

6.10.9 三维移动

【执行方式】
- 命令行：3DMOVE
- 菜单栏：修改→三维操作→三维移动
- 工具栏：建模→三维移动

【操作步骤】

命令行提示与操作如下：

命令：3DMOVE↙
选择对象：找到 1 个
选择对象：↙
指定基点或 [位移(D)] <位移>：(指定基点)
指定第二个点或 <使用第一个点作为位移>：(指定第二点)

其操作方法与二维移动命令类似，如图6-89所示为将滚珠从轴承中移出的情形。

6.10.10 操作实践——绘制角架

绘制如图6-90所示的角架，操作步骤如下。

(1) 建立新文件。启动 AutoCAD 2020，使用默认绘图环境。单击快速访问工具栏中的"新建"按钮，打开"选择样板"对话框，以"无样板打开-公制"方式建立新文件，将新文件命名为"皮带轮立体图.dwg"并保存。

(2) 设置线框密度。在命令行中输入"ISOLINES"，默认值为8，设置系统变量值为10。

(3) 设置视图方向。单击"可视化"选项卡"视图"面板中的"西南等轴测"按钮，切换到西南等轴测视图。

(4) 绘制长方体。单击"三维工具"选项卡"建模"面板中的"长方体"按钮，绘制长方体，长方体角点坐标分别为（0,0,0）和（100,-50,5），结果如图6-91所示。

图 6-90 角架

图 6-91 绘制长方体

(5) 绘制长方体。单击"三维工具"选项卡"建模"面板中的"长方体"按钮，绘制长方体，长方体角点坐标分别为（0,0,5）和（5,-50,30），结果如图6-92所示。

(6) 移动实体。选择菜单栏中的"修改"→"三维操作"→"三维移动"命令，将其沿 X 轴方向移动68，命令行提示与操作操作如下：

```
命令：_3dmove
选择对象：（选择上步绘制的长方体）
选择对象：
指定基点或 [位移(D)] <位移>：（选择点1）
指定第二个点或 <使用第一个点作为位移>：（选择点2）
```

(7) 设置视图方向。单击"可视化"选项卡"视图"面板中的"前视"按钮，切换视图。

(8) 单击"默认"选项卡"绘图"面板中的"直线"按钮，绘制直线，形成封闭的三角形，结果如图 6-93 所示。命令行提示与操作如下：

```
命令：_line
指定第一个点：from↙
基点：（选择长方体最上侧的左角点）
<偏移>：@0,-2↙
指定下一点或 [放弃(U)]：（捕捉两个长方体的交点，绘制竖直直线）
指定下一点或 [退出(E)/放弃(U)]：70↙（指定水平直线的长度）
指定下一点或 [关闭(C)/退出(X)/放弃(U)]：（点取直线的起点或者直接在命令行中输入"C"）
指定下一点或 [关闭(C)/退出(X)/放弃(U)]：
```

图 6-92 绘制长方体

图 6-93 绘制三角形

(9) 单击"默认"选项卡"绘图"面板中的"面域"按钮，将三角形创建为面域。

(10) 单击"默认"选项卡"修改"面板中的"拉伸"按钮，将上步绘制完成的三角形进行拉伸，拉伸的高度为 5。

(11) 设置视图方向。单击"可视化"选项卡"视图"面板中的"西南等轴测"按钮，切换到西南等轴测视图。

(12) 设置坐标系。在命令行中输入"UCS"，将坐标系返回默认世界坐标系，命令行提示与操作如下：

```
命令：UCS↙
当前 UCS 名称：*没有名称*
指定 UCS 的原点或 [面(F)/命名(NA)/对象(OB)/上一个(P)/视图(V)/世界(W)/X/Y/Z/Z 轴(ZA)]
<世界>：↙
```

(13) 绘制圆柱体。单击"三维工具"选项卡"建模"面板中的"圆柱体"按钮，以（30,-15,0）为圆心，创建半径为 2.5，高为 5 的圆柱体 1。继续以（25,-17.5,0）为圆心，创建半径为 2.5，高为 5 的圆柱体 2，结果如图 6-94 所示。

(14) 选择菜单栏中的"修改"→"三维操作"→"三维镜像"命令，镜像圆柱体。命令行提示与操作如下：

```
命令：_mirror3d
选择对象：（选择圆柱体1和圆柱体2）
选择对象：↙
指定镜像平面（三点）的第一个点或 [对象(O)/最近的(L)/Z 轴(Z)/视图(V)/XY 平面(XY)/YZ 平面(YZ)/ZX 平面(ZX)/三点(3)] <三点>：（选择长方体左侧短边上的上侧的中点）
在镜像平面上指定第二点：（选择长方体左侧短边上的下侧的中点）
在镜像平面上指定第三点：（选择长方体右侧短边上的下侧的中点）
```

是否删除源对象？[是(Y)/否(N)] <否>:✓

(15) 设置坐标系。在命令行中输入"UCS"，将坐标系绕 Y 轴旋转 90°。

(16) 绘制圆柱体。单击"三维工具"选项卡"建模"面板中的"圆柱体"按钮，以(-15,-15,95)为圆心，创建半径为 2.5，高为 5 的圆柱体 3。继续以(-15,-35,95)为圆心，创建半径为 2.5，高为 5 的圆柱体 4，结果如图 6-95 所示。

图 6-94　绘制圆柱体

图 6-95　绘制圆柱体

(17) 差集运算 1。单击"三维工具"选项卡"实体编辑"面板中的"差集"按钮，对圆柱体 1 和圆柱体 2 与大长方体进行差集操作，将圆柱体 3 和圆柱体 4 与小长方体进行差集运算。

(18) 单击"三维工具"选项卡"实体编辑"面板中的"并集"按钮，将所有实体进行并集操作。

(19) 改变视觉样式。单击"视图"选项卡"视觉样式"面板中的"概念"按钮，最终结果如图 6-90 所示。

6.10.11　剖切

【执行方式】

- 命令行：SLICE（快捷命令：SL）
- 菜单栏：修改→三维操作→剖切
- 功能区：三维工具→实体编辑→剖切

【操作步骤】

命令行提示与操作如下：

命令：SLICE✓
选择要剖切的对象：（选择要剖切的实体）
选择要剖切的对象：（继续选择或按 Enter 键结束选择）
指定切面的起点或[平面对象(O)/曲面(S)/Z 轴(Z)/视图(V)/XY/YZ/ZX/三点(3)] <三点>:

【选项说明】

(1) 平面对象(O)：将所选对象所在平面作为剖切面。

(2) 曲面(S)：将剪切平面与曲面对齐。

(3) Z 轴(Z)：通过平面指定一点与在平面的 Z 轴（法线）上指定另一点来定义剖切平面。

(4) 视图(V)：以平行于当前视图的平面作为剖切面。

(5) XY(XY)/YZ(YZ)/ZX(ZX)：将剖切平面与当前用户坐标系（UCS）的 XY 平面/YZ 平面/ZX 平面对齐。

(6) 三点(3)：根据空间的 3 个点确定的平面作为剖切面。确定剖切面后，系统会提示保留一侧或两侧。

6.10.12 操作实践——绘制半圆凹槽孔块

绘制如图 6-96 所示的半圆凹槽孔块，操作步骤如下：

（1）设置线框密度。在命令行中输入"ISOLINES"，默认值为 8，设置系统变量值为 10。

（2）单击"可视化"选项卡"视图"面板中的"西南等轴测"按钮，设置视图方向，在命令行中输入"UCS"，将坐标系绕 Y 轴旋转-90°。

图 6-96　半圆凹槽孔块

（3）单击"三维工具"选项卡"建模"面板中的"圆柱体"按钮，绘制底面圆心坐标为（0,0,0），底面半径为 20，高度为 50 的圆柱体，如图 6-97 所示。

（4）剖切圆柱体。单击"三维工具"选项卡"实体编辑"面板中的"剖切"按钮，将圆柱体分别沿过点（16,0,0）的 YZ 平面方向进行剖切处理，如图 6-98 所示。命令行提示与操作如下：

```
命令：_slice
选择要剖切的对象：（选择球体）
选择要剖切的对象：✓
指定切面的起点或 [平面对象(O)/曲面(S)/Z 轴(Z)/视图(V)/XY(XY)/YZ(YZ)/ZX(ZX)/三点(3)] <三点>：yz✓
指定 YZ 平面上的点 <0,0,0>：0,0,0✓
在所需的侧面上指定点或 [保留两个侧面(B)] <保留两个侧面>：（在圆柱体下侧单击）
```

（5）在命令行中输入"UCS"，将坐标系移动到圆柱体的左上角点。

（6）在命令行中输入"UCS"，将坐标系绕 Y 轴旋转 180°，命令行提示与操作如下：

```
命令：UCS✓
当前 UCS 名称：*没有名称*
指定 UCS 的原点或 [面(F)/命名(NA)/对象(OB)/上一个(P)/视图(V)/世界(W)/X/Y/Z/Z 轴(ZA)] <世界>：Y✓
指定绕 Y 轴的旋转角度 <90>：180✓
```

结果如图 6-99 所示。

图 6-97　绘制圆柱体　　　图 6-98　剖切圆柱体　　　图 6-99　移动和旋转坐标系

（7）单击"三维工具"选项卡"建模"面板中的"长方体"按钮，绘制长方体，如图 6-100 所示。命令行提示与操作如下：

```
命令：_box
指定第一个角点或 [中心(C)]：-5,0,0✓
指定其他角点或 [立方体(C)/长度(L)]：0,-40,10✓
命令：_box
指定第一个角点或 [中心(C)]：（选择点 1）
指定其他角点或 [立方体(C)/长度(L)]：L✓
指定长度：<正交 开>40✓
```

```
指定宽度：5✓
指定高度或 [两点(2P)] <11.0000>：-10✓
```

（8）并集处理。单击"三维工具"选项卡"实体编辑"面板中的"并集"按钮，将实体进行并集运算。

（9）消隐实体。单击"视图"选项卡"视觉样式"面板中的"隐藏"按钮，进行消隐处理，结果如图 6-101 所示。

图 6-100　绘制长方体　　　　　　　　图 6-101　消隐处理

（10）改变视觉样式。单击"视图"选项卡"视觉样式"面板中的"概念"按钮，最终效果如图 6-96 所示。

6.11　编辑实体

利用实体编辑功能编辑三维实体对象的面和边。

6.11.1　抽壳

【执行方式】

- 命令行：SOLIDEDIT
- 菜单栏：修改→实体编辑→抽壳
- 工具栏：实体编辑→抽壳
- 功能区：三维工具→实体编辑→抽壳

【操作步骤】

命令行提示与操作如下：

```
命令：_solidedit
实体编辑自动检查：SOLIDCHECK=1
输入实体编辑选项 [面(F)/边(E)/体(B)/放弃(U)/退出(X)] <退出>：_body
输入体编辑选项[压印(I)/分割实体(P)/抽壳(S)/清除(L)/检查(C)/放弃(U)/退出(X)] <退出>：_shell
选择三维实体：（选择三维实体）
删除面或 [放弃(U)/添加(A)/全部(ALL)]：（选择开口面）
输入抽壳偏移距离：（指定壳体的厚度值）
```

如图 6-102 所示为利用"抽壳"命令创建的花盆。

> 说明：
> 抽壳是用指定的厚度创建一个空的薄层。可以为所有面指定一个固定的薄层厚度，通过选择面可以将这些面排除在壳外。一个三维实体只能有一个壳，通过将现有面偏移出其原位置来创建新的面。

(a)创建初步轮廓　　　　(b)完成创建　　　　(c)消隐结果

图 6-102　花盆

编辑实体命令的其他选项功能与上面几项类似,这里不再赘述。

6.11.2　操作实践——绘制凸台双槽竖槽孔块

绘制如图 6-103 所示的凸台双槽竖槽孔块,操作步骤如下。

(1)建立新文件。启动 AutoCAD 2020,使用默认设置绘图环境。单击快速访问工具栏中的"新建"按钮,打开"选择样板"对话框,单击"打开"按钮右侧的下拉按钮,以"无样板打开-公制"方式建立新文件,将新文件命名为"凸台双槽竖槽孔块.dwg"并保存。

(2)设置线框密度。在命令行中输入"ISOLINES",默认值为 8,设置系统变量值为 10。

(3)设置视图方向。单击"可视化"选项卡"视图"面板中的"西南等轴测"按钮,切换到西南等轴测视图。

(4)单击"三维工具"选项卡"建模"面板中的"长方体"按钮,再以(0,0,0)为角点,绘制另一角点坐标为(140,100,40)的长方体 1,结果如图 6-104 所示。

(5)单击"三维工具"选项卡"实体编辑"面板中的"抽壳"按钮,对上步绘制的长方体进行抽壳,命令行提示与操作如下:

```
命令:_solidedit
实体编辑自动检查: SOLIDCHECK=1
输入实体编辑选项 [面(F)/边(E)/体(B)/放弃(U)/退出(X)] <退出>: _body
输入体编辑选项[压印(I)/分割实体(P)/抽壳(S)/清除(L)/检查(C)/放弃(U)/退出(X)] <退出>: _shell
选择三维实体:(选择上步绘制的长方体)
删除面或 [放弃(U)/添加(A)/全部(ALL)]:(选择长方体的左底边作为删除面)
删除面或 [放弃(U)/添加(A)/全部(ALL)]:✓
输入抽壳偏移距离:20✓
```

结果如图 6-105 所示。

图 6-103　凸台双槽竖槽孔块　　　图 6-104　绘制长方体 1　　　图 6-105　抽壳操作

(6)单击"三维工具"选项卡"建模"面板中的"长方体"按钮,再以长方体的左上顶点为角点,绘制长度为 140,宽度为 100,高度为 30 的长方体 2,结果如图 6-106 所示。

(7)单击"三维工具"选项卡"实体编辑"面板中的"并集"按钮,将上面绘制的两个长方体合并在一起,结果如图 6-107 所示。

(8)单击"三维工具"选项卡"建模"面板中的"长方体"按钮,绘制长方体 3,命令行提示与操作如下:

```
命令:_box
指定第一个角点或 [中心(C)]: C✓
```

```
指定中心:(长方体最上侧边的中点)
指定角点或 [立方体(C)/长度(L)]: L↙
指定长度: <正交 开> 70↙
指定宽度: 70↙
指定高度或 [两点(2P)] <30.0000>: 30↙
```

结果如图 6-108 所示。

(9) 选择菜单栏中的"修改"→"三维操作"→"三维移动"命令,以长方体 3 下边的中点为基点,移动到长方体 2 最上侧边的中点,如图 6-109 所示。

图 6-106　绘制长方体 2　　图 6-107　布尔合并运算　　图 6-108　绘制长方体 3　　图 6-109　移动长方体

(10) 单击"三维工具"选项卡"建模"面板中的"长方体"按钮，以(85,0,0)和(55,40,100)为角点绘制长方体 4,以(105,0,20)和(35,80,00)为角点,绘制长方体 5。

(11) 将视图转换到前视图。单击"三维工具"选项卡"建模"面板中的"圆柱体"按钮，绘制一个底面中心点,利用对象捕捉功能捕捉圆心位置,绘制底面半径为 5,高度为-60 的圆柱体,如图 6-110 所示。

(12) 单击"三维工具"选项卡"实体编辑"面板中的"并集"按钮，将长方体 3 和长方体 1、2 合并在一起。

(13) 单击"三维工具"选项卡"实体编辑"面板中的"差集"按钮，将两个长方体 4、5 和圆柱体从实体中减去,此时窗口图形如图 6-111 所示。

(14) 单击"视图"选项卡"视觉样式"面板中的"隐藏"按钮，对实体进行消隐。此时窗口图形如图 6-112 所示。

图 6-110　绘制圆柱体　　　　图 6-111　布尔操作　　　　图 6-112　实体消隐

(15) 关闭坐标系。选择菜单栏中的"视图"→"显示"→"UCS 图标"→"开"命令,完全显示图形。

(16) 改变视觉样式。利用"材质浏览器"命令,对实体附着对应材质。单击"视图"选项卡"视觉样式"面板中的"概念"按钮，最终效果如图 6-103 所示。

6.11.3 复制面

【执行方式】

- 命令行:SOLIDEDIT

- 菜单栏：修改→实体编辑→复制面
- 工具栏：实体编辑→复制面
- 功能区：三维工具→实体编辑→复制面

6.11.4 操作实践——绘制圆平榫

绘制圆平榫

绘制如图 6-113 所示的圆平榫，操作步骤如下。

（1）建立新文件。启动 AutoCAD 2020，使用默认设置绘图环境。单击快速访问工具栏中的"新建"按钮，打开"选择样板"对话框，单击"打开"按钮右侧的下拉按钮，以"无样板打开-公制"方式建立新文件，将新文件命名为"圆平榫.dwg"并保存。

（2）设置线框密度。在命令行中输入"ISOLINES"，默认值为 8，设置系统变量值为 10。

（3）设置视图方向。单击"可视化"选项卡"视图"面板中的"西南等轴测"按钮，切换到西南等轴测视图。

（4）单击"三维工具"选项卡"建模"面板中的"长方体"按钮，以（0,0,0）为角点，绘制另一角点为（80,50,15）的长方体 1，如图 6-114 所示。

（5）单击"三维工具"选项卡"实体编辑"面板中的"抽壳"按钮，对上步绘制的长方体进行抽壳，命令行提示与操作如下：

```
命令：_solidedit
实体编辑自动检查：SOLIDCHECK=1
输入实体编辑选项 [面(F)/边(E)/体(B)/放弃(U)/退出(X)] <退出>：_body
输入体编辑选项[压印(I)/分割实体(P)/抽壳(S)/清除(L)/检查(C)/放弃(U)/退出(X)] <退出>：_shell
选择三维实体：(选择长方体1)
删除面或 [放弃(U)/添加(A)/全部(ALL)]：(选择前侧底边、右侧底边和后侧底边)
删除面或 [放弃(U)/添加(A)/全部(ALL)]：
输入抽壳偏移距离：5↙
已开始实体校验。
已完成实体校验。
输入体编辑选项
[压印(I)/分割实体(P)/抽壳(S)/清除(L)/检查(C)/放弃(U)/退出(X)] <退出>：↙
实体编辑自动检查：SOLIDCHECK=1
输入实体编辑选项 [面(F)/边(E)/体(B)/放弃(U)/退出(X)] <退出>：↙
```

结果如图 6-115 所示。

图 6-113　圆平榫

图 6-114　绘制长方体 1

图 6-115　抽壳操作

（6）单击"三维工具"选项卡"建模"面板中的"长方体"按钮，再以（0,0,0）为角点，绘制另一角点为（-20,50,15）的长方体 2。

（7）单击"三维工具"选项卡"实体编辑"面板中的"并集"按钮，将上面绘制的两个长方体合并在一起。

（8）单击"可视化"选项卡"视图"面板中的"俯视"按钮，将视图切换到俯视图。

（9）将坐标系调整到图形的左上方，单击"默认"选项卡"绘图"面板中的"圆"按钮，绘制圆心坐标为（12.5,-12.5），半径为5的圆，结果如图6-116所示。

（10）单击"三维工具"选项卡"建模"面板中的"拉伸"按钮，拉伸圆，设置拉伸高度为15。

（11）单击"可视化"选项卡"视图"面板中的"西南等轴测"按钮，将当前视图设为西南等轴测视图，结果如图6-117所示。

（12）选择菜单栏中的"修改"→"三维操作"→"三维镜像"命令，将拉伸实体进行镜像操作，结果如图6-118所示。

（13）单击"三维工具"选项卡"实体编辑"面板中的"差集"按钮，进行差集操作。

（14）单击"三维工具"选项卡"建模"面板中的"圆柱体"按钮，绘制圆柱体1，结果如图6-119所示。命令行提示与操作如下：

```
命令：_cylinder
指定底面的中心点或 [三点(3P)/两点(2P)/切点、切点、半径(T)/椭圆(E)]：(捕捉点1)
指定底面半径或 [直径(D)]：(捕捉点2)
指定高度或 [两点(2P)/轴端点(A)] <16.0000>: 30✓
```

图6-116　绘制圆　　　图6-117　转换视图　　　图6-118　三维镜像实体　　　图6-119　绘制圆柱体1

（15）单击"三维工具"选项卡"建模"面板中的"圆柱体"按钮，绘制以点1为圆心，底面半径为20，高度为30的圆柱体2。

（16）单击"三维工具"选项卡"建模"面板中的"长方体"按钮，以圆柱体的中心为长方体的中心，绘制长度为12，宽度为50，高度为5的长方体3。

（17）选择菜单栏中的"修改"→"三维操作"→"三维移动"命令，将长方体向Z轴方向移动-2.5。命令行提示与操作如下：

```
命令：_3dmove
选择对象：(选择长方体3)
选择对象：✓
指定基点或 [位移(D)] <位移>：(指定绘图区的一点)
指定第二个点或 <使用第一个点作为位移>：@0,0,-2.5✓
正在重生成模型。
```

（18）单击"三维工具"选项卡"实体编辑"面板中的"差集"按钮，在圆柱体1中减去圆柱体2和长方体3，结果如图6-120所示。

（19）单击"可视化"选项卡"视图"面板中的"东南等轴测"按钮，将视图转换到东南等轴测视图，将坐标系转换到世界坐标系。

（20）单击"三维工具"选项卡"建模"面板中的"圆柱体"按钮，绘制圆柱体，结果如图6-121所示，命令行提示与操作如下：

```
命令：_cylinder
指定底面的中心点或 [三点(3P)/两点(2P)/切点、切点、半径(T)/椭圆(E)]: 102.5,25,15✓
指定底面半径或 [直径(D)] <1.5000>: 1.5✓
指定高度或 [两点(2P)/轴端点(A)] <6.0000>: -5✓
```

图 6-120 差集布尔运算

图 6-121 绘制圆柱体

（21）单击"三维工具"选项卡"实体编辑"面板中的"复制面"按钮，选择上步绘制的圆柱体的底面，在原位置复制出一个面，并将复制的面进行拉伸，拉伸的高度为 10，倾斜度为 2°，结果如图 6-122 所示，命令行提示与操作如下：

```
命令：_solidedit
实体编辑自动检查：SOLIDCHECK=1
输入实体编辑选项 [面(F)/边(E)/体(B)/放弃(U)/退出(X)] <退出>：_face
输入面编辑选项 [拉伸(E)/移动(M)/旋转(R)/偏移(O)/倾斜(T)/删除(D)/复制(C)/颜色(L)/材质(A)/放弃(U)/退出(X)] <退出>：_copy
选择面或 [放弃(U)/删除(R)]：（选择圆柱体底面）
选择面或 [放弃(U)/删除(R)/全部(ALL)]：✓
指定基点或位移：（指定一点）
指定位移的第二点：（与基点重合）
输入面编辑选项 [拉伸(E)/移动(M)/旋转(R)/偏移(O)/倾斜(T)/删除(D)/复制(C)/颜色(L)/材质(A)/放弃(U)/退出(X)] <退出>：E✓
选择面或 [放弃(U)/删除(R)]：（选择复制得到的面）
选择面或 [放弃(U)/删除(R)/全部(ALL)]：✓
指定拉伸高度或 [路径(P)]：10✓
指定拉伸的倾斜角度 <0>：2✓
已开始实体校验。
已完成实体校验。
```

（22）选择菜单栏中的"修改"→"三维操作"→"三维阵列"命令，选择上步绘制的实体进行阵列，阵列总数为 6，绘制结果如图 6-123 所示，命令行提示与操作如下：

```
命令：_3darray
选择对象：找到 1 个
选择对象：✓
输入阵列类型 [矩形(R)/环形(P)] <矩形>：P✓
输入阵列中的项目数目：6✓
指定要填充的角度 (+=逆时针，-=顺时针) <360>：✓
旋转阵列对象？[是(Y)/否(N)] <Y>：✓
指定阵列的中心点：（选择步骤（14）创建的圆柱体的底面中心点）
指定旋转轴上的第二点：（选择步骤（14）创建的圆柱体的顶面中心点）
```

（23）单击"三维工具"选项卡"建模"面板中的"圆柱体"按钮，绘制一个圆柱体。

（24）单击"默认"选项卡"修改"面板中的"删除"按钮，删除左侧的三个阵列之后的实体，结果如图 6-124 所示。

（25）单击"三维工具"选项卡"实体编辑"面板中的"并集"按钮，将所有图形合并成一个整体。

（26）关闭坐标系。选择菜单栏中的"视图"→"显示"→"UCS 图标"→"开"命令，完全显示图形。

（27）将视图切换到东南等轴测视图。单击"视图"选项卡"视觉样式"面板中的"概念"按钮，最终效果如图 6-113 所示。

图 6-122　拉伸复制面　　　　　图 6-123　环形阵列　　　　　图 6-124　删除多余图形

6.11.5　拉伸面

【执行方式】

- 命令行：SOLIDEDIT
- 菜单栏：修改→实体编辑→拉伸面
- 工具栏：实体编辑→拉伸面
- 功能区：三维工具→实体编辑→拉伸面

【操作步骤】

命令行提示与操作如下：

```
命令：_solidedit
实体编辑自动检查：SOLIDCHECK=1
输入实体编辑选项 [面(F)/边(E)/体(B)/放弃(U)/退出(X)] <退出>：_face
输入面编辑选项[拉伸(E)/移动(M)/旋转(R)/偏移(O)/倾斜(T)/删除(D)/复制(C)/颜色(L)/材质(A)/放
弃(U)/退出(X)] <退出>：_extrude
选择面或 [放弃(U)/删除(R)]:（选择要进行拉伸的面）
选择面或 [放弃(U)/删除(R)/全部(ALL)]:
指定拉伸高度或[路径(P)]:
```

【选项说明】

（1）指定拉伸高度：按指定的高度值来拉伸面。指定拉伸的倾斜角度后，完成拉伸操作。

（2）路径(P)：沿指定的路径曲线拉伸面。如图 6-125 所示为拉伸长方体顶面和侧面的结果。

（a）拉伸前的长方体　　　　　　　　（b）拉伸后的三维实体

图 6-125　拉伸长方体

6.11.6　移动面

【执行方式】

- 命令行：SOLIDEDIT
- 菜单栏：修改→实体编辑→移动面
- 工具栏：实体编辑→移动面
- 功能区：三维工具→实体编辑→移动面

【操作步骤】

命令行提示与操作如下：

命令：_solidedit

实体编辑自动检查：SOLIDCHECK=1

输入实体编辑选项 [面(F)/边(E)/体(B)/放弃(U)/退出(X)] <退出>：_face

输入面编辑选项[拉伸(E)/移动(M)/旋转(R)/偏移(O)/倾斜(T)/删除(D)/复制(C)/颜色(L)/材质(A)/放弃(U)/退出(X)] <退出>：_move

选择面或 [放弃(U)/删除(R)]：（选择要移动的面）

选择面或 [放弃(U)/删除(R)/全部(ALL)]：（继续选择要移动的面或按Enter键结束选择）

指定基点或位移：（输入具体的坐标值或选择关键点）

指定位移的第二点：（输入具体的坐标值或选择关键点）

各选项的含义在前面介绍的内容中都有涉及，如图6-126所示为移动三维实体的结果。

6.11.7 偏移面

【执行方式】

- 命令行：SOLIDEDIT
- 菜单栏：修改→实体编辑→偏移面
- 工具栏：实体编辑→偏移面
- 功能区：三维工具→实体编辑→偏移面

【操作步骤】

命令行提示与操作如下：

命令：_solidedit

实体编辑自动检查：SOLIDCHECK=1

输入实体编辑选项 [面(F)/边(E)/体(B)/放弃(U)/退出(X)] <退出>：_face

输入面编辑选项[拉伸(E)/移动(M)/旋转(R)/偏移(O)/倾斜(T)/删除(D)/复制(C)/颜色(L)/材质(A)/放弃(U)/退出(X)] <退出>：_offset

选择面或 [放弃(U)/删除(R)]：（选择要偏移的面）

选择面或 [放弃(U)/删除(R)/全部(ALL)]：

指定偏移距离：（输入要偏移的距离值）

如图6-127所示为通过偏移操作改变哑铃手柄大小的结果。

　　（a）移动前的图形　　　（b）移动后的图形　　　　　　（a）偏移前　　　　　（b）偏移后

　　　图 6-126　移动三维实体　　　　　　　　　　　　　　　图 6-127　偏移对象

6.12　名师点拨——三维编辑跟我学

1. 三维阵列绘制注意事项

进行三维阵列操作时，单击"对象捕捉"和"三维对象捕捉"等按钮，取消对中心点捕捉

2. 三维旋转曲面有哪些使用技巧

在旋转三维曲面时，要注意 3 点：一是所要旋转的母线与轴线位于同一个平面内；二是同一母线绕不同的轴旋转以后得到的结果截然不同；三是要达到设计意图应认真绘制母线，当然要保证旋转精度。另外要注意的是，三维曲面在旋转过程中的起始角可以是任意的，要获得的曲面包角也是任意的（在 360°范围内）。

3. 如何灵活使用三维实体的剖切操作

三维剖切操作无论是用坐标面还是某一种实体，如直线、圆、圆弧等，都是将三维实体剖切成两部分，用户可以保留立体的某一部分或两部分，然后再剖切组合。用户也可以使用倾斜的坐标面或某一实体要素剖切三维立体，用 AutoCAD 的剖切操作无法剖切成局部剖视图的轮廓线边界形状。

6.13 上机实验

【练习 1】创建如图 6-128 所示的壳体。
【练习 2】创建如图 6-129 所示的轴。
【练习 3】创建如图 6-130 所示的内六角螺钉。

图 6-128　壳体

图 6-129　轴

图 6-130　内六角螺钉

6.14 模拟试题

1. 在三维对象捕捉中，下面哪一项不属于捕捉模式？（　　）
A．顶点　　　　　B．节点　　　　　C．面中心　　　　　D．端点
2. 可以将三维实体对象分解成原来组成三维实体的部件的命令是（　　）。
A．分解　　　　　B．剖切　　　　　C．分割　　　　　D．切割
3. 关于三维 DWF 文件，下列说法不正确的是（　　）。
A．可以使用"3DDWF"命令发布三维 DWF 文件
B．可以使用"EXPORT"命令发布三维 DWF 文件
C．三维模型的程序材质（如木材或大理石）得不到发布
D．"凸凹贴图"通道是唯一得到发布的贴图
4. 实体中的"拉伸"命令和实体编辑中的"拉伸"命令有什么区别？（　　）

A. 没什么区别
B. 前者是对多段线拉伸，后者是对面域拉伸
C. 前者是由二维线框转为实体的，后者是拉伸实体中的一个面
D. 前者是拉伸实体中的一个面，后者是由二维线框转为实体的

5. 绘制如图 6-131 所示的三通管。
6. 绘制如图 6-132 所示的齿轮。
7. 绘制如图 6-133 所示的方向盘。

图 6-131　三通管　　　　图 6-132　齿轮　　　　图 6-133　方向盘

8. 绘制如图 6-134 所示的旋塞体，并赋材渲染。
9. 绘制如图 6-135 所示的缸套并赋材渲染。
10. 绘制如图 6-136 所示的连接盘并赋材渲染。

图 6-134　旋塞体　　　　图 6-135　缸套　　　　图 6-136　连接盘

第 2 篇

二维绘制篇

本篇以某变速器试验箱全套机械二维工程图为核心，讲述机械设计二维工程图绘制的操作步骤、方法和技巧，包括零件二维工程图和装配二维工程图的知识。

本篇内容通过实例加深读者对 AutoCAD 功能的理解，并掌握各种机械零部件设计二维工程图的绘制方法。

第 7 章　简单零件绘制

本章先以 A3 图纸为例,讲解如何绘制样板图文件,再以螺堵零件为例,讲解如何绘制完整零件图纸。

在讲述过程中,逐步带领读者熟悉基本绘图命令,熟悉平面图绘制的理论知识和技巧。本章包括平面图绘制的知识要点、平面图的绘制步骤、尺寸文字标注等内容。

7.1　绘制图纸模板

本节主要讲解标准样板图的绘制方法,如图 7-1 所示。

图 7-1　样板图

7.1.1　新建图层

新建图层

单击"默认"选项卡"图层"面板中的"图层特性"按钮 ,新建 5 个图层,分别命名为"CSX""XSX""ZXX""WZ""BZ",图层的颜色、线型、线宽等属性状态设置如图 7-2 所示。

> **注意:**
> 在新的机械制图标准中,粗实线与细实线线宽比例为 2:1。

图 7-2　创建图层

7.1.2 绘制图框

（1）在"图层特性管理器"图层列表中选择"XSX"图层，将其置为当前图层。单击"默认"选项卡"绘图"面板中的"矩形"按钮 ▭，绘制大小为（420,297）的矩形。

（2）在"图层特性管理器"图层列表中选择"CSX"图层，将其置为当前图层。单击"默认"选项卡"绘图"面板中的"矩形"按钮 ▭，绘制适当大小的矩形。

（3）在"图层特性管理器"图层列表中选择"XSX"图层，将其置为当前图层，单击"默认"选项卡"绘图"面板中的"矩形"按钮 ▭，在内框右下角绘制标题栏外框，尺寸大小为（180,56）。

（4）单击"默认"选项卡"修改"面板中的"分解"按钮，分解上步绘制的矩形。

（5）单击"默认"选项卡"修改"面板中的"删除"按钮，删除矩形与内边框重合的边线。

（6）单击"默认"选项卡"绘图"面板中的"定距等分"按钮，将矩形左侧竖直直线等分为8段，每段距离为7。

（7）单击"默认"选项卡"绘图"面板中的"直线"按钮，绘制标题栏，将外边框设置为"CSX"图层，尺寸如图7-3所示。

图 7-3　标题栏尺寸

7.1.3 添加文字说明

（1）在"图层特性管理器"图层列表中选择"WZ"图层，将其置为当前图层。

（2）单击"默认"选项卡"注释"面板中的"文字样式"按钮，弹出"文字样式"对话框，在"Standard"样式右侧的下拉列表中选择"txt.shx"字体，设置"宽度因子"为0.67。单击"新建"按钮，在弹出的"新建文字样式"对话框中输入"长仿宋"，单击"确定"按钮，返回"文字样式"对话框。在"字体名"下拉列表中选择"仿宋"，设置"宽度因子"为0.67，单击"应用"按钮，设置字体。

（3）单击"默认"选项卡"注释"面板中的"多行文字"按钮 A，在标题栏图框中适当位置单击，弹出多行文字编辑器，字体大小设为3，在"对正"按钮下拉列表中选择"正中 MC"，输入对应文字"标记"。

（4）单击"默认"选项卡"修改"面板中的"复制"按钮，选择上步绘制的文字，并将其放置到对应位置。双击复制后的文字，弹出多行文字编辑器，修改文字内容，绘制结果如图7-4所示。

第 7 章　简单零件绘制

图 7-4　绘制标题栏

说明：
　　对于标题栏的填写，快捷的方法是把已经填写好的文字复制粘贴，然后再进行修改，这样不仅简便，而且可以解决文字对齐的问题。

7.1.4　保存文件

单击快速访问工具栏中的"保存"按钮，弹出"另存为"对话框，在"文件类型"下拉列表中选择"AutoCAD 图形样板（*.dwt）"，输入文件名称"A3 样板图模板"，单击"确定"按钮退出对话框，绘制结果如图 7-5 所示。

图 7-5　A3 图纸模板

7.2　螺堵

本节主要介绍螺堵零件的绘制方法，结果如图 7-6 所示。

7.2.1　绘制主视图

（1）单击快速访问工具栏中的"新建"按钮，系统打开"选择样板"对话框，选择"A4 样板图模板.dwt"样板文件为模板，单击"打开"按钮，进入绘图环境。

（2）单击快速访问工具栏中的"保存"按钮，弹出"另存为"对话框，输入文件名称"SW.015 螺堵"，单击"确定"按钮退出对话框。

（3）在"图层特性管理器"图层列表中选择"ZXX"图层，将其置为当前图层。

（4）单击"默认"选项卡"绘图"面板中的"直线"按钮，绘制水平中心线，坐标点为{（100,185）、（130,185）}。

图 7-6　零件最终结果

（5）选择上步绘制的中心线，右击鼠标，在弹出的快捷菜单中选择"特性"命令，弹出"特性"选项板，在"线型比例"文本框中输入"5"，中心线绘制结果如图7-7所示。

（6）在"图层特性管理器"图层列表中选择"CSX"图层，将其置为当前图层。

（7）单击"默认"选项卡"绘图"面板中的"直线"按钮 ，绘制轮廓线，点坐标为（102,185）、（@0,13.5）、（@25,0）、（@0,-12）、（@-5,0）、（@0,-1.5），结果如图7-8所示。

（8）单击"默认"选项卡"修改"面板中的"倒角"按钮 ，对轮廓进行倒角操作，结果如图7-9所示。

图7-7　绘制中心线　　　　图7-8　绘制轮廓线　　　　图7-9　倒角结果

（9）单击"默认"选项卡"修改"面板中的"偏移"按钮 和"延伸"按钮 ，将最上端水平直线向下偏移1，并延伸到两条倒角斜线位置，同时将延伸后的直线设为"XSX"图层，结果如图7-10所示。

（10）单击"默认"选项卡"修改"面板中的"镜像"按钮 ，镜像水平中心线上方图形，结果如图7-11所示。

图7-10　修剪偏移直线　　　　图7-11　镜像结果

7.2.2　标注视图尺寸

（1）在"图层特性管理器"图层列表中选择"BZ"图层，将其置为当前图层。

（2）标注水平尺寸。单击"默认"选项卡"注释"面板中的"线性"按钮 ，标注孔深度"5"和水平总尺寸"25"，结果如图7-12所示。

（3）标注竖直尺寸。单击"默认"选项卡"注释"面板中的"线性"按钮 ，标注孔直径尺寸"3"与外轮廓尺寸"M27×2"，结果如图7-13所示。

（4）引线标注。单击"默认"选项卡"注释"面板中的"引线"按钮 ，利用引线标注倒角"C1"、"C2"，结果如图7-14所示。

（5）编辑标注文字。双击水平标注"25"，在弹出的多行文字编辑器中输入"25-0.2^-0.5"，利用"堆叠"按钮，添加上偏差"-0.2"，下偏差"-0.5"，结果如图7-15所示。

图7-12　标注水平尺寸　　图7-13　标注竖直尺寸　　图7-14　引线标注　　图7-15　添加上下偏差

7.2.3 添加表面粗糙度的图形符号

（1）单击"默认"选项卡"绘图"面板中的"直线"按钮，绘制表面粗糙度的图形符号轮廓，命令行提示与操作如下：

```
命令: _line
指定第一个点:（适当指定一点）
指定下一点或 [放弃(U)]: 5↙（鼠标水平向左）
指定下一点或[退出(E)/放弃(U)]: @5<-60↙
指定下一点或[关闭(C)/退出(X)/放弃(U)]: @10<60↙
指定下一点或[关闭(C)/退出(X)/放弃(U)]: 15↙
```

结果如图 7-16 所示。

（2）单击"默认"选项卡"块"面板中的"定义属性"按钮，弹出"属性定义"对话框，设置"属性"选项，在"标记"框中输入"粗糙度符号"，在"提示"框中输入"请输入粗糙度值"，在"默认"框中输入"3.2"，单击"确定"按钮，设置完成后的效果如图 7-17 所示。

图 7-16　绘制表面粗糙度的图形符号　　　　图 7-17　写入属性值

（3）单击"插入"选项卡"块定义"面板中"创建块"下拉列表处的"写块"按钮，弹出"写块"对话框，选择上步绘制的表面粗糙度的图形符号，输入名称"粗糙度符号 3.2"，单击"确定"按钮，弹出"编辑属性"对话框，输入粗糙度符号为"3.2"，单击"确定"按钮，表面粗糙度的图形符号效果图如图 7-18 所示。

（4）双击表面粗糙度的图形符号值，弹出"增强属性编辑器"对话框，将"3.2"改为"12.5"。

（5）单击"默认"选项卡"修改"面板中的"移动"按钮，将上步修改后的表面粗糙度的图形符号放置到标题栏上方，结果如图 7-19 所示。

图 7-18　输入表面粗糙度的图形符号值　　　　图 7-19　插入图形符号

7.2.4 添加文字说明

（1）在"图层特性管理器"图层列表中选择"WZ"图层，将其置为当前图层。

（2）单击"默认"选项卡"注释"面板中的"文字样式"按钮，弹出"文字样式"对话框，将"长仿宋"置为当前样式。

（3）单击"默认"选项卡"注释"面板中的"多行文字"按钮，标注技术要求，结果如图 7-20 所示。

（4）在命令行中输入"WBLOCK"，选择上步绘制的技术要求，创建图块"技术要求 1"。

（5）单击"默认"选项卡"注释"面板中的"多行文字"按钮，标注标题栏，结果如图 7-21 所示。

图 7-20　绘制技术要求　　　　　　　　　图 7-21　标注标题栏

7.2.5　保存文件

单击快速访问工具栏中的"保存"按钮 💾，保存文件，零件最终结果如图 7-6 所示。

7.3　上机实验

【练习】创建如图 7-22 所示的 SW.016 螺堵。

图 7-22　SW.016 螺堵

7.4 模拟考试

绘制 A4、A2 图纸模板，粗实线矩形外轮廓大小为（210,297）、（594,420），模板及标题栏尺寸如图 7-23 和图 7-24 所示。

图 7-23　A4 图纸模板

图 7-24　A2 图纸模板

第 8 章 盘盖类零件绘制

本章将以盘盖类零件为例,详细介绍前端盖、密封垫等零件的绘制方法。在讲解过程中,除引导读者完成平面图的绘制,还讲述对应零件的绘制技巧。

8.1 前端盖

本节主要介绍前端盖零件的绘制方法,如图 8-1 所示。

8.1.1 新建图层

(1)单击快速访问工具栏中的"新建"按钮,系统打开"选择样板"对话框,选择"A3样板图模板.dwt"样板文件为模板,单击"打开"按钮,进入绘图环境。

(2)单击"默认"选项卡"图层"面板中的"图层特性"按钮,打开"图层特性管理器"选项板,新建图层"FZX",图层的颜色、线型、线宽等属性状态设置如图 8-2 所示。

图 8-1 前端盖

图 8-2 新建图层

8.1.2 绘制中心线

(1)在"图层特性管理器"图层列表中选择"ZXX"图层,将其置为当前图层。

（2）单击"默认"选项卡"绘图"面板中的"直线"按钮，绘制相交中心线{（60,180）、（220,180）}和{（140,260）、（140,100）}。

（3）选择上步绘制的中心线，右击鼠标，在弹出的快捷菜单中选择"特性"命令，弹出"特性"选项板，在"线型比例"文本框中输入"0.3"，中心线绘制结果如图 8-3 所示。

（4）单击"默认"选项卡"绘图"面板中的"圆"按钮，捕捉中心线交点为圆心，绘制直径为 128 的圆，设置圆线型比例同步骤（3），结果如图 8-4 所示。

图 8-3 绘制相交中心线　　　　　　　图 8-4 绘制圆

8.1.3　绘制主视图

（1）在"图层特性管理器"图层列表中选择"CSX"图层，将其置为当前图层。

（2）单击"默认"选项卡"绘图"面板中的"圆"按钮，捕捉中心线交点为圆心，绘制直径为 150 的圆，绘制结果如图 8-5 所示。

（3）单击"默认"选项卡"绘图"面板中的"圆"按钮，捕捉中心线与圆上交点为圆心，分别绘制直径为 17、18.4 的圆，绘制结果如图 8-6 所示。

图 8-5 绘制圆　　　　　　　　　　图 8-6 绘制同心圆

（4）在"图层特性管理器"图层列表中选择"ZXX"图层，将其置为当前图层。

（5）单击"默认"选项卡"绘图"面板中的"直线"按钮，捕捉辅助直线上的适当点绘制中心线，绘制结果如图 8-7 所示。

（6）单击"默认"选项卡"修改"面板中的"环形阵列"按钮，阵列上步绘制的同心圆与竖直中心线，阵列的项目数为 8，阵列结果如图 8-8 所示。

图 8-7 绘制中心线　　　　　　　　图 8-8 环形阵列结果

8.1.4 绘制剖视图

绘制剖视图

（1）在"图层特性管理器"图层列表中选择"FZX"图层，将其置为当前图层。

（2）单击"默认"选项卡"绘图"面板中的"直线"按钮，捕捉左侧适当点向右绘制水平直线，结果如图 8-9 所示。

> **说明：**
> 左视图是在主视图的基础上生成的，因此需要借助主视图的位置信息来确定对应点尺寸值，这时就需要从主视图引出相应的辅助定位线。

（3）单击"默认"选项卡"修改"面板中的"偏移"按钮，将最下方水平直线 1 依次向上偏移 32.35、36.15，偏移结果如图 8-10 所示。

图 8-9　绘制辅助直线　　　　　　　　图 8-10　偏移水平直线

（4）单击"默认"选项卡"绘图"面板中的"直线"按钮，捕捉辅助直线上的适当点，绘制竖直直线，结果如图 8-11 所示。

（5）单击"默认"选项卡"修改"面板中的"偏移"按钮，将上步绘制的竖直直线依次向右偏移 1.97、7、8，偏移结果如图 8-12 所示。

图 8-11　绘制竖直直线　　　　　　　　图 8-12　偏移竖直直线

（6）在"图层特性管理器"图层列表中选择"CSX"图层，将其置为当前图层。

（7）单击"默认"选项卡"绘图"面板中的"矩形"按钮，捕捉辅助线交点绘制矩形。

（8）单击"默认"选项卡"绘图"面板中的"直线"按钮，捕捉辅助直线上的适当点，绘制结果如图 8-13 所示。

（9）在"图层特性管理器"图层列表中选择"ZXX"图层，将其置为当前图层。

（10）单击"默认"选项卡"绘图"面板中的"直线"按钮，捕捉辅助直线上的适当点绘制中心线，绘制结果如图 8-14 所示。

（11）单击"默认"选项卡"修改"面板中的"删除"按钮，删除所有辅助线，结果如图 8-15 所示。

图 8-13　绘制其余轮廓　　　　图 8-14　绘制水平中心线

（12）单击"默认"选项卡"修改"面板中的"分解"按钮，分解剖视图中的矩形。

（13）单击"默认"选项卡"修改"面板中的"圆角"按钮，指定圆角半径为 0.1 和 0.3，进行圆角处理，绘制结果如图 8-16 所示。

（14）单击"默认"选项卡"修改"面板中的"修剪"按钮，修剪多余线段，结果如图 8-17 所示。

（15）单击"默认"选项卡"修改"面板中的"镜像"按钮，向下镜像图形，绘制结果如图 8-18 所示。

图 8-15　删除辅助线　　　图 8-16　倒圆角结果　　　图 8-17　修剪结果　　　图 8-18　镜像结果

（16）单击"默认"选项卡"修改"面板中的"删除"按钮，删除多余线段，结果如图 8-19 所示。

8.1.5　绘制局部视图

（1）单击"默认"选项卡"修改"面板中的"复制"按钮，复制局部视图，结果如图 8-20 所示。

（2）单击"默认"选项卡"修改"面板中的"缩放"按钮，将局部视图放大 4 倍。

（3）在"图层特性管理器"图层列表中选择"XSX"图层，将其置为当前图层。

（4）单击"默认"选项卡"绘图"面板中的"圆弧"按钮，绘制圆弧，结果如图 8-21 所示。

（5）单击"默认"选项卡"修改"面板中的"修剪"按钮，修剪多余线段，结果如图 8-22 所示。

图 8-19　剖视图绘制结果　　图 8-20　复制结果　　　图 8-21　绘制圆弧　　　图 8-22　修剪结果

8.1.6 绘制剖切符号

绘制剖切符号

（1）在"图层特性管理器"图层列表中选择"CSX"图层，将其置为当前图层。

（2）单击"默认"选项卡"绘图"面板中的"多段线"按钮 ，绘制剖切符号，绘制结果如图8-23所示。

（3）单击"默认"选项卡"绘图"面板中的"直线"按钮 ，捕捉中心线交点，向上绘制竖直直线，结果如图8-24所示。

图8-23 绘制剖切符号　　　　　　　　图8-24 绘制剖切线

（4）单击"插入"选项卡"块定义"面板中"创建块"下拉列表处的"写块"按钮 ，弹出"写块"对话框，选择剖切符号，创建"剖切符号"图块。

（5）单击"默认"选项卡"修改"面板中的"镜像"按钮 ，选择"剖切符号"图块作为镜像对象，水平中心线作为镜像线，镜像结果如图8-25所示。

（6）单击"默认"选项卡"修改"面板中的"旋转"按钮 ，旋转上步镜像的图形，角度为-30°，结果如图8-26所示。

（7）在"图层特性管理器"图层列表中选择"XSX"图层，将其置为当前图层。

（8）单击"默认"选项卡"绘图"面板中的"圆"按钮 ，绘制适当大小的圆作为局部视图边界，绘制结果如图8-27所示。

8.1.7 填充图形

填充图形

单击"默认"选项卡"绘图"面板中的"图案填充"按钮 ，选择"ANSI31"填充图案，在绘图区选择边界，单击"确定"按钮退出对话框，填充结果如图8-28所示。

图8-25 镜像结果　　　图8-26 旋转结果　　　图8-27 绘制局部视图边界　　图8-28 填充结果

8.1.8 标注视图尺寸

标注视图尺寸

（1）在"图层特性管理器"图层列表中选择"BZ"图层，将其置为当前图层。

（2）单击"默认"选项卡"注释"面板中的"标注样式"按钮 ，弹出"标注样式管理器"对话框，单击"修改"按钮，弹出"修改标注样式"对话框，在"符号和箭头"选项卡下设置

"箭头大小"为4,在"文字"选项卡下设置"文字高度"为5,勾选"绘制文字边框"复选框,单击"文字对齐"选项组下"与尺寸线对齐"单选按钮,在"主单位"选项卡下"小数分隔符"下拉列表中选择"句点",单击"确定"按钮退出对话框,完成设置。

(3) 单击"默认"选项卡"注释"面板中的"直径"按钮 ⊘,标注主视图中圆的理论正确尺寸"φ128",命令行操作与提示如下:

```
命令:_dimdiameter
选择圆弧或圆:(选择要标注的圆)
标注文字 = 128
指定尺寸线位置或 [多行文字(M)/文字(T)/角度(A)]:
```

结果如图 8-29 所示。

> **注意:**
> 在上步绘制的直径标注上单击选中标注,将鼠标放置到标注文字下方蓝色夹点上,夹点变为红色,同时弹出快捷菜单,如图 8-30 所示,选择"仅移动文字"命令,标注文字变为浮动形式,将文字移动到尺寸线之间,结果如图 8-31 所示。

图 8-29 标注直径   图 8-30 弹出快捷菜单   图 8-31 移动标注文字

(4) 单击"默认"选项卡"注释"面板中的"标注样式"按钮,弹出"标注样式管理器"对话框。单击"替代"按钮,弹出"替代当前样式"对话框。打开"文字"选项卡,取消勾选"绘制文字边框"复选框,单击"ISO 标准"单选按钮,再单击"确定"按钮退出对话框,完成设置。

(5) 单击"默认"选项卡"注释"面板中的"直径"按钮 ⊘,标注孔尺寸"8-φ17 均布",结果如图 8-32 所示。

(6) 单击"默认"选项卡"注释"面板中的"引线"按钮,利用引线标注局部视图圆角值"2-R0.1""R0.3""R0.3""C1",结果如图 8-33 所示。

图 8-32 标注孔尺寸   图 8-33 引线标注

(7) 单击"默认"选项卡"绘图"面板中的"多段线"按钮,绘制引线箭头,箭头的起点宽度为 1.5,端点宽度为 0,长度适当,结果如图 8-34 所示。

(8) 单击"默认"选项卡"注释"面板中的"线性"按钮,标注剖视图水平与竖直尺寸"φ150""8",结果如图 8-35 所示。

图 8-34　绘制多段线　　　　　图 8-35　标注剖视图尺寸

（9）用同样的方法，在"替代当前样式"对话框中打开"公差"选项卡，"方式"设置为"极限偏差"，"精度"设置为"0.00"，"上偏差"设置为 0.25，"下偏差"设置为 0，"高度比例"设置为 0.5，"垂直位置"设置为"中"，其他为默认设置。打开"文字"选项卡，单击"与尺寸线对齐"单选按钮，再单击"确定"按钮退出对话框，完成设置。

（10）单击"默认"选项卡"注释"面板中的"线性"按钮，标注竖直尺寸"3.8"，结果如图 8-36 所示。以同样的步骤，在"公差"选项卡中修改"上偏差"为 0.19。

（11）单击"注释"选项卡"标注"面板"连续"下拉菜单中的"基线"按钮，标注线性尺寸"723"，结果如图 8-37 所示。

（12）以同样的方法，在"替代当前样式"对话框的"公差"选项卡中，将"上偏差"设置为 0.1，在"主单位"选项卡中设置"比例因子"为 0.25，其他为默认设置，单击"确定"按钮退出对话框，完成设置。

（13）单击"默认"选项卡"注释"面板中的"线性"按钮，标注竖直尺寸"1.97"，结果如图 8-38 所示。

　　　　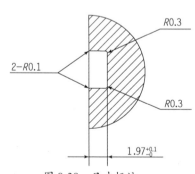

图 8-36　标注竖直尺寸 1　　图 8-37　标注竖直尺寸 2　　图 8-38　尺寸标注

8.1.9　添加几何公差

（1）单击"注释"选项卡"标注"面板中的"公差"按钮，弹出"形位公差"对话框，如图 8-39 所示。

（2）单击"符号"，弹出"特征符号"对话框，如图 8-40 所示，选择一种几何公差符号。在公差 1、2 和基准 1、2、3 文本框中输入公差值和基准面符号，单击"确定"按钮，结果如图 8-41 所示。

图 8-39 "形位公差"对话框　　图 8-40 "特征符号"对话框　　图 8-41 添加几何公差结果

8.1.10 添加表面粗糙度的图形符号

（1）单击"默认"选项卡"块"面板中的"插入"按钮，将前面绘制的表面粗糙度的图形符号放置到适当位置。

（2）单击"默认"选项卡"绘图"面板中的"直线"按钮，在插入的图形符号下方绘制直线，结果如图 8-42 所示。

图 8-42 表面粗糙度图形符号的绘制结果

8.1.11 添加文字说明

（1）在"图层特性管理器"图层列表中选择"WZ"图层，将其置为当前图层。

（2）单击"默认"选项卡"注释"面板中的"多行文字"按钮 A 和"直线"按钮，在绘图区适当位置输入视图名称与倒角标志，指定文字高度为 7，结果如图 8-43 所示。

（3）单击"插入"选项卡"块定义"面板中"创建块"下拉列表处的"写块"按钮，弹出"写块"对话框，选择剖视图标注"A—A"，创建"剖视图 A—A"图块，如图 8-43 所示。

（4）单击"绘图"工具栏中的"多行文字"按钮 A，标注技术要求。

（5）单击"插入"选项卡"块定义"面板中"创建块"下拉列表处的"写块"按钮，弹出"写块"对话框，选择上步绘制的技术要求，创建"技术要求 2"图块。

（6）单击"绘图"工具栏中的"多行文字"按钮 A，标注标题栏，结果如图 8-44 所示。

图 8-43 文字说明　　　　　　　　　　图 8-44 标注标题栏

（7）单击快速访问工具栏中的"保存"按钮，保存文件，零件最终结果如图 8-1 所示。

8.2 密封垫

本节主要介绍密封垫零件的绘制方法，结果如图 8-45 所示。

图 8-45 密封垫

绘制中心线

8.2.1 绘制中心线

（1）单击快速访问工具栏中的"新建"按钮，系统打开"选择样板"对话框，选择"A3 样板图模板.dwt"样板文件，单击"打开"按钮，进入绘图环境。

（2）单击快速访问工具栏中的"保存"按钮，弹出"另存为"对话框，输入文件名称"SW.002 密封垫"，单击"确定"按钮，退出对话框。

（3）在"图层特性管理器"图层列表中选择"ZXX"图层，将其置为当前图层。

（4）单击"默认"选项卡"绘图"面板中的"直线"按钮，绘制相交中心线{（120,180）、（280,180）}和{（200,260）、（200,100）}，结果如图 8-46 所示。

（5）单击"默认"选项卡"绘图"面板中的"圆"按钮，捕捉中心线交点为圆心，绘制直径为 128 的圆，结果如图 8-47 所示。

图 8-46 绘制中心线　　　　图 8-47 绘制圆

8.2.2 绘制主视图

（1）在"图层特性管理器"图层列表中选择"CSX"图层，将其置为当前图层。

（2）单击"默认"选项卡"绘图"面板中的"圆"按钮⊙，捕捉中心线交点为圆心，绘制直径为 150、76 的同心圆，绘制结果如图 8-48 所示。

（3）单击"默认"选项卡"绘图"面板中的"圆"按钮⊙，捕捉中心线与圆上交点为圆心，绘制直径为 17 的圆，绘制结果如图 8-49 所示。

图 8-48　绘制同心圆

图 8-49　绘制圆

（4）在"图层特性管理器"图层列表中选择"ZXX"图层，将其置为当前图层。

（5）单击"默认"选项卡"绘图"面板中的"直线"按钮╱，捕捉辅助直线上的适当点绘制中心线，绘制结果如图 8-50 所示。

（6）单击"默认"选项卡"修改"面板中的"环形阵列"按钮，阵列步骤（3）绘制的圆，阵列结果如图 8-51 所示。

图 8-50　绘制中心线

图 8-51　阵列圆

8.2.3 标注视图尺寸

（1）在"图层特性管理器"图层列表中选择"BZ"图层，将其置为当前图层。

（2）单击"默认"选项卡"注释"面板中的"标注样式"按钮，弹出"标注样式管理器"对话框。单击"修改"按钮，弹出"修改标注样式"对话框。打开"线"选项卡，在"尺寸线""尺寸界线"选项组下拉列表中均选择"ByLayer"，在"符号和箭头"选项卡下设置"箭头大小"为 4，在"文字"选项卡下设置"文字高度"为 5，勾选"绘制文字边框"复选框，单击"文字对齐"选项组下"与尺寸线对齐"单选按钮，在"主单位"选项卡下"小数分隔符"下拉列表中选择"句点"，单击"确定"按钮退出对话框，完成设置。

（3）单击"默认"选项卡"注释"面板中的"直径"按钮，标注主视图中圆理论正确尺寸"ϕ128"，利用夹点编辑功能调整标注文字位置，结果如图 8-52 所示。

图 8-52　标注直径

（4）单击"默认"选项卡"注释"面板中的"标注样式"按钮，弹出"标注样式管理器"对话框。单击"替代"按钮，弹出"替代当前样式"对话框，打开"文字"选项卡，取消勾选"绘制文字边框"复选框，单击"文字对齐"选项组下"ISO 标准"单选按钮，单击"确定"按钮退出对话框，完成设置。

（5）单击"注释"面板中的"直径"按钮，标注直径尺寸，结果如图 8-53 所示。

（6）单击"默认"选项卡"注释"面板中的"引线"按钮，绘制引线标注，在引出线上输入厚度值，结果如图 8-54 所示。

图 8-53　标注圆

图 8-54　文字说明

（7）单击"插入"选项卡"块定义"面板中"创建块"下拉列表处的"写块"按钮，弹出"写块"对话框，选择上步绘制的厚度标注，创建"厚度 0.5"图块。

8.2.4　添加文字说明

（1）在"图层特性管理器"图层列表中选择"WZ"图层，将其置为当前图层。

（2）单击"默认"选项卡"注释"面板中的"多行文字"按钮A，标注标题栏，结果如图 8-55 所示。

图 8-55　标注标题栏

（3）选择绘制的中心线，右击鼠标，在弹出的快捷菜单中选择"特性"命令，弹出"特性"选项板，在"线型比例"文本框中输入"0.3"，调整中心线。

> **注意：**
> 中心线超出轮廓线长度为 2～5mm。

8.2.5 保存文件

单击快速访问工具栏中的"保存"按钮 ，保存文件，最终结果如图 8-45 所示。

8.3 上机实验

【练习1】创建如图 8-56 所示的 SW.011 密封垫。

【练习2】创建如图 8-57 所示的 SW.012 密封垫。

图 8-56　SW.011 密封垫

图 8-57　SW.012 密封垫

8.4 模拟考试

绘制"端盖""SW.009 后端盖""箱盖""SW.014 密封垫"，完整图形如图 8-58~图 8-61 所示。

图 8-58　端盖　　　　　　　　图 8-59　SW.009 后端盖

图 8-60　箱盖

图 8-61　SW.014 密封垫

第 9 章 轴套类零件绘制

本章以支撑套、花键套为例,详细讲述如何绘制轴套类零件。在讲解过程中,按照平面图的绘制顺序,在具体操作步骤中讲述轴套类零件的理论知识和绘制技巧。本章包括平面图绘制的知识点、绘制步骤、尺寸文字标注和基准符号等内容。

9.1 支撑套

本节主要介绍支撑套零件的绘制方法,绘制结果如图 9-1 所示。

绘制中心线

9.1.1 绘制中心线

(1)单击快速访问工具栏中的"新建"按钮 ,系统打开"选择样板"对话框。选择"A4样板图模板.dwt"样板文件,单击"打开"按钮,进入绘图环境。

(2)单击快速访问工具栏中的"保存"按钮 ,弹出"另存为"对话框,输入文件名称"SW.006 支撑套",单击"确定"按钮退出对话框。

(3)在"图层特性管理器"图层列表中选择"ZXX"图层,将其置为当前图层。

(4)单击"默认"选项卡"绘图"面板中的"直线"按钮 ,绘制相交中心线{(70,180)、(110,180)},绘制结果如图 9-2 所示。

图 9-1 支撑套   图 9-2 绘制中心线

9.1.2 绘制主视图

（1）单击"默认"选项卡"绘图"面板中的"矩形"按钮□，绘制轮廓线，角点坐标为{（75,115）、（@30,130）}，绘制结果如图9-3所示。

（2）单击"默认"选项卡"修改"面板中的"分解"按钮，分解绘制的矩形。

（3）单击"默认"选项卡"修改"面板中的"偏移"按钮，选择最左侧直线，依次向右偏移1、28。

（4）单击"默认"选项卡"修改"面板中的"偏移"按钮，选择最上方直线，依次向下偏移1、4、1、118、1、4，结果如图9-4所示。

图9-3　绘制轮廓　　　　　图9-4　偏移直线

（5）在"图层特性管理器"图层列表中选择"CSX"图层，将其置为当前图层。

（6）单击"默认"选项卡"绘图"面板中的"直线"按钮，绘制轮廓，结果如图9-5所示。

（7）单击"默认"选项卡"修改"面板中的"删除"按钮，删除多余辅助线，结果如图9-6所示。

（8）在"图层特性管理器"图层列表中选择"XSX"图层，将其置为当前图层。

（9）单击"默认"选项卡"绘图"面板中的"图案填充"按钮，打开"图案填充创建"选项卡，选择"ANSI31"图案，设置"图案填充比例"为15，单击"拾取点"按钮，在绘图区中选择，单击"确定"按钮，完成设置，填充结果如图9-7所示。

图9-5　绘制直线　　　　图9-6　轮廓图　　　　图9-7　填充图形

9.1.3 标注视图尺寸

（1）在"图层特性管理器"图层列表中选择"BZ"图层，将其置为当前图层。

（2）标注水平尺寸。单击"默认"选项卡"注释"面板中的"线性"按钮，标注水平外轮廓尺寸"30"，结果如图9-8所示。

（3）标注竖直尺寸。

① 单击"默认"选项卡"注释"面板中的"线性"按钮，标注孔尺寸"118"。

② 单击"默认"选项卡"注释"面板中的"线性"按钮，标注竖直外轮廓尺寸"130"，

结果如图 9-9 所示。

（4）编辑标注文字。双击尺寸标注中的文字，弹出多行文字编辑器，利用"堆叠"按钮，添加上下偏差值，结果如图 9-10 所示。

图 9-8　标注水平尺寸　　　图 9-9　标注竖直尺寸　　　图 9-10　编辑尺寸

（5）引线标注。单击"默认"选项卡"注释"面板中的"引线"按钮，利用引线标注倒角"C1"，结果如图 9-11 所示。

（6）插入表面粗糙度的图形符号。单击"默认"选项卡"块"面板中的"插入"按钮，选择"粗糙度符号 3.2"图块，将其插入到标题栏上方，结果如图 9-12 所示。

图 9-11　标注倒角　　　　图 9-12　插入表面粗糙度的图形符号

9.1.4　添加文字说明

添加文字说明

（1）在"图层特性管理器"图层列表中选择"WZ"图层，将其置为当前图层。

（2）单击"默认"选项卡"注释"面板中的"文字样式"按钮，弹出"文字样式"对话框，将"长仿宋"置为当前样式，修改标注字体。

（3）单击"默认"选项卡"块"面板中的"插入"下拉菜单中的"最近使用的块"选项，弹出"块"选项板，在"最近使用"选项卡中选择"技术要求 1"图块，插入到图中，结果如图 9-13 所示。

（4）单击"默认"选项卡"注释"面板中的"多行文字"按钮，标注标题栏，结果如图 9-14 所示。

图 9-13　插入技术要求　　　　图 9-14　标注标题栏

9.1.5 保存文件

单击快速访问工具栏中的"保存"按钮 ■，保存文件，最终结果如图 9-1 所示。

9.2 花键套、连接盘与配油套

本节主要介绍花键套零件的绘制方法，绘制结果如图 9-15 所示。

图 9-15 花键套

9.2.1 新建文件

（1）单击快速访问工具栏中的"新建"按钮 □ ，系统打开"选择样板"对话框，选择"A3 样板图模板.dwt"样板文件，单击"打开"按钮，进入绘图环境。

（2）单击快速访问工具栏中的"保存"按钮 ■ ，弹出"另存为"对话框，输入文件名称 "SW.003 花键套"，单击"确定"按钮退出对话框。

（3）单击"默认"选项卡"图层"面板中的"图层特性"按钮 ， 新建图层"XX"，图层的颜色、线型、线宽等属性状态设置如图 9-16 所示。

✎ XX　　　♀　☼　🔓　🖨　■绿　ACAD_ISO02W100　—— 默认　0　🗋

图 9-16 新建图层

绘制中心线

9.2.2 绘制中心线

（1）在图层列表中选择"ZXX"图层，将其置为当前图层。

（2）单击"默认"选项卡"绘图"面板中的"直线"按钮 ✎ ，绘制相交中心线{（30,180）、

(190,180)}和{(110,260)、(110,100)}。

(3)单击"默认"选项卡"绘图"面板中的"圆"按钮⊙,捕捉中心线交点为圆心,绘制直径为128的圆。

(4)单击"默认"选项卡"绘图"面板中的"直线"按钮╱,继续绘制中心线,指定直线的坐标为{(110,180)}、(@85<59.8)},{(110,223)}、(110,260)},{(225,180)}、(325,180)},结果如图9-17所示。

9.2.3 绘制主视图

(1)在"图层特性管理器"图层列表中选择"CSX"图层,将其置为当前图层。

(2)单击"默认"选项卡"绘图"面板中的"圆"按钮⊙,捕捉中心线交点为圆心,绘制直径为150的圆,绘制结果如图9-18所示。

(3)单击"默认"选项卡"绘图"面板中的"圆"按钮⊙,捕捉中心线与圆的上交点为圆心,分别绘制直径为17、19.4的圆,绘制结果如图9-19所示。

图9-17 绘制中心线

图9-18 绘制圆

图9-19 绘制同心圆

(4)单击"默认"选项卡"修改"面板中的"旋转"按钮↻,旋转圆与中心线,旋转角度为-9.7°,结果如图9-20所示。

(5)单击"默认"选项卡"修改"面板中的"环形阵列"按钮,阵列上步旋转的圆及中心线,阵列结果如图9-21所示。

(6)单击"默认"选项卡"绘图"面板中的"圆"按钮⊙,绘制直径为75的圆,结果如图9-22所示。

图9-20 旋转结果

图9-21 环形阵列结果

图9-22 圆绘制结果

(7)单击"默认"选项卡"绘图"面板中的"圆"按钮⊙,绘制齿顶圆、分度圆和齿根圆,圆心坐标为(110,180),直径分别为53.75、50、47.79,结果如图9-23所示。

(8)单击"默认"选项卡"修改"面板中的"偏移"按钮,将竖直中心线向左侧偏移1.594、2.174,将过中心点斜向中心线分别向两侧偏移10,结果如图9-24所示。

(9)单击"默认"选项卡"修改"面板中的"旋转"按钮↻,旋转偏移中心线,角度为-15°,结果如图9-25所示。

图 9-23 圆绘制结果　　　图 9-24 偏移结果　　　图 9-25 旋转中心线

（10）单击"默认"选项卡"绘图"面板中的"圆弧"按钮，捕捉线交点，过三点绘制圆弧，绘制结果如图 9-26 所示。

（11）单击"默认"选项卡"修改"面板中的"修剪"按钮和"删除"按钮，修剪多余边线，结果如图 9-27 所示。

（12）将分度圆转换为"ZXX"图层，将外圆与修剪后的偏移直线设置为"XX"图层，结果如图 9-28 所示。

（13）单击"默认"选项卡"修改"面板中的"镜像"按钮，镜像圆弧，结果如图 9-29 所示。

图 9-26 绘制圆弧　　　图 9-27 修剪结果　　　图 9-28 图层转换结果　　　图 9-29 镜像结果

（14）单击"默认"选项卡"修改"面板中的"旋转"按钮，旋转上步绘制的齿形，指定基点为（110,180），进行复制旋转，角度为 18°和-18°，复制旋转结果如图 9-30 所示。

（15）单击"默认"选项卡"修改"面板中的"修剪"按钮，修剪多余边线，结果如图 9-31 所示。

图 9-30 旋转结果　　　图 9-31 修剪结果

9.2.4 绘制剖视图

（1）单击"默认"选项卡"绘图"面板中的"多段线"按钮，绘制外轮廓线，指定坐标为{(320,180)、(@0,75)、(@-6,0)、(@0,-37.5)、(@-47.6,0)、(@0,-4.25)、(@-2.7,0)、(@0,4.25)、(@-3.7,0)、(@0,-5.5)、(@-1.5,0)、(@0,-32)}，结果如图 9-32 所示。

（2）单击"默认"选项卡"修改"面板中的"分解"按钮，分解上步绘制的多段线。

（3）单击"默认"选项卡"修改"面板中的"偏移"按钮，将水平直线依次向上偏移 23.895、24.595、25、26.975、28、29.7，将右侧竖直直线依次向左偏移 17、27、37、39.8、40.5、

60.8，偏移结果如图 9-33 所示。

图 9-32　绘制外轮廓线

图 9-33　偏移直线

（4）单击"默认"选项卡"绘图"面板中的"直线"按钮 ╱ 和"圆弧"按钮 ╭，绘制轮廓线，结果如图 9-34 所示。

（5）单击"默认"选项卡"修改"面板中的"修剪"按钮 ⌇，修剪多余直线，同时修改轮廓图层，结果如图 9-35 所示。

图 9-34　绘制轮廓线

图 9-35　修剪结果

（6）单击"默认"选项卡"修改"面板中的"倒角"按钮 ╱，选择图 9-35 中的边线，倒角距离为 0.7，进行倒角操作，结果如图 9-36 所示。

（7）单击"默认"选项卡"修改"面板中的"镜像"按钮 ⚠，镜像上面绘制的轮廓，结果如图 9-37 所示。

图 9-36　倒角结果　　　　　　　图 9-37　镜像结果

（8）单击"默认"选项卡"修改"面板中的"偏移"按钮 ⊆，将镜像结果中最下端水平直线依次向上偏移 2.5、11、19.5，同时设置偏移直线图层，结果如图 9-38 所示。

（9）单击"默认"选项卡"修改"面板中的"删除"按钮 ✎、"修剪"按钮 ⌇ 和"镜像"按钮 ⚠，整理剩余图形，结果如图 9-39 所示。

图 9-38　偏移直线　　　　图 9-39　绘制结果

绘制剖切符号

9.2.5　绘制剖切符号

（1）单击"默认"选项卡"块"面板中的"插入"下拉菜单中的"最近使用的块"选项，弹出"块"选项板，插入"剖切符号"图块，捕捉中心线交点为插入点，结果如图 9-40 所示。

（2）单击"默认"选项卡"修改"面板中的"镜像"按钮 △，选择插入的"剖切符号"图块作为镜像对象，水平中心线作为镜像线，镜像结果如图 9-41 所示。

（3）单击"默认"选项卡"修改"面板中的"旋转"按钮 ↻，选择上方剖切符号，捕捉中心线交点旋转角度为-31.2°；选择下方剖切符号，捕捉中心线交点，旋转角度为-54°，结果如图 9-42 所示。

图 9-40　插入剖切符号　　　　图 9-41　镜像结果　　　　图 9-42　旋转结果

9.2.6　填充视图

填充视图

（1）在"图层特性管理器"图层列表中选择"XSX"图层，将其置为当前图层。

（2）单击"默认"选项卡"绘图"面板中的"图案填充"按钮，选择"ANSI31"图案，在"颜色"下拉列表中选择"洋红"，单击"拾取点"按钮，选择填充区域，单击"确定"按钮退出对话框，填充结果如图 9-43 所示。

标注视图尺寸

9.2.7　标注视图尺寸

（1）在"图层特性管理器"图层列表中选择"BZ"图层，将其置为当前图层。

(2)设置标注样式。单击"默认"选项卡"注释"面板中的"标注样式"按钮，弹出"标注样式管理器"对话框，在"符号和箭头"选项卡下设置"箭头大小"为 4；在"文字"选项卡下设置"文字高度"为 5，勾选"绘制文字边框"复选框，单击"文字对齐"选项组下"与尺寸线对齐"单选按钮；在"主单位"选项卡下"小数分隔符"下拉列表中选择"句点"，单击"确定"按钮退出对话框，完成设置。

(3)直径标注。单击"默认"选项卡"注释"面板中的"直径"按钮，标注主视图中圆理论正确值"$\phi 128$"，结果如图 9-44 所示。

图 9-43　填充结果　　　　　图 9-44　标注直径

(4)替代标注样式。单击"默认"选项卡"注释"面板中的"标注样式"按钮，弹出"标注样式管理器"对话框。单击"替代"按钮，弹出"替代当前样式"对话框。打开"文字"选项卡，取消勾选"绘制文字边框"复选框，选择"ISO 标准"单选按钮。打开"主单位"选项卡，在"角度标注"选项组下选择"精度"为"0.0"，单击"确定"按钮退出对话框，完成设置。

(5)直径标注。单击"默认"选项卡"注释"面板中的"直径"按钮，绘制主视图圆尺寸值"$\phi 150$""$8-\phi 17$ 均布"，结果如图 9-45 所示。

(6)角度标注。单击"默认"选项卡"注释"面板中的"角度"按钮，标注角度标注"31.2°""22.5°"，结果如图 9-46 所示。

图 9-45　标注圆　　　　　图 9-46　角度标注

(7)替代标注样式。用同样的方法，打开"替代当前样式"对话框中的"文字"选项卡，选择"与尺寸线对齐"单选按钮。打开"公差"选项卡，"方式"设置为"极限偏差"，"精度"设置为"0.00"，"上偏差"设置为 0.1，"下偏差"设置为 0，"高度比例"设置为 0.67，"垂直位置"设置为"中"，勾选"后续"复选框，其他为默认设置，单击"确定"按钮退出对话框，完成设置。

(8)标注水平尺寸。单击"默认"选项卡"注释"面板中的"线性"按钮，标注水平尺寸"60",结果如图 9-47 所示。

（9）标注其余水平尺寸。同样的方法,在"公差"选项卡中,设置对应上下偏差,利用"线性标注"命令标注其余水平尺寸"61.5""21""27""20""2.7""3.7""54",结果如图 9-48 所示。

（10）标注竖直尺寸。用同样的方法,标注竖直尺寸"$\phi56$""$\phi64$""$\phi66.5$""$\phi75$""$\phi47.79$""$\phi50$""$\phi75k6$",结果如图 9-49 所示。

图 9-47　标注水平、竖直尺寸　　图 9-48　标注水平尺寸　　图 9-49　竖直尺寸标注结果

9.2.8　添加基准符号

（1）单击"默认"选项卡"块"面板中的"插入"下拉菜单中的"最近使用的块"选项,弹出"块"选项板,插入块"基准符号 A",设置旋转角度为 180°。

（2）单击"默认"选项卡"修改"面板中的"分解"按钮,分解基准符号。

（3）单击"默认"选项卡"修改"面板中的"旋转"按钮,旋转文字,结果如图 9-50 所示。

图 9-50　多行文字绘制结果

9.2.9　添加几何公差

（1）单击"注释"选项卡"标注"面板中的"公差"按钮,弹出"形位公差"对话框,如图 9-51 所示。单击"符号",弹出"特征符号"对话框,选择一种形位公差符号。在公差 1、2 和基准 1、2、3 文本框中输入公差值和基准面符号,单击"确定"按钮,结果如图 9-52 所示。

同理,添加其余几何公差。

图 9-51　"形位公差"对话框

（2）单击"默认"选项卡"绘图"面板中的"多段线"按钮，添加引线，其中引线箭头宽度为 1.33，长度为 4，结果如图 9-53 所示。

图 9-52　添加几何公差结果

图 9-53　添加其余几何公差

9.2.10　添加表面粗糙度的图形符号

添加表面粗糙度的图形符号

（1）单击"默认"选项卡"块"面板中的"插入"下拉菜单中的"最近使用的块"选项，弹出"块"选项板，选择"粗糙度符号 3.2"图块。在绘图区适当位置放置表面粗糙度的图形符号，修改结果如图 9-54 所示。

（2）继续插入表面粗糙度的图形符号，将表面粗糙度的图形符号放置到适当位置，结果如图 9-55 所示。

图 9-54　修改表面粗糙度的图形符号值

图 9-55　绘制表面粗糙度的图形符号

9.2.11 绘制参数表

绘制参数表

（1）在"图层特性管理器"图层列表中选择"XSX"图层，将其置为当前图层。

（2）单击"默认"选项卡"绘图"面板中的"直线"按钮，在右上角绘制表格，表格尺寸如图9-56所示。

图 9-56　表格尺寸

9.2.12 添加文字说明

添加文字说明

（1）在"图层特性管理器"图层列表中选择"WZ"图层，将其置为当前图层。

（2）单击"默认"选项卡"注释"面板中的"文字样式"按钮，将"长仿宋"文字样式置为当前样式。

（3）单击"默认"选项卡"块"面板中的"插入"下拉菜单中的"最近使用的块"选项，弹出"块"选项板，选择"剖面视图A-A"图块，并将其插入到视图中。

（4）单击"默认"选项卡"注释"面板中的"多行文字"按钮A，在绘图区适当位置输入文字，指定文字高度为5，结果如图9-57所示。

图 9-57　文字说明

（5）单击"默认"选项卡"注释"面板中的"多行文字"按钮A，标注技术要求。

（6）单击"默认"选项卡"注释"面板中的"多行文字"按钮A，标注右上角参数表格，结果如图9-58所示。

（7）单击"默认"选项卡"注释"面板中的"多行文字"按钮A，标注标题栏，结果如图9-59所示。

模数	m	2.5
齿数	Z	20
压力角	α	30°
公差等级和配合类别		6H-GB3478-95
相配零件号		08.257
作用齿槽宽最小值	Evmin	3.927
实际齿槽宽最大值	Emax	4.041
作用齿槽宽最大值	Evmax	3.999
实际齿槽宽最小值	Emin	3.969

图 9-58 填写参数   图 9-59 标注标题栏

9.2.13 保存文件

单击快速访问工具栏中的"保存"按钮 , 保存文件, 最终结果如图 9-15 所示。

9.3 上机实验

【练习 1】创建如图 9-60 所示的 SW.004 连接盘。

【练习 2】创建如图 9-61 所示的 SW.010 配油套。

图 9-60 SW.004 连接盘

图 9-61 SW.010 配油套

9.4 模拟试题

1. 当捕捉设定的间距与栅格所设定的间距不同时，（ ）。
   A．捕捉仍然只按栅格进行 　　　　　　B．捕捉时按照捕捉间距进行
   C．捕捉既按栅格又按捕捉间距进行 　　D．无法设置

2. 对"极轴追踪"进行设置，把增量角设为30°，把附加角设为10°，采用极轴追踪时，不会显示极轴对齐的是（ ）。
   A．10° 　　　　B．30° 　　　　C．40° 　　　　D．60°

3. 打开和关闭动态输入的快捷键是（ ）。
   A．F10 　　　　B．F11 　　　　C．F12 　　　　D．F9

4. 关于自动约束，下面说法正确的是（ ）。
   A．相切对象必须共用同一交点 　　　　B．垂直对象必须共用同一交点
   C．平滑对象必须共用同一交点 　　　　D．以上说法均不对

5. 移动圆心在（30,30）处的圆，移动中指定圆心的第二个点时，在动态输入框中输入"10,20"，其结果是（ ）。
   A．圆心坐标为（10,20） 　　　　　　　B．圆心坐标为（30,30）
   C．圆心坐标为（40,50） 　　　　　　　D．圆心坐标为（20,10）

6. 执行对象捕捉时，如果在一个指定的位置上包含多个对象符合捕捉条件，则按什么键可以在不同对象间切换？（ ）
   A．Ctrl 键 　　　B．Tab 键 　　　C．Alt 键 　　　D．Shift 键

7. 下列不是自动约束类型的是（ ）。
   A．共线约束 　　B．固定约束 　　C．同心约束 　　D．水平约束

8. 几何约束栏设置不包括（ ）。
   A．垂直 　　　　B．平行 　　　　C．相交 　　　　D．对称

9. 栅格状态默认为开启状态，以下哪种方法无法关闭该状态（ ）。
   A．单击状态栏上的"栅格"按钮
   B．将变量 Gridmode 设置为 1
   C．输入"GRID"后按 Enter 键，然后输入"OFF"并按 Enter 键
   D．以上均不正确

10. 默认状态下，若"对象捕捉"功能关闭，执行命令过程中，按住下列哪个键，可以实现对象捕捉？（ ）
    A．Shift 　　　B．Shift+A 　　C．Shift+S 　　D．Alt

第 10 章 轴系零件绘制

本章以轴、输入齿轮为例,详细讲解轴系零件的绘制过程。在依照绘制平面图的一般步骤之外,详细讲解轴系零件特有的绘制特征。在讲解过程中,逐步完成平面图的绘制,同时自行简化绘制局部视图。

10.1 轴

本节主要介绍轴零件的绘制方法,结果如图 10-1 所示。

绘制中心线网格

10.1.1 绘制中心线网格

(1)在"图层特性管理器"图层列表中选择"ZXX"图层,将其置为当前图层。

(2)单击"默认"选项卡"绘图"面板中的"直线"按钮 ∕,绘制相交中心线{(113,247)、(376,247)}。

(3)单击"默认"选项卡"修改"面板中的"偏移"按钮 ⊂,分别向上、向下偏移 31.25。

(4)单击"默认"选项卡"绘图"面板中的"直线"按钮 ∕,绘制坐标点(125,247)的直线。

(5)单击"默认"选项卡"修改"面板中的"偏移"按钮 ⊂,选择中间水平直线,分别向上偏移 26、27.5、28.75、29、210.6、30、32.5、38。

(6)单击"默认"选项卡"修改"面板中的"偏移"按钮 ⊂,选择左侧竖直直线,依次向上偏移 6.3、2.7、44、7、4、85.75、1.25、95,结果如图 10-2 所示。

图 10-1 轴

图 10-2 偏移直线

10.1.2 绘制主视图轮廓

（1）在"图层特性管理器"图层列表中选择"CSX"图层，将其置为当前图层。

（2）单击"默认"选项卡"绘图"面板中的"直线"按钮，绘制轮廓线，结果如图 10-3 所示。

图 10-3 绘制直线

（3）单击"默认"选项卡"绘图"面板中的"直线"按钮、"删除"按钮和"修剪"按钮，修剪多余辅助线，结果如图 10-4 所示。

图 10-4 修剪辅助线

（4）单击"默认"选项卡"修改"面板中的"倒角"按钮，设置倒角距离为 2，选择倒角边，结果如图 10-5 所示。

图 10-5 倒角结果

（5）单击"默认"选项卡"绘图"面板中的"直线"按钮，绘制螺孔，结果如图 10-6 所示。

（6）在"图层特性管理器"图层列表中选择"XSX"图层，将其置为当前图层。

（7）单击"默认"选项卡"绘图"面板中的"圆弧"按钮，绘制齿轮线，结果如图 10-7 所示。

图 10-6 绘制直线　　　　　　　　图 10-7 绘制齿轮线

（8）单击"默认"选项卡"修改"面板中的"镜像"按钮，镜像上面绘制的图形，镜像结果如图 10-8 所示。

（9）单击"默认"选项卡"绘图"面板中的"圆"按钮和"圆弧"按钮，绘制放大图边界及剖视图边界，结果如图 10-9 所示。

图 10-8 镜像结果　　　　　　　　图 10-9 绘制边界线

10.1.3 绘制放大图 I

绘制放大图 I

（1）在"图层特性管理器"图层列表中选择"CSX"图层，将其置为当前图层。

（2）单击"默认"选项卡"绘图"面板中的"直线"按钮，在空白处绘制相交直线，结果如图 10-10 所示。

（3）单击"默认"选项卡"修改"面板中的"偏移"按钮，分别将水平直线向下偏移 1.6，将竖直直线向右偏移 14.4、16，结果如图 10-11 所示。

图 10-10　绘制直线　　　　　图 10-11　偏移结果

（4）单击"默认"选项卡"修改"面板中的"圆角"按钮，圆角距离为 1.6，进行圆角操作，结果如图 10-12 所示。

（5）单击"默认"选项卡"绘图"面板中的"直线"按钮和"修剪"按钮，绘制剩余图形，结果如图 10-13 所示。

（6）在"图层特性管理器"图层列表中选择"XSX"图层，将其置为当前图层。

（7）单击"默认"选项卡"绘图"面板中的"样条曲线拟合"按钮，绘制局部放大图边界，结果如图 10-14 所示。

图 10-12　圆角操作　　　　图 10-13　修剪图形　　　　图 10-14　绘制局部放大图边界

10.1.4 绘制放大图 II

绘制放大图 II

（1）单击"默认"选项卡"修改"面板中的"复制"按钮，复制主视图的螺孔部分到空白处。

（2）单击"默认"选项卡"修改"面板中的"缩放"按钮，将复制结果放大两倍，结果如图 10-15 所示。

（3）单击"默认"选项卡"绘图"面板中的"样条曲线拟合"按钮，绘制局部放大图边界，结果如图 10-16 所示。

图 10-15　放大视图　　　　　图 10-16　绘制局部放大图边界

（4）单击"默认"选项卡"绘图"面板中的"图案填充"按钮，选择"ANSI31"图案，"颜色"选择"青色"，设置"填充图案比例"为 1，单击"拾取点"按钮，在绘图区中选择填充区域，完成设置。填充结果如图 10-17 所示。

图 10-17　填充图形

添加尺寸标注

10.1.5　添加尺寸标注

（1）在"图层特性管理器"图层列表中选择"BZ"图层，将其置为当前图层。

（2）修改标注样式。单击"默认"选项卡"注释"面板中的"标注样式"按钮，弹出"标注样式管理器"对话框，如图 10-18 所示。单击"修改"按钮，弹出"修改标注样式"对话框，如图 10-19 所示。打开"线"选项卡，在"颜色""线型""线宽"下拉列表中均选择"ByLayer"；打开"符号和箭头"选项卡，设置"箭头大小"为 4；打开"文字"选项卡，设置"文字颜色"为"Bylayer"，"文字高度"为 5，"文字对齐"方式为"ISO 标准"；打开"主单位"选项卡，"小数分隔符"为"句点"，单击"确定"按钮退出对话框，完成设置。

图 10-18　"标注样式管理器"对话框

图 10-19　"修改标注样式"对话框

（3）标注水平尺寸。

① 单击"默认"选项卡"注释"面板中的"线性"按钮，标注水平间距"2.7"。

② 单击"注释"选项卡"标注"面板"连续"下拉菜单中的"基线"按钮，标注水平尺寸"46.7"，结果如图 10-20 所示。

③ 单击"默认"选项卡"注释"面板中的"线性"按钮和"注释"选项卡"标注"面板"连续"下拉菜单中的"基线"按钮，标注轴段水平尺寸"95""186"，单击"默认"

选项卡"注释"面板中的"线性"按钮┣┫和"注释"选项卡"标注"面板"连续"下拉菜单中的"基线"按钮┣┫,标注轴段水平尺寸"30""35""246"。

④ 单击"默认"选项卡"注释"面板中的"线性"按钮┣┫,标注轴段水平尺寸"7",标注结果如图10-21所示。

图10-20 标注尺寸   图10-21 标注水平尺寸

(4) 标注竖直尺寸。单击"默认"选项卡"注释"面板中的"线性"按钮┣┫,标注轴段直径值"62.5""65""76""60""55""57.5""8",标注结果如图10-22所示。

图10-22 标注竖直尺寸

(5) 编辑标注文字。双击标注尺寸,弹出多行文字编辑器,修改文字标注,单击"堆叠"按钮,修改结果如图10-23所示。

图10-23 标注修改结果

(6) 标注局部视图。在"标注样式管理器"对话框中单击"替代"按钮,弹出"替代当前样式"对话框,打开"主单位"选项卡,分别设置"比例因子"为0.25、0.5;添加局部放大图标注,结果如图10-24所示。

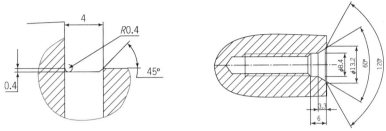

图 10-24　局部放大图

(7) 引线标注。单击"默认"选项卡"注释"面板中的"引线"按钮,标注倒角,结果如图10-25所示。

图 10-25　标注倒角

10.1.6　添加几何公差

(1) 在命令行中输入"QLEADER",添加几何公差,命令行提示与操作如下:

```
命令: QLEADER ↙
    指定第一个引线点或 [设置(S)] <设置>: ↙ (弹出"引线设置"对话框,如图10-26所示。在"注释"选项
卡中选择"公差"选项,在"引线和箭头"选项卡中选择"直线"选项,将"点数"设置为3,将"箭头"设置为"实
心闭合",单击"确定"按钮)
    指定第一个引线点或 [设置(S)] <设置>: (利用"对象捕捉"模式指定标注位置)
    指定下一点: (指定引线长度)
    指定下一点: ↙
```

图 10-26　"引线设置"对话框

（2）执行上述命令，系统弹出"形位公差"对话框。单击"符号"，弹出"特征符号"对话框，选择一种几何公差符号。在公差1、2和基准1、2、3文本框中输入公差值和基准面符号，单击"确定"按钮，结果如图10-27所示。

用同样的方法添加其余几何公差，结果如图10-28所示。

图 10-27　添加几何公差结果

图 10-28　添加结果

10.1.7　添加其余参数标注

单击"默认"选项卡"注释"面板中的"引线"按钮，标注参数说明，结果如图10-29所示。

图 10-29　参数标注结果

> 说明：
> 为视图添加引线标注，有以下几种方法：
> （1）利用"直线"命令和多行文字编辑器绘制标注（如有箭头，利用"多段线"命令绘制）。
> （2）在命令行中输入"LEADER"（可设置有无箭头）。
> （3）在命令行中输入"QLEADER"（可设置有无箭头，若要插入几何公差，只可用此种方法）。

10.1.8　插入基准符号及表面粗糙度的图形符号

（1）单击"默认"选项卡"块"面板中的"插入"菜单中的"最近使用的块"选项，在弹出的"块"选项板中，选择"基准符号A""粗糙度符号3.2"图块，插入到适当位置，结果如图10-30所示。

图 10-30 插入对象

（2）单击"默认"选项卡"修改"面板中的"分解"按钮，分解图块，以便后续修改工作。

（3）单击"默认"选项卡"修改"面板中的"复制"按钮和"旋转"按钮，放置、修改其余表面粗糙度的图形符号，结果如图 10-31 所示。

图 10-31 修改结果

> **说明：**
> 插入多种表面粗糙度的图形符号时，可采用以下不同方法：
> （1）重复执行"插入块"命令，在命令行中可设置旋转角度和表面粗糙度的图形符号值。
> （2）完成一次插入后，可利用"分解""复制""旋转"等命令，放置其余表面粗糙度的图形符号。

读者可自行利用不同方法练习绘制，最终结果如图 10-32 所示。

图 10-32 插入图块结果

绘制参数表

10.1.9 绘制参数表

（1）在"图层特性管理器"图层列表中选择"XSX"图层，将其置为当前图层。

（2）单击"默认"选项卡"绘图"面板中的"直线"按钮和"修改"面板中的"偏移"按钮，绘制右上角表格，绘制结果如图 10-33 所示。

图 10-33 参数表

10.1.10 添加文字说明

添加文字说明

（1）在"图层特性管理器"图层列表中选择"WZ"图层，将其置为当前图层。

（2）单击"默认"选项卡"注释"面板中的"文字样式"按钮A，弹出"文字样式"对话框，将"长仿宋"置为当前样式。

（3）标注视图文字。单击"默认"选项卡"绘图"面板中的"直线"按钮和"块"面板中的"插入"按钮，插入"视图Ⅰ"，标注局部放大图符号，结果如图10-34所示。

图 10-34 符号标注

（4）标注参数表。单击"默认"选项卡"注释"面板中的"多行文字"按钮A，标注表格内参数，结果如图10-35所示。

说明：

绘制上述参数表也可利用"插入表格"命令，完成插入后单击单元格，将列宽拉到合适的长度，用同样方法将其余列的列宽拉到合适的长度。然后双击单元格，打开多行文字编辑器，在各单元格中输入相应的文字或数据，并将多余的单元格合并。也可以将前面绘制的表格插入到该图中，然后进行修改调整，最终完成参数表的绘制。

（5）添加技术要求。单击"默认"选项卡"注释"面板中的"多行文字"按钮A，输入技术要求，结果如图10-36所示。

（6）添加标题栏文字。单击"默认"选项卡"注释"面板中的"多行文字"按钮A，标注标题栏内文字，结果如图10-37所示。

图 10-35　添加参数　　　图 10-36　添加技术要求　　　图 10-37　标注标题栏

10.1.11　保存文件

单击快速访问工具栏中的"保存"按钮，保存文件，零件最终结果如图 10-1 所示。

10.2　输入齿轮与输出齿轮

本节主要介绍输入齿轮零件的绘制方法，结果如图 10-38 所示。

10.2.1　新建文件

（1）单击快速访问工具栏中的"新建"按钮，系统打开"选择样板"对话框，选择"A2 样板图模板.dwt"样板文件，单击"打开"按钮，进入绘图环境。

（2）单击快速访问工具栏中的"保存"按钮，弹出"另存为"对话框，输入文件名称"08.067 输入齿轮"，单击"确定"按钮退出对话框。

图 10-38　输入齿轮

绘制中心线网格

10.2.2　绘制中心线网格

（1）在"图层特性管理器"图层列表中选择"ZXX"图层，将其置为当前图层。

(2)单击"默认"选项卡"绘图"面板中的"直线"按钮 ∕，绘制相交中心线{（150,225）、（210,225）}和{（158,225）、（158,366.4）}，绘制结果如图10-39所示。

(3)单击"默认"选项卡"修改"面板中的"偏移"按钮 ⊆，将水平中心线向上偏移30.125、31.25、33.125、41.5、51、73.5、96、108、124.6、133、141.4，结果如图10-40所示。

(4)单击"默认"选项卡"修改"面板中的"偏移"按钮 ⊆，将竖直中心线分别向右偏移10.5、2、8、10、8、2、3.5，结果如图10-41所示。

图10-39 绘制中心线　　图10-40 偏移水平直线　　图10-41 偏移竖直直线

10.2.3 绘制轮廓线

(1)在"图层特性管理器"图层列表中选择"CSX"图层，将其置为当前图层。

(2)单击"默认"选项卡"绘图"面板中的"直线"按钮 ∕，绘制轮廓线，结果如图10-42所示。

(3)单击"默认"选项卡"修改"面板中的"删除"按钮 ✄，删除多余辅助中心线，结果如图10-43所示。

(4)单击"默认"选项卡"修改"面板中的"修剪"按钮 ⌿，修剪多余图线，结果如图10-44所示。

图10-42 绘制轮廓线　　图10-43 删除辅助线　　图10-44 修剪结果

(5)单击"默认"选项卡"修改"面板中的"圆角"按钮 ⌒，圆角半径为6，结果如图10-45所示。

(6)单击"默认"选项卡"修改"面板中的"倒角"按钮 ⌒ 和"修剪"按钮 ⌿，选择倒角边线，倒角为C2，进行倒角操作并修剪多余图线，结果如图10-46所示。

(7)单击"默认"选项卡"修改"面板中的"镜像"按钮 ⚠，选择水平中心线上方图形作为镜像对象，镜像结果如图10-47所示。

(8)单击"默认"选项卡"图层"面板中的"图层特性"按钮 ⛃，打开"图层特性管理器"选项板，新建"MP"图层，并将其置为当前图层，设置如图10-48所示。

图 10-45　圆角结果　　　图 10-46　倒角结果　　　图 10-47　镜像图形

图 10-48　新建图层

（9）单击"默认"选项卡"修改"面板中的"偏移"按钮，将图形向外偏移 2，同时利用夹点编辑功能，适当调整直线长度，结果如图 10-49 所示。

（10）单击"默认"选项卡"修改"面板中的"镜像"按钮，镜像前面绘制的毛坯轮廓线，结果如图 10-50 所示。

（11）在"图层特性管理器"图层列表中选择"XSX"图层，将其置为当前图层。

（12）单击"默认"选项卡"绘图"面板中的"直线"按钮，绘制直线，命令行提示与操作如下：

```
命令: _line
指定第一个点:（选择图 10-51 中的点 1）
指定下一点或 [放弃(U)]: @-4,16.8↙
指定下一点或 [退出(E)/放弃(U)]:
```

结果如图 10-51 所示。

（13）单击"默认"选项卡"绘图"面板中的"圆"按钮和"直线"按钮，绘制放大图边界及引出线，结果如图 10-52 所示。

图 10-49　偏移直线　　图 10-50　镜像结果　　图 10-51　绘制直线　　图 10-52　绘制放大图边界及引出线

10.2.4　绘制磨齿草图

（1）在"图层特性管理器"图层列表中选择"CSX"图层，将其置为当前图层。

（2）单击"默认"选项卡"绘图"面板中的"直线"按钮，绘制磨齿轮廓线，在空白处选择起点，其余点坐标分别为（@5,0）、（@32<67）、（@10,0），绘制结果如图10-53所示。

（3）单击"默认"选项卡"修改"面板中的"圆角"按钮⌒，绘制半径为3的圆角，结果如图10-54所示。

图10-53 绘制磨齿轮廓线　　　　图10-54 倒圆角结果

（4）单击"默认"选项卡"修改"面板中的"偏移"按钮⊆和"旋转"按钮↻，向下偏移直线1，距离为1，旋转复制直线2，角度为-2°，删除直线1，修剪偏移与旋转后的直线，结果如图10-55所示。

（5）单击"默认"选项卡"修改"面板中的"镜像"按钮⚠，以过直线3右端点的竖直直线为镜像线，镜像左侧图形，结果如图10-56所示。

（6）在"图层特性管理器"图层列表中选择"XSX"图层，将其置为当前图层。

（7）单击"默认"选项卡"绘图"面板中的"样条曲线拟合"按钮∿，捕捉圆角端点，绘制局部放大图边界，结果如图10-57所示。

图10-55 编辑图形　　　图10-56 镜像结果　　　图10-57 绘制边界线

10.2.5 填充图形

单击"默认"选项卡"绘图"面板中的"图案填充"按钮▨，弹出"图案填充创建"选项卡，选择"ANSI31"图案，"颜色"选项选择"青色"，单击"拾取点"按钮，在绘图区选择填充区域，完成设置。填充结果如图10-58所示。

10.2.6 添加尺寸标注

（1）在"图层特性管理器"图层列表中选择"BZ"图层，将其置为当前图层。

（2）修改标注样式。单击"默认"选项卡"注释"面板中的"标注样式"按钮，弹出"标注样式管理器"对话框，单击"修改"按钮，弹出"修改标注样式"对话框，在"文字"选项卡中"文字对齐"选项组选中"ISO 标准"单选按钮。其他选项卡的设置均不变。在"主单位"选项卡中设置"精度"为"0.00"，在"消零"选项组中勾选"后续"复选框；在"调整"选项卡下"优化"选项组中勾选"在尺寸界线之间绘制尺寸线"复选框，单击"确定"按钮退出对话框，完成设置。

(3) 标注竖直尺寸。

① 单击"默认"选项卡"注释"面板中的"线性"按钮,标注齿顶圆直径"ϕ60.25"。双击标注尺寸,弹出多行文字编辑器,修改文字标注,单击"堆叠"按钮,结果如图 10-59 所示。

② 单击"默认"选项卡"注释"面板中的"线性"按钮,分别标注分度圆直径"ϕ62.5"竖直尺寸"ϕ83""ϕ147""ϕ216""ϕ266""ϕ282.8h11(0^-0.32)",孔直径"8-ϕ45 均布",结果如图 10-59 所示。

图 10-58　填充图形　　　　　图 10-59　标注竖直尺寸

(4) 标注水平尺寸。

① 单击"默认"选项卡"注释"面板中的"线性"按钮,分别标注水平尺寸"3.5""30""44""10""10""不小于 13"。

② 单击"默认"选项卡"注释"面板中的"线性"按钮,标注水平尺寸"4",修改文字为"4 最大　为检查渗碳层深度和芯部硬度在任意端面打磨一个齿",结果如图 10-60 所示。

图 10-60　标注水平尺寸

(5) 替代标注尺寸。单击"默认"选项卡"注释"面板中"标注样式"按钮,在打开的"标注样式管理器"样式列表中选择"Standard",单击"替代"按钮,系统打开"替代当前样式"对话框,方法同前,选择"公差"选项卡,在"公差格式"选项组中,将"精度"设置为"0.0","方式"设置为"对称","上偏差"设置为"0.2",勾选"消零"选项组下"后续"复选框,设置完成后单击"确定"按钮。

说明：

AutoCAD 默认上偏差的值为正或零，下偏差的值为负或零，所以在"上偏差"和"下偏差"微调框中输入数值时，不必同时输入正负号，标注时，系统会自动加上。另外，新标注样式所规定的上下偏差，利用该标注样式进行标注的每个尺寸是不可变的，即每个尺寸都是相同的偏差，如果要改变上下偏差的数值，必须替代或新建标注样式。

（6）更新标注样式。

① 单击"注释"选项卡"标注"面板中的"更新"按钮，选取主视图上的线性尺寸"30"，即可为该尺寸添加尺寸偏差，结果如图 10-61 所示。

② 重复"更新"按钮，选取主视图上的线性尺寸"3.5"，添加上下偏差。

③ 在"标注样式管理器"中单击"替代"按钮，修改"公差"选项卡中"上偏差"为"0.1"。

④ 单击"更新"按钮，选取主视图上的线性尺寸"44"，添加上下偏差，结果如图 10-62 所示。

图 10-61　标注更新　　　　　图 10-62　标注更新结果

说明：

标注草图尺寸中最终要求标注文字与默认标注文字不同时，可采用 3 种不同方法：

（1）执行尺寸标注命令完成标注后，双击标注文字，弹出多行文字编辑器，修改要编辑的文字。

（2）执行尺寸标注命令完成标注后，在"标注样式管理器"中修改标注样式，单击"注释"选项卡"标注"面板中的"更新"按钮，单击要修改的标注，完成修改。

（3）在"标注样式管理器"中修改标注样式，执行尺寸标注命令。

其中，后两种方法主要用于添加上下偏差。

（7）引线标注。单击"默认"选项卡"注释"面板中的"引线"按钮，标注主视图中的圆角尺寸"4-R6"，用同样的方法标注磨齿草图，标注圆角尺寸"R1.5"，结果如图 10-63 所示。

（8）插入基准符号。

① 单击"默认"选项卡"块"面板中的"插入"按钮，选择"基准符号 A"图块，旋转 180°，将其插入到主视图，

② 单击"默认"选项卡"修改"面板中的"分解"按钮和"旋转"按钮，将文字旋转 180°，结果如图 10-64 所示。

图 10-63　引线标注　　　　　图 10-64　插入基准符号

10.2.7 添加几何公差

(1) 在命令行中输入"QLEADER"命令,命令行提示与操作如下:

```
命令: QLEADER ✓
指定第一个引线点或 [设置(S)] <设置>: ✓(弹出"引线设置"对话框,在"注释"选项卡中选择"公差"选项;在"引线和箭头"选项卡中选择"直线"选项,将"点数"设置为3,其余参数选择默认值,单击"确定"按钮)
指定第一个引线点或 [设置(S)] <设置>: (利用"对象捕捉"指定标注位置)
指定下一点: (指定引线长度)
指定下一点: ✓
```

(2) 打开"形位公差"对话框,单击"符号",弹出"特征符号"对话框,选择一种几何公差符号。在公差1、2和基准1、2、3文本框中输入公差值和基准面符号,单击"确定"按钮,结果如图10-65所示。

(3) 继续执行上述命令,最终结果如图10-66所示。

图 10-65 添加几何公差　　　　　图 10-66 几何公差结果

(4) 单击"默认"选项卡"块"面板中的"插入"按钮,选择"粗糙度符号3.2"图块,将其插入到适当位置,命令行提示与操作如下:

```
命令: _insert
指定插入点或 [基点(B)/比例(S)/ X/Y/Z/旋转(R)]:
(输入属性值)
请输入粗糙度值 <3.2>:
```

(5) 继续在不同面上插入表面粗糙度的图形符号,单击"默认"选项卡"修改"面板中的"分解"按钮和"旋转"按钮,调整表面粗糙度的图形符号值放置角度,结果如图10-67所示。

图 10-67 插入表面粗糙度的图形符号

10.2.8　绘制参数表

（1）在"图层特性管理器"图层列表中选择"XSX"图层，将其置为当前图层。

（2）单击"默认"选项卡"绘图"面板中的"直线"按钮／和"修剪"按钮，绘制表格，表格行高为8，结果如图10-68所示。

图10-68　绘制表格

10.2.9　添加文字说明

（1）在"图层特性管理器"图层列表中选择"WZ"图层，将其置为当前图层。

（2）单击"默认"选项卡"注释"面板中的"文字样式"按钮，弹出"文字样式"对话框，将"长仿宋"置为当前样式。

（3）单击"默认"选项卡"绘图"面板中的"直线"按钮／和"注释"面板中的"多行文字"按钮，标注剖面符号等，结果如图10-69所示。

（4）单击"默认"选项卡"注释"面板中的"多行文字"按钮，标注技术要求，结果如图10-70所示。

图10-69　标注视图文字　　　　　　　　图10-70　标注技术要求

（5）单击"默认"选项卡"注释"面板中的"多行文字"按钮，标注右上角表格中文字，结果如图10-71所示。

（6）单击"默认"选项卡"注释"面板中的"多行文字"按钮，标注标题栏，结果如图10-72所示。

模数	m	2.5	模数	m	7
齿数	Z	25	齿数	Z	38
压力角	α	30°	变位系数	x	+0.226
公差等级和配合类型		6H-GB3478-95	齿形角	α	20°
相配零件号		08.068	齿顶高系数	f	1
作用齿厚最大值	Svmax	3.927	齿顶高	h'	8.4
实际齿厚最小值	Smin	4.044	全齿高	h	15.568
作用齿厚最小值	Svmin	4.000	精度等级		7HK GB10095-88
实际齿厚最大值	Smax	3.971	相配件号		08.252
			齿距累积公差	F_p	0.090
			齿距极限偏差	$\pm f_{pt}$	0.022
			齿形公差	f_f	0.019
			齿向公差	F_β	0.011
			跨齿数	K	5
			公法线长度	W	$97.8^{-0.176}_{-0.264}$

图 10-71 标注表格文字

图 10-72 标注标题栏

10.2.10 保存文件

单击快速访问工具栏中的"保存"按钮 ![], 保存文件, 最终结果如图 10-38 所示。

用同样的方法绘制与本例相似零件"输出齿轮", 完整图形如图 10-73 所示。

图 10-73 输出齿轮

10.3 上机实验

【练习1】标注如图 10-74 所示的垫片尺寸。

【练习2】为如图 10-75 所示的阀盖尺寸设置标注样式。

图 10-74 垫片

图 10-75 阀盖

10.4 模拟试题

1. 若尺寸的公差是 20±0.034，则应在"公差"选项卡中显示公差的（　　）设置。
   A. 极限偏差　　　　B. 极限尺寸　　　　C. 基本尺寸　　　　D. 对称
2. 在标注样式设置中，将"使用全局比例"值增大，将改变尺寸的哪些内容？（　　）
   A. 使所有标注样式设置增大　　　　B. 使标注的测量值增大
   C. 使全图的箭头增大　　　　D. 使尺寸文字增大
3. 所有尺寸标注共用一条尺寸界线的是（　　）。
   A. 引线标注　　　　B. 连续标注　　　　C. 基线标注　　　　D. 公差标注
4. 在尺寸公差的上偏差中输入 0.021，下偏差中输入 0.015，则标注尺寸公差的结果是（　　）。
   A. 上偏 0.021，下偏 0.015　　　　B. 上偏-0.021，下偏 0.015
   C. 上偏 0.021，下偏-0.015　　　　D. 上偏-0.021，下偏-0.015
5. 创建标注样式时，下面不是文字对齐方式的是（　　）。
   A. 垂直　　　　B. 与尺寸线对齐　　　　C. ISO 标准　　　　D. 水平
6. 如果显示的标注对象小于被标注对象的实际长度，应采用（　　）。
   A. 折弯标注　　　　B. 打断标注　　　　C. 替代标注　　　　D. 检验标注

7. 不能作为多重引线的线型是（　　）。

A．直线　　　　　　B．多段线　　　　　C．样条曲线　　　　D．以上均可以

8. 尺寸公差中的上下偏差可以在线性标注的（　　）选项中堆叠起来。

A．多行文字　　　　B．文字　　　　　　C．角度　　　　　　D．水平

9. 为图 10-76 所示的图形标注尺寸。

10. 标注如图 10-77 所示的尺寸公差。

图 10-76　尺寸标注练习　　　　　　图 10-77　尺寸公差标注

第 11 章 箱体零件绘制

本章以板类零件为主,详细介绍安装箱体部件所需的零件。平面视图绘制相对简单,但不可简化步骤。平面视图的绘制、视图标注、添加文字标注等内容,缺一不可。

11.1 底板、侧板、后箱板与前箱板

本节主要介绍底板零件的绘制方法,结果如图 11-1 所示。

11.1.1 新建文件

(1)单击快速访问工具栏中的"新建"按钮 ,系统打开"选择样板"对话框,选择"A3样板图模板.dwt"样板文件,单击"打开"按钮,进入绘图环境。

(2)单击快速访问工具栏中的"保存"按钮 ,弹出"另存为"对话框,输入文件名"SW.025底板",单击"确定"按钮退出对话框。

图 11-1 底板

绘制中心线网格

11.1.2 绘制中心线网格

(1)在"图层特性管理器"图层列表中选择"ZXX"图层,将其置为当前图层。

(2)单击"默认"选项卡"绘图"面板中的"直线"按钮 ,绘制相交中心线,长度分别

为 900、350,绘制结果如图 11-2 所示。

(3)单击"默认"选项卡"修改"面板中的"偏移"按钮,将水平中心线向上偏移 6、31、264、43,将竖直中心线向右偏移 10、27、13、13、787、40,结果如图 11-3 所示。

图 11-2　绘制中心线　　　　　　　　　图 11-3　偏移中心线

11.1.3　绘制俯视图

(1)在"图层特性管理器"图层列表中选择"CSX"图层,将其置为当前图层。

(2)单击"默认"选项卡"绘图"面板中的"矩形"按钮、"圆"按钮和"直线"按钮,绘制矩形外轮廓,并绘制两个半径为 10.5 的圆,连接圆顶点,绘制结果如图 11-4 所示。

(3)单击"默认"选项卡"修改"面板中的"删除"按钮和"修剪"按钮,修剪圆多余图元,并利用夹点编辑功能调整中心线长度,结果如图 11-5 所示。

图 11-4　绘制轮廓线　　　　　　　　　图 11-5　修剪图元

(4)单击"默认"选项卡"修改"面板中的"矩形阵列"按钮,捕捉孔对象,行数为 2,列数为 2,行间距为 264,列间距为 800,阵列结果如图 11-6 所示。

图 11-6　阵列孔

11.1.4　绘制前视图

(1)单击"默认"选项卡"绘图"面板中的"矩形"按钮,捕捉俯视图中矩形框左上端点,绘制大小为(@880,26)的矩形,绘制结果如图 11-7 所示。

(2)单击"默认"选项卡"修改"面板中的"移动"按钮,选择上步绘制的矩形,选择任一点为基点,下移点坐标为(@0,200),结果如图 11-8 所示。

(3)单击"默认"选项卡"绘图"面板中的"直线"按钮,捕捉俯视图中孔对应点,绘制竖直直线及中心线,结果如图 11-9 所示。

图 11-7 绘制矩形

图 11-8 移动矩形

图 11-9 绘制直线

填充视图

11.1.5 填充视图

（1）在"图层特性管理器"图层列表中选择"XSX"图层，将其置为当前图层。

（2）单击"默认"选项卡"绘图"面板中的"样条曲线拟合"按钮，在前视图中绘制剖视图界线，结果如图 11-10 所示。

（3）单击"默认"选项卡"绘图"面板中的"图案填充"按钮，弹出"图案填充创建"选项卡，选择"ANSI31"图案，"图案填充颜色"选择"青色"，设置"填充图案比例"为 3，单击"拾取点"按钮，在绘图区中选择填充区域，完成设置。填充结果如图 11-11 所示。

图 11-10 绘制样条曲线　　　　　图 11-11 填充图形

（4）单击"默认"选项卡"修改"面板中的"缩放"按钮，输入缩放比例 0.25，缩放所有视图。

> 说明：
> 由于底板尺寸较大，因此先按照 1∶1 的比例绘制底板，绘制完成后，再利用"图形缩放"命令使其缩小放入 A3 图纸里。

（5）单击"默认"选项卡"修改"面板中的"移动"按钮，将缩放的图形放置到适当位置，其中，点 1 坐标为（100,120），结果如图 11-12 所示。

图 11-12 移动图形

11.1.6 标注视图尺寸

标注视图尺寸

1．设置标注样式

（1）在"图层特性管理器"图层列表中选择"BZ"图层，将其置为当前图层。

（2）单击"默认"选项卡"注释"面板中的"标注样式"按钮，弹出"标注样式管理器"

对话框,如图 11-13 所示,

图 11-13 "标注样式管理器"对话框

(3)单击"修改"按钮,弹出"修改标注样式"对话框,如图 11-14 所示。打开"符号和箭头"选项卡,设置"箭头大小"为 4;打开"文字"选项卡,设置"文字高度"为 5,"文字对齐"方式为"ISO 标准";打开"主单位"选项卡,"小数分隔符"为"句点","比例因子"为 4,单击"确定"按钮退出对话框,完成设置。

图 11-14 修改标注样式

2.添加视图标注

(1)单击"默认"选项卡"注释"面板中的"半径"按钮和"线性"按钮,分别标注孔尺寸值"4-R10.5"、水平间距"4-26"、孔水平间距"800"、水平间距"880",结果如图 11-15 所示。

图 11-15 标注尺寸

（2）单击"默认"选项卡"注释"面板中的"线性"按钮，和"注释"选项卡"标注"面板中"连续"下拉菜单中的"基线"按钮，标注孔竖直定位尺寸"31""295"，单击"默认"选项卡"注释"面板中的"线性"按钮，标注俯视图外轮廓竖直尺寸"338"。

（3）单击"默认"选项卡"注释"面板中的"线性"按钮，标注前视图外轮廓竖直尺寸"26"，标注结果如图11-16所示。

图11-16　标注竖直尺寸

3. 添加其余参数标注

在命令行中输入"LEADER"，标注平面"a"，命令行提示与操作如下：

```
命令：LEADER↙
指定引线起点：
指定下一点：<正交 关>
指定下一点或 [注释(A)/格式(F)/放弃(U)] <注释>：<正交 开>
指定下一点或 [注释(A)/格式(F)/放弃(U)] <注释>：a↙
输入注释文字的第一行或 <选项>：a↙
输入注释文字的下一行：（设置字体样式为"长仿宋"）
```

结果如图11-17所示。

图11-17　参数标注结果

11.1.7　绘制不去除材料的表面粗糙度的图形符号

绘制不去除材料的表面粗糙度的图形符号

（1）单击"默认"选项卡"绘图"面板中的"直线"按钮，绘制图形符号，命令行提示与操作如下：

```
命令: _line
指定第一个点:
指定下一点或 [放弃(U)]: @-5,0↙
指定下一点或 [放弃(U)]: @5<-60↙
指定下一点或 [闭合(C)/放弃(U)]: @10<60↙
指定下一点或 [闭合(C)/放弃(U)]:
```

结果如图 11-18 所示。

（2）单击"默认"选项卡"绘图"面板中的"圆"按钮，捕捉图 11-18 中水平直线中点为圆心，绘制与两斜线相切的圆，删除水平直线，结果如图 11-19 所示。

图 11-18　绘制直线　　　　图 11-19　绘制圆

（3）单击"插入"选项卡"块定义"面板中"创建块"下拉列表处的"写块"按钮，弹出"写块"对话框，如图 11-20 所示，选择上步绘制的表面粗糙度的图形符号，输入名称"不去除材料的图形符号"。

图 11-20　"写块"对话框

（4）单击"默认"选项卡"块"面板中的"插入"按钮，在弹出的"插入"选项板中，选择"不去除材料的图形符号"图块，插入到适当位置，结果如图 11-21 所示。

图 11-21　插入"不去除材料的图形符号"图块

（5）单击"默认"选项卡"块"面板中的"插入"按钮，插入"粗糙度符号 3.2"图块，设置数值为 12.5，插入结果如图 11-22 所示。

图 11-22　插入表面粗糙度的图形符号

11.1.8　添加文字说明

添加文字说明

（1）在"图层特性管理器"图层列表中选择"WZ"图层，将其置为当前图层。

（2）单击"默认"选项卡"注释"面板中的"文字样式"按钮A，弹出"文字样式"对话框，将"长仿宋"置为当前样式，如图 11-23 所示。

图 11-23　"文字样式"对话框

（3）单击"默认"选项卡"注释"面板中的"多行文字"按钮A，输入技术要求内容，结果如图 11-24 所示。

技术要求
1.钢板校平除锈及氧化皮；
2.a面为箱体总成焊接后的待加工表面。
3.修钝锐边，去除毛刺。

图 11-24　添加技术要求

（4）单击"默认"选项卡"注释"面板中的"多行文字"按钮A，输入标题栏内文字，结果如图 11-25 所示。

图 11-25　标注标题栏

11.1.9 保存文件

单击快速访问工具栏中的"保存"按钮 ![], 保存文件, 最终结果如图 11-1 所示。

用同样的方法绘制与本实例相似零件"SW.027 侧板""SW.028 后箱板""SW.033 前箱板", 完整图形如图 11-26、图 11-27 和图 11-28 所示。

图 11-26　SW.027 侧板

图 11-27　SW.028 后箱板

图 11-28　SW.033　前箱板

11.2　吊耳板、筋板与进油座

本节主要介绍吊耳板零件的绘制方法，结果如图 11-29 所示。

图 11-29　吊耳板

11.2.1　新建文件

（1）单击快速访问工具栏中的"新建"按钮 ，系统打开"选择样板"对话框，选择"A4样板图模板.dwt"样板文件，单击"打开"按钮，进入绘图环境。

（2）单击快速访问工具栏中的"保存"按钮，弹出"另存为"对话框，输入文件名"SW.026 吊耳板"，单击"确定"按钮退出对话框。

11.2.2 绘制主视图

（1）在"图层特性管理器"图层列表中选择"CSX"图层，将其置为当前图层。

（2）单击"默认"选项卡"绘图"面板中的"多段线"按钮，绘制主视图轮廓线，命令行提示与操作如下：

```
命令: PLINE↙
指定起点: 100,160↙
当前线宽为 0.0000
指定下一个点或 [圆弧(A)/半宽(H)/长度(L)/放弃(U)/宽度(W)]: @8,0↙
指定下一点或 [圆弧(A)/闭合(C)/半宽(H)/长度(L)/放弃(U)/宽度(W)]: @0,70↙
指定下一点或 [圆弧(A)/闭合(C)/半宽(H)/长度(L)/放弃(U)/宽度(W)]: @-8,0↙
指定下一点或 [圆弧(A)/闭合(C)/半宽(H)/长度(L)/放弃(U)/宽度(W)]: @-42,-60↙
指定下一点或 [圆弧(A)/闭合(C)/半宽(H)/长度(L)/放弃(U)/宽度(W)]: @0,-12↙
指定下一点或 [圆弧(A)/闭合(C)/半宽(H)/长度(L)/放弃(U)/宽度(W)]: a↙
指定圆弧的端点(按住 Ctrl 键以切换方向) 或[角度(A)/圆心(CE)/闭合(CL)/方向(D)/半宽(H)/直线(L)/半径(R)/第二个点(S)/放弃(U)/宽度(W)]: r↙
指定圆弧的半径: 8↙
指定圆弧的端点(按住 Ctrl 键以切换方向) 或 [角度(A)]: a↙
指定夹角: 180↙
指定圆弧的弦方向(按住 Ctrl 键以切换方向) <270>: 0↙
指定圆弧的端点(按住 Ctrl 键以切换方向) 或[角度(A)/圆心(CE)/闭合(CL)/方向(D)/半宽(H)/直线(L)/半径(R)/第二个点(S)/放弃(U)/宽度(W)]:
```

绘制结果如图 11-30 所示。

（3）单击"默认"选项卡"绘图"面板中的"圆弧"按钮，绘制圆弧，命令行提示与操作如下：

```
命令: _arc
指定圆弧的起点或 [圆心(C)]: (选择点1)
指定圆弧的第二个点或[圆心(C)/端点(E)]: e↙
指定圆弧的端点: (选择点2)
指定圆弧的中心点(按住 Ctrl 键以切换方向) 或 [角度(A)/方向(D)/半径(R)]: r↙
指定圆弧的半径(按住 Ctrl 键以切换方向): 15↙
```

结果如图 11-31 所示。

（4）单击"默认"选项卡"修改"面板中的"圆角"按钮，绘制半径为 20 的圆角，结果如图 11-32 所示。

图 11-30　绘制轮廓线

图 11-31　绘制圆弧

图 11-32　倒圆角操作

11.2.3 绘制左视图

（1）单击"默认"选项卡"绘图"面板中的"矩形"按钮▭，绘制大小为20×80的矩形，第一点坐标为（150,230），结果如图11-33所示。

（2）单击"默认"选项卡"绘图"面板中的"圆"按钮⊙，在左视图中绘制圆，圆心坐标为（160,160），半径为10，结果如图11-34所示。

图 11-33　绘制矩形　　　　　　图 11-34　绘制圆

（3）单击"默认"选项卡"绘图"面板中的"直线"按钮／，捕捉左侧圆角两切点，在左视图中绘制水平直线，结果如图11-35所示。

（4）单击"默认"选项卡"修改"面板中的"修剪"按钮，修剪绘制的圆与直线，结果如图11-36所示。

> **说明：**
> 对于需要修剪的图形，一般利用"修剪"命令进行操作，如果需要修剪的对象是直线，也可采用夹点编辑功能，单击需要修剪的对象，直线上显示蓝色小矩形框，表示直线被选中。单击一侧端点处矩形框，矩形框变为红色，此时，可任意拖动一侧直线到所需位置。夹点编辑功能也适用于其他对象。

（5）在"图层特性管理器"图层列表中选择"ZXX"图层，将其置为当前图层。

（6）单击"默认"选项卡"绘图"面板中的"直线"按钮／，在主视图中绘制过两圆弧的相交中心线，结果如图11-37所示。

图 11-35　绘制直线　　　　图 11-36　修剪图形　　　　图 11-37　绘制中心线

11.2.4　标注视图尺寸

1. 设置标注样式

（1）在"图层特性管理器"图层列表中选择"BZ"图层，将其置为当前图层。

（2）单击"默认"选项卡"注释"面板中的"标注样式"按钮，弹出"标注样式管理器"对话框，如图11-13所示，单击"修改"按钮，弹出"修改标注样式"对话框，打开"主单位"选项卡，"精度"为"0"，如图11-38所示。单击"确定"按钮退出对话框，完成设置。

2. 添加水平标注

（1）单击"默认"选项卡"注释"面板中的"线性"按钮，标注水平间距"8"；

（2）单击"默认"选项卡"注释"面板中的"线性"按钮，标注水平间距"20"；

图 11-38　修改标注样式

（3）单击"默认"选项卡"注释"面板中的"线性"按钮，标注水平间距"50"，结果如图 11-39 所示。

图 11-39　标注水平间距

3．添加竖直标注

（1）单击"默认"选项卡"注释"面板中的"线性"按钮和"注释"选项卡"标注"面板中"连续"下拉菜单中的"基线"按钮，标注竖直定位尺寸"20""80"。

（2）单击"默认"选项卡"注释"面板中的"线性"按钮，标注俯视图外轮廓竖直尺寸"70"，标注结果如图 11-40 所示。

图 11-40　标注竖直尺寸

4. 添加圆角标注

（1）单击"默认"选项卡"注释"面板中的"半径"按钮，标注主视图圆弧半径"*R*8"；
（2）单击"默认"选项卡"注释"面板中的"半径"按钮，标注主视图圆弧半径"*R*15"；
（3）单击"默认"选项卡"注释"面板中的"半径"按钮，标注主视图圆弧半径"*R*10"。
结果如图11-41所示。

11.2.5 插入表面粗糙度的图形符号

单击"默认"选项卡"块"面板中"插入"下拉列表中的"最近使用的块"选项，弹出"块"选项板，单击控制选项中的"浏览"按钮，选择"粗糙度符号3.2"图块，设置数值为12.5，插入时选择适当的插入点、比例和旋转角度，将该图块插入图形中，结果如图11-42所示。

图11-41 标注圆角

图11-42 插入表面粗糙度的图形符号

11.2.6 添加文字说明

（1）在"图层特性管理器"图层列表中选择"WZ"图层，将其置为当前图层。
（2）单击"默认"选项卡"注释"面板中的"文字样式"按钮，弹出"文字样式"对话框，将"长仿宋"置为当前样式。
（3）单击"默认"选项卡"块"面板中"插入"下拉列表中的"最近使用的块"选项，弹出"块"选项板，单击控制选项中的"浏览"按钮，选择"技术要求1"图块，插入时选择适当的插入点、比例和旋转角度，结果如图11-43所示。
（4）单击"默认"选项卡"注释"面板中的"多行文字"按钮，输入标题栏内文字，结果如图11-44所示。

图11-43 插入技术要求　　　　　　　　　图11-44 标注标题栏

11.2.7 保存文件

单击快速访问工具栏中的"保存"按钮，保存文件，零件最终结果如图11-29所示。

用同样的方法绘制与本例相似零件"SW.032 筋板""SW.035 进油座",完整图形如图 11-45 和图 11-46 所示。

图 11-45　SW.032 筋板

图 11-46　SW.035 进油座

11.3 油管座、安装板、轴承座与安装板

本节主要介绍油管座零件的绘制方法,结果如图 11-47 所示。

图 11-47 油管座

11.3.1 新建文件

(1)单击快速访问工具栏中的"新建"按钮 ,系统打开"选择样板"对话框,选择"A4样板图模板.dwt"样板文件,单击"打开"按钮,进入绘图环境。

(2)单击快速访问工具栏中的"保存"按钮 ,弹出"另存为"对话框,输入文件名"SW.029油管座",单击"确定"按钮退出对话框。

11.3.2 绘制主视图

(1)在"图层特性管理器"图层列表中选择"ZXX"图层,将其置为当前图层。

(2)单击"默认"选项卡"绘图"面板中的"直线"按钮 ,绘制水平中心线,第一点坐标为(90,180),长度为30,绘制结果如图 11-48 所示。

(3)在"图层特性管理器"图层列表中选择"CSX"图层,将其置为当前图层。

(4)单击"默认"选项卡"绘图"面板中的"矩形"按钮 ,绘制大小为 25×45 的矩形,第一角点坐标为(92.5,157.5),绘制结果如图 11-49 所示。

图 11-48 中心线   图 11-49 轮廓线

11.3.3　标注视图尺寸

（1）在"图层特性管理器"图层列表中选择"BZ"图层，将其置为当前图层。

（2）单击"默认"选项卡"注释"面板中的"线性"按钮，标注水平尺寸"25"。

（3）单击"默认"选项卡"注释"面板中的"线性"按钮，标注孔直径值"ϕ45"，输入"%%C45"，结果如图11-50所示。

（4）单击"默认"选项卡"块"面板中"插入"下拉列表中的"最近使用的块"选项，弹出"块"选项板，单击控制选项中的"浏览"按钮，选择"粗糙度符号3.2"图块，插入到标题栏上方，结果如图11-51所示。

图11-50　标注尺寸　　　　图11-51　插入表面粗糙度的图形符号

11.3.4　添加文字说明

（1）在"图层特性管理器"图层列表中选择"WZ"图层，将其置为当前图层。

（2）单击"默认"选项卡"注释"面板中的"文字样式"按钮，弹出"文字样式"对话框，将"长仿宋"置为当前样式，如图11-52所示。

图11-52　"文字样式"对话框

（3）单击"默认"选项卡"块"面板中"插入"下拉列表中的"最近使用的块"选项，弹出"块"选项板，单击控制选项中的"浏览"按钮，选择"技术要求1"图块，结果如图11-53所示。

图11-53　插入技术要求

（4）单击"默认"选项卡"注释"面板中的"多行文字"按钮，输入标题栏内文字，结果如图11-54所示。

图 11-54 标注标题栏

11.3.5 保存文件

单击快速访问工具栏中的"保存"按钮 , 保存文件, 零件最终结果如图 11-47 所示。

11.4 上机实验

【练习 1】创建如图 11-55 所示的 SW.030 安装板。

图 11-55 SW.030 安装板

【练习 2】创建如图 11-56 所示的 SW.031 轴承座。

【练习 3】创建如图 11-57 所示的 SW.034 安装板。

图 11-56　SW.031 轴承座

图 11-57　SW.034 安装板

11.5　模拟试题

创建如图 11-58 所示的箱座零件图。

图 11-58　箱座零件图

第 12 章 箱体总成

本章主要讲解如何绘制装配体零件,其绘制步骤与一般零件视图绘制步骤大体一致,但在后期标注中存在差异,如添加零件号标注、不标注细节尺寸等。在讲解过程中,以不同的绘制方法、不同角度考虑视图的绘制,对掌握绘图方法又是一次提升。

12.1 绘制装配体文件

绘制装配体文件

平面装配图是一般加工中常用的技术文件,对于复杂的零件,装配图还分为部件装配图和总装配图。装配图的绘制一般采用以下两种方法:

1. 采用绘制零件图的方法绘制装配图

先绘制中心线,再利用"圆""直线"等绘图命令绘制轮廓,再利用"修剪""镜像""阵列"等命令编辑视图。完成绘制轮廓后再标注尺寸、添加文字注释(技术要求、标题栏)等。

可以将不同零件在不同图层上绘制,保留单个图层进行适当拼凑即可以分离出零件图。此种方法费时长,在有零件图的基础上不建议选择此方法。

2. 根据已有的零件图绘制装配图

在零件图的基础上采用类似"搭积木"的方法,按照装配关系进行拼凑,完成轮廓绘制后再标注尺寸、添加文字注释(技术要求、标题栏)等。相比第一种方法简单、费时短,但更要求细心。此方法不是简单搭完积木就可以了,需要对堆叠图形进行修剪、整理。其中,"搭积木"也分几下几种方法:

(1)插入图块。零件图绘制完成后,利用"写块"命令,将零件以图块的形式保存下来,在装配图中,利用"插入块"命令,插入零件图块,再用分解方法炸开,整理图形。

(2)外部参照。在命令行中输入"XREF",将整个零件图加载到装配图中,若外部零件图发生更改,装配图随之更新,可以快速地绘制大而复杂的装配图,有效节省硬盘空间和人力资源。但此种方法插入的图形在装配图中无法删除、修改,在多数装配体中无法适用。

(3)复制粘贴。在零件图中,右击鼠标选择"带基点复制"命令,复制所需零件图,在装配图中选择"粘贴"命令。重复此步骤,过程稍显烦琐。

12.2 箱体总成装配图

本节详细介绍箱体总成装配图的绘制方法,结果如图 12-1 所示。

图 12-1 零件最终结果

12.2.1 新建文件

（1）单击快速访问工具栏中的"新建"按钮，系统打开"选择样板"对话框，选择"A0样板图模板.dwt"样板文件，单击"打开"按钮，进入绘图环境。

（2）单击快速访问工具栏中的"保存"按钮，弹出"另存为"对话框，输入文件名"SW.03箱体总成.dwg"，单击"确定"按钮退出对话框。

12.2.2 创建图块

（1）单击快速访问工具栏中的"打开"按钮，打开"第 12 章\零件图\SW.25 底板.dwg"文件，关闭"BZ""XSX"图层。

（2）单击"插入"选项卡"块定义"面板中"创建块"下拉列表处的"写块"按钮，弹出"写块"对话框，选择前视图与俯视图中的图形，创建"底板图块"图块，如图 12-2 所示。

 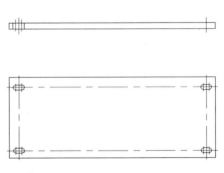

图 12-2 创建图块

(3)用同样的方法,创建"吊耳板图块""侧板图块""后箱板图块""油管座图块""安装板 30 图块""轴承座图块""筋板图块"图块,如图 12-3 所示。

图 12-3 创建其余图块

拼装装配图

12.2.3 拼装装配图

(1)在"图层特性管理器"图层列表中选择"CSX"图层,将其置为当前图层。

(2)单击"默认"选项卡"块"面板中"插入"下拉列表中的"最近使用的块"选项,弹出"块"选项板,单击控制选项中的"浏览"按钮,选择"底板图块",在屏幕上指定插入点,单击"确定"按钮,插入结果如图 12-4 所示。

> 说明:
> 由于图纸大小等原因,某些零件图会进行比例缩放,在标题栏中已标明比例值,插入到装配图中,应统一比例。可以直接创建图块,在图块插入时还原比例为 1∶1;也可先把图形缩放成 1∶1 的,再创建块、插入块。

(3)单击"默认"选项卡"块"面板中"插入"下拉列表中的"最近使用的块"选项,弹出"块"选项板,单击控制选项中的"浏览"按钮,选择"后箱板图块",设置"比例"为 4,在屏幕上指定插入点,插入图块。

(4)单击"默认"选项卡"修改"面板中的"分解"按钮 ,分解图块。

(5)单击"默认"选项卡"修改"面板中的"移动"按钮 ,捕捉后箱板水平边线中心,放置图块,结果如图 12-5 所示。

(6)插入块。单击"默认"选项卡"块"面板中"插入"下拉列表中的"最近使用的块"选项,弹出"块"选项板,单击控制选项中的"浏览"按钮,选择"侧板图块"。设置"比例"为 2,"旋转角度"为-90°,捕捉后箱板左侧边线端点,放置图块,结果如图 12-6 所示。

图 12-4 插入结果　　图 12-5 移动"后箱板图块"　　图 12-6 插入"侧板图块"

说明：

图块的旋转角度设置规则为：以水平向右为转动 0°，逆时针旋转为正角度值，顺时针旋转为负角度值。

（7）插入块。单击"默认"选项卡"块"面板中"插入"下拉列表中的"最近使用的块"选项，弹出"块"选项板，单击控制选项中的"浏览"按钮，选择"吊耳板图块"，捕捉侧板左侧边线上端点，放置图块，结果如图 12-7 所示。

（8）移动图块。单击"默认"选项卡"修改"面板中的"移动"按钮✥，沿侧板左侧边线向下移动 50，结果如图 12-8 所示。

（9）插入块。单击"默认"选项卡"块"面板中 "插入"下拉列表中的"最近使用的块"选项，弹出"块"选项板，单击控制选项中的"浏览"按钮，将"油管座图块""安装板 30 图块""筋板图块""轴承座图块"（"比例"为 4）按照装配关系放置到适当位置，结果如图 12-9 所示。

图 12-7 插入"吊耳板"图块　　图 12-8 移动"吊耳板图块"　　图 12-9 拼接图块

说明：

设置图块的比例有以下几种方法：
（1）在弹出的"块"选项板"比例"选项中分别设置"X"向、"Y"向、"Z"向比例。
（2）完成插入后，利用"缩放"按钮 设置缩放比例。

12.2.4 补全装配图

补全装配图

（1）单击"默认"选项卡"绘图"面板中的"直线"按钮／和"偏移"按钮⊆，在俯视图中绘制侧板部分，绘制竖直直线，并将直线向右偏移 25，结果如图 12-10 所示。

（2）单击"默认"选项卡"修改"面板中的"镜像"按钮△，向右侧镜像"侧板图块""吊耳板图块"，将其放置到"后箱板图块"右侧，绘制结果如图 12-11 所示。

（3）单击"默认"选项卡"修改"面板中的"分解"按钮 ，分解"底板图块"。

（4）单击"默认"选项卡"修改"面板中的"旋转"按钮 ，将"底板图块"俯视图绕中心旋转 180°。

图 12-10 绘制俯视图　　　　图 12-11 镜像结果

（5）单击"默认"选项卡"绘图"面板中的"矩形"按钮▭，捕捉图 12-11 中点 1，绘制矩形，另一交点坐标为（@-50,-20）。

（6）单击"默认"选项卡"修改"面板中的"分解"按钮，分解矩形。

（7）单击"默认"选项卡"修改"面板中的"偏移"按钮，将矩形左侧边线向右偏移 42，完成吊耳板俯视图的绘制，结果如图 12-12 所示。

（8）单击"默认"选项卡"修改"面板中的"复制"按钮和"镜像"按钮，将上步绘制的吊耳板俯视图向下复制 250，同时镜像复制后的结果，绘制结果如图 12-13 所示。

（9）单击"默认"选项卡"绘图"面板中的"直线"按钮，在"轴承座图块"内部绘制侧面筋板图，结果如图 12-14 所示。

图 12-12 绘制吊耳板　　　　图 12-13 镜像结果　　　　图 12-14 绘制筋板

（10）在"图层特性管理器"图层列表中选择"ZXX"图层，将其置为当前图层。

（11）单击"默认"选项卡"绘图"面板中的"直线"按钮和"偏移"按钮，绘制孔定位线，结果如图 12-15 所示。

图 12-15 绘制孔定位线

(12)在"图层特性管理器"图层列表中选择"CSX"图层,将其置为当前图层。

(13)单击"绘图"工具栏中的"圆"按钮⊙,在后箱板上绘制孔,尺寸设置如下:

孔 1:$R8$、$R7$

孔 2:$R8$

孔 3:$\phi130$

孔 4:$\phi70$

孔 5:$R18$、$R17$

孔 6:$R5$、$R4$

孔 7:$R6$、$R5$

绘制结果如图 12-16 所示。

图 12-16 绘制结果

(14)单击"默认"选项卡"修改"面板中的"复制"按钮♡,将孔 1 沿 Y 轴负方向复制,位移依次为 93、186、282、375、468;将孔 6 沿 Y 轴负方向复制,位移依次为 111、225;将孔 1 最下方复制结果和孔 6 沿 X 轴正方向复制,位移依次为 114、228、343。

(15)单击"默认"选项卡"修改"面板中的"打断"按钮凹,打断、修剪中心线,结果如图 12-17 所示。

图 12-17 复制孔

（16）单击"默认"选项卡"修改"面板中的"镜像"按钮△，向右侧镜像孔 1、孔 2 与孔 6 及其在步骤（14）中的复制结果，如图 12-18 所示。

（17）单击"默认"选项卡"绘图"面板中的"直线"按钮 、"偏移"按钮 和"修剪"按钮 ，捕捉前视图孔的中心线，将中心线向两侧偏移 17、18，26，绘制孔 5 俯视图，结果如图 12-19 所示。

（18）单击"默认"选项卡"绘图"面板中的"样条曲线拟合"按钮 ，绘制剖面界线。

（19）单击"默认"选项卡"绘图"面板中的"图案填充"按钮 ，选择填充边界，将绘制图层切换到"XSX"，结果如图 12-20 所示。

图 12-18 镜像结果　　　　图 12-19 绘制孔俯视图　　　　图 12-20 绘制剖面图

12.2.5 修剪装配图

（1）单击"默认"选项卡"修改"面板中的"分解"按钮 ，选择所有图块进行分解。

（2）单击"默认"选项卡"修改"面板中的"修剪"按钮 、"删除"按钮 与"打断于点"按钮 ，对装配图进行细节修剪，结果如图 12-21 所示。

> **说明：**
> 修剪规则：装配图中两个零件接触表面只绘制一条实线，非接触表面及非配合表面绘制两条实线。两个或两个以上零件的剖面图相互连接时，需要使其剖面线各不相同以便区分，但同一个零件在不同位置的剖面线必须保持一致。

12.2.6 绘制焊缝

(1) 单击"默认"选项卡"修改"面板中的"复制"按钮、"镜像"按钮和"绘图"面板中的"图案填充"按钮，绘制焊缝，结果如图 12-22 所示。

图 12-21　修剪装配图　　　　　　　图 12-22　绘制焊缝

(2) 单击"插入"选项卡"块定义"面板中"创建块"下拉列表中的"写块"按钮，弹出"写块"对话框，选择单个单面焊缝，创建"焊缝 5 图块"。

(3) 单击"默认"选项卡"修改"面板中的"缩放"按钮，选择绘制完成的视图，输入比例 0.5。

(4) 单击"默认"选项卡"修改"面板中的"移动"按钮，分别捕捉前视图与俯视图左下角点，将其移动到（135,470）、（135,100），绘制结果如图 12-23 所示。

图 12-23　放置结果

12.2.7 绘制剖视图 A–A

(1) 单击"默认"选项卡"绘图"面板中的"直线"按钮，在空白处绘制螺纹孔轮廓，尺寸结果如图 12-24 所示。

(2) 单击"插入"选项卡"块定义"面板中"创建块"下拉列表中的"写块"按钮，弹出"写块"对话框，创建块"螺纹孔 M22 图块"。

(3) 单击"默认"选项卡"块"面板中的"插入"按钮，插入"后箱板图块"，设置"旋转"为90°，"比例"为4，将图块放置到空白处。

(4) 用同样的方法继续插入"油管座图块""安装板30图块""螺纹孔M22图块"。

(5) 单击"默认"选项卡"修改"面板中的"移动"按钮，按图12-25放置图块。

图12-24 绘制螺纹孔

图12-25 放置图块

说明：

单击"线宽"按钮，图形显示线宽，可以更直观、生动地显示绘制结果。但在某些局部区域由于线宽会遮盖图形，不利于图形显示。因此，本章在绘图过程中不再赘述线宽模式的打开与关闭。读者在绘图过程中可灵活使用此命令，合理显示图形。

(6) 单击"默认"选项卡"绘图"面板中的"样条曲线拟合"按钮，在"XSX"层绘制剖面线。

(7) 单击"默认"选项卡"修改"面板中的"分解"按钮，分解图块。

(8) 单击"默认"选项卡"修改"面板中的"删除"按钮，删除多余对象，结果如图12-26所示。

(9) 单击"默认"选项卡"修改"面板中的"偏移"按钮，将线1向右偏移6.5、7.5、12.5、17.5、18.5，将线2向下偏移25，将线3分别向两侧偏移35。

(10) 单击"默认"选项卡"修改"面板中的"倒角"按钮和"镜像"按钮，选择安装板部分，距离为2，倒角为20°。命令行提示与操作如下：

图12-26 删除结果

```
命令：CHAMFER↙
("不修剪"模式) 当前倒角长度 = 2.0000，角度 = 20
选择第一条直线或 [放弃(U)/多段线(P)/距离(D)/角度(A)/修剪(T)/方式(E)/多个(M)]：(选择图12-27中的线1)
选择第二条直线，或按住 Shift 键选择直线以应用角点或 [距离(D)/角度(A)/方法(M)]：(选择图12-27中的线2)
命令：_mirror
选择对象：找到 1 个
选择对象：
指定镜像线的第一点：
指定镜像线的第二点：(选择图12-27中线1、2下方的中心线)
要删除源对象吗？[是(Y)/否(N)] <N>：
```

(11) 单击"修改"工具栏中的"修剪"按钮，修剪图形，结果如图12-27所示。

(12) 在"图层特性管理器"图层列表中选择"XSX"图层，将其置为当前图层。

（13）单击"默认"选项卡"绘图"面板中的"图案填充"按钮，打开"图案填充创建"选项卡，选择"ANSI31"图案，"颜色"为"绿色"，"图案填充角度"为 0，"填充图案比例"为 2，单击"拾取点"按钮，在图中选择后箱板部分。完成选择后，按下 Enter 键，返回对话框，设置"角度"为 90，其余参数设置不变，单击"拾取点"按钮，在图中选择其余部分，填充结果 12-28 所示。

图 12-27 修剪结果　　　　　　　　图 12-28 填充结果

（14）单击"默认"选项卡"块"面板中"插入"下拉列表中的"最近使用的块"选项，弹出"块"选项板。单击控制选项中的"浏览"按钮，选择"焊缝 5 图块"，在屏幕上指定插入点、比例和旋转角度，将该图块插入图形中。命令行提示与操作如下：

```
命令：INSERT↙
指定插入点或 [基点(B)/比例(S)/X/Y/Z/旋转(R)]：r↙
指定旋转角度 <0>：90 ↙
指定插入点或 [基点(B)/比例(S)/X/Y/Z/旋转(R)]：s↙
指定 XYZ 轴的比例因子 <1>：0.4 ↙
指定插入点或 [基点(B)/比例(S)/X/Y/Z/旋转(R)]：(绘制焊缝1)
命令：INSERT↙
指定插入点或 [基点(B)/比例(S)/X/Y/Z/旋转(R)]：s↙
指定 XYZ 轴的比例因子 <1>：0.4 ↙
指定插入点或 [基点(B)/比例(S)/X/Y/Z/旋转(R)]：r↙
指定旋转角度 <0>：-180 ↙
指定插入点或 [基点(B)/比例(S)/X/Y/Z/旋转(R)]：(绘制焊缝2)
命令：INSERT↙
指定插入点或 [基点(B)/比例(S)/X/Y/Z/旋转(R)]：r↙
指定旋转角度 <0>：90 ↙
指定插入点或 [基点(B)/比例(S)/X/Y/Z/旋转(R)]：s↙
指定 XYZ 轴的比例因子 <1>：0.4 ↙
指定插入点或 [基点(B)/比例(S)/X/Y/Z/旋转(R)]：(绘制焊缝3)
命令：INSERT↙
指定插入点或 [基点(B)/比例(S)/X/Y/Z/旋转(R)]：s↙
指定 XYZ 轴的比例因子 <1>：0.4 ↙
指定插入点或 [基点(B)/比例(S)/X/Y/Z/旋转(R)]：r↙
指定旋转角度 <0>：-180 ↙
指定插入点或 [基点(B)/比例(S)/X/Y/Z/旋转(R)]：(绘制焊缝4)
```

绘制结果如图 12-29 所示。

图 12-29　绘制焊缝

绘制 B 向视图

12.2.8　绘制 B 向视图

（1）在"图层特性管理器"图层列表中选择"ZXX"图层，将其置为当前图层。

（2）单击"默认"选项卡"绘图"面板中的"直线"按钮 ╱，在空白处绘制竖直、水平两条相交中心线。

> **说明：**
> 中心线的作用是确定零件三视图的布置位置和主要结构的相对位置，长度不需要很精确，可以根据需要随时调整其长度，相互之间的间距则要看中心线所表示的具体含义来分别对待。具体而言，视图的中心线之间的间距可以大略估计设置，同一视图内中心线之间的间距必须准确。

（3）在"图层特性管理器"图层列表中选择"CSX"图层，将其置为当前图层。

单击"默认"选项卡"绘图"面板中的"圆"按钮 ⊙，捕捉上步绘制的相交中心线交点，分别绘制直径为 120、96、70 的圆，其中直径为 96 的圆在"ZXX"图层上。

（4）单击"默认"选项卡"绘图"面板中的"圆"按钮 ⊙，捕捉直径为 96 的圆与水平中心线的交点作为圆心，绘制直径为 12、10 的圆，结果如图 12-30 所示。

（5）单击"默认"选项卡"修改"面板中的"打断"按钮 和"打断与点"按钮 ，打断直径为 12 的圆与水平中心线，将圆弧放置在"XSX"层，结果如图 12-31 所示。

图 12-30　绘制圆

图 12-31　打断圆与直线

> **说明：**
> 执行"打断"命令，按照逆时针方向删除所选两点间图元时，如图 12-31 中选择打断点时，先选择左上点，再选左下点，删除小圆弧；反之，则删除大圆弧。

（6）单击"默认"选项卡"修改"面板中的"环形阵列"按钮，阵列直径为 12 的圆、直径为 10 的圆弧、打断的水平中心线，阵列数为 6，结果如图 12-32 所示。

> **说明:**
> 也可直接利用"圆弧"命令绘制直径为12的圆弧。

（7）在"图层特性管理器"图层列表中选择"XSX"图层，将其置为当前图层。

（8）单击"默认"选项卡"绘图"面板中的"样条曲线拟合"按钮，绘制向视图边界，结果如图 12-33 所示。

图 12-32　阵列孔　　　　　图 12-33　绘制样条曲线

12.2.9　绘制 C 向视图

按照绘制 B 向视图的方法绘制 C 向视图，其中，圆尺寸为 $\phi200$、$\phi164$、$\phi130$、$\phi12$、$\phi10$，C 向视图比例为 1∶2，绘图时尺寸减半，结果如图 12-34 所示。

（1）单击"默认"选项卡"修改"面板中的"偏移"按钮和"绘图"面板中的"直线"按钮，将线 1 向两侧各偏移 5，连接偏移线与外圆交点 1、2，绘制竖直直线，向右偏移竖直直线，距离为 3、20，结果如图 12-35 所示。

图 12-34　绘制 C 向视图　　　　　图 12-35　偏移直线

（2）单击"默认"选项卡"修改"面板中的"延伸"按钮，延伸、修剪筋板，结果如图 12-36 所示。

（3）单击"默认"选项卡"修改"面板中的"环形阵列"按钮，阵列上步绘制的筋板部分，阵列数为 3，结果如图 12-37 所示。

（4）在"图层特性管理器"图层列表中选择"XSX"图层，将其置为当前图层。

（5）单击"默认"选项卡"绘图"面板中的"样条曲线拟合"按钮，绘制向视图边界，结果如图 12-38 所示。

> **说明:**
> 若绘图比例不是 1∶1 时，读者可按照标注把实际尺寸减半，但若图形复杂，尺寸计算过于烦琐，亦可按原尺寸绘制图形，利用"缩放"命令，按比例缩放图形。根据不同情况，读者可自行选择方法。

图 12-36　绘制筋板　　　　图 12-37　阵列筋板　　　　图 12-38　绘制样条曲线

12.2.10　绘制剖视图 D-D

绘制剖视图 D-D

（1）单击"默认"选项卡"修改"面板中的"复制"按钮，复制俯视图中轴承座与筋板部分到空白处。

（2）单击"默认"选项卡"绘图"面板中的"圆弧"按钮，绘制剖视图边界，结果如图 12-39 所示。

说明：
在绘制图形过程中，为节省时间与人工，对某些相似图形，可以直接复制，在此基础上进行修改。

（3）单击"默认"选项卡"修改"面板中的"偏移"按钮，将中心线分别向两侧偏移 33.5、1，将水平直线 1 向上偏移 1.9、3.5，结果如图 12-40 所示。

（4）单击"默认"选项卡"修改"面板中的"修剪"按钮，修剪偏移直线，结果如图 12-41 所示。

图 12-39　复制图形　　　　图 12-40　偏移直线　　　　图 12-41　修剪直线

（5）单击"默认"选项卡"绘图"面板中的"图案填充"按钮，打开"图案填充创建"选项卡，选择"ANSI31"图案，"颜色"为"绿色"，"图案填充角度"为 0，"填充图案比例"为 2，单击"拾取点"按钮，在图中选择后箱板部分。完成选择后返回选项卡，设置"图案填充角度"为 90°，其余参数设置不变，单击"拾取点"按钮，在图中选择轴承座部分，填充结果如图 12-42 所示。

（6）单击"默认"选项卡"修改"面板中的"延伸"按钮和"绘图"面板中的"图案填充"按钮，绘制焊缝，结果如图 12-43 所示。

图 12-42　填充结果　　　　　　　图 12-43　绘制焊缝

12.2.11　标注装配图尺寸

标注装配图尺寸

在"图层特性管理器"图层列表中选择"BZ"图层，将其置为当前图层。

1. 无公差尺寸标注 1

(1) 设置装配体尺寸标注样式。单击"默认"选项卡"注释"面板中的"标注样式"按钮，弹出"标注样式管理器"对话框，单击"新建"按钮，系统弹出"创建新标注样式"对话框，创建"装配体尺寸标注"样式，在"创建新标注样式"对话框中单击"继续"按钮，系统弹出"新建标注样式"对话框，其中在"线"选项卡中，设置尺寸线和尺寸界线的"颜色"为"Bylayer"，其他不变。在"符号和箭头"选项卡中，设置"箭头大小"为 5，其他不变。在"文字"选项卡中，设置"颜色"为"Bylayer"，"文字高度"为 10，在"文字对齐"选项组中选择"与尺寸线对齐"单选按钮，其他设置不变，其他选项卡不变，如图 12-44 所示。

图 12-44　创建新标注样式"装配体尺寸标注"

(2) 标注无公差基本尺寸和无公差参考尺寸。

① 单击"默认"选项卡"注释"面板中的"线性"按钮，标注基本尺寸"25""80"，结果如图 12-45 所示。

② 单击"默认"选项卡"注释"面板中的"线性"按钮，标注参考尺寸"2"，输入"(2)"，结果如图 12-46 所示。

图 12-45　标注基本尺寸　　　　图 12-46　标注参考尺寸

(3) 标注无公差孔尺寸。

① 单击"默认"选项卡"注释"面板中的"线性"按钮，标注孔⌀12，输入"M12×1.5 深 25"。

② 单击"默认"选项卡"注释"面板中的"线性"按钮，标注孔⌀22，输入"M22×1.5 深 18　孔深 25"。

③ 单击"默认"选项卡"注释"面板中的"直径"按钮，选择外圆弧，标注孔⌀12，输入"6-M12 深 27　均布孔深 32"。

④ 单击"默认"选项卡"注释"面板中的"线性"按钮，标注孔ϕ10，输入"%%C10"。

⑤ 单击"默认"选项卡"注释"面板中的"线性"按钮，标注孔ϕ120，输入"%%C120"，结果如图12-47所示。

（4）标注无公差角度尺寸。单击"默认"选项卡"注释"面板中的"角度"按钮，标注安装板倒角角度20°，结果如图12-48所示。

图12-47 标注孔尺寸值　　　　　　　　图12-48 标注角度

2. 带公差尺寸标注

（1）设置带公差标注样式。单击"默认"选项卡"注释"面板中的"标注样式"按钮，创建"装配体尺寸标注（带公差）"样式，基础样式为"装配体尺寸标注"。在"创建新标注样式"对话框中，单击"继续"按钮，在弹出的"新建标注样式"对话框中，打开"公差"选项卡，设置"方式"为"对称"，"精度"为"0.000"，"上偏差"为"0.2"，在"消零"选项组中勾选"后续"复选框，其余为默认值，如图12-49所示，并将"装配体尺寸标注（带公差）"样式设置为当前样式。

（2）标注带公差线性尺寸。单击"默认"选项卡"注释"面板中的"线性"按钮，标注带公差尺寸，结果如图12-50所示。

图12-49 创建新标注样式"装配体尺寸标注（带公差）"　　图12-50 标注带公差尺寸

（3）替代带公差标注样式。单击"默认"选项卡"注释"面板中的"标注样式"按钮，单击"替代"按钮，基础样式为"装配体尺寸标注（带公差）"。在弹出的"替代标注样式"对话框中，打开"文字"选项卡，勾选"绘制文字边框"复选框，其余为默认值，如图12-51所示。

（4）标注理论正确值。单击"默认"选项卡"注释"面板中的"直径"按钮，标注主视图中圆理论正确值"⌀96"，结果如图12-52所示。

图12-51 替代标注样式"装配体尺寸标注（带公差）"　　　图12-52 标注直径

3．无公差尺寸标注2

（1）设置带比例标注样式。单击"默认"选项卡"注释"面板中的"标注样式"按钮，创建"装配体尺寸标注 2"样式，基础样式为"装配体尺寸标注"。在"创建新标注样式"对话框中，单击"继续"按钮，在弹出的"新建标注样式"对话框中，打开"主单位"选项卡，设置"比例因子"为2，其余为默认值，如图12-53所示，并将"装配体尺寸标注2"样式设置为当前样式。

图12-53 创建新标注样式"装配体尺寸标注2"

> **说明：**
> 机械制图国家标准中规定，标注的尺寸值必须是零件的实际尺寸，而不是图形的。这里之所以修改标注样式，是因为上节最后一步操作时将图形整个缩小了一半。在此将"比例因子"设置为2，标注出的尺寸数值刚好恢复为原来绘制时的数值。

(2) 标注孔定位尺寸。单击"默认"选项卡"注释"面板中的"线性"按钮，标注孔定位尺寸"60""44""14""15"，结果如图12-54所示。

图 12-54　标注孔定位尺寸

(3) 标注外轮廓尺寸。

① 单击"默认"选项卡"注释"面板中的"线性"按钮，标注主视图水平总尺寸"710"。
② 单击"默认"选项卡"注释"面板中的"线性"按钮，标注主视图竖直总尺寸"531"。
③ 单击"默认"选项卡"注释"面板中的"线性"按钮，标注俯视图竖直尺寸"50""270""2"，结果如图12-55所示。

(4) 标注参考尺寸。单击"默认"选项卡"注释"面板中的"线性"按钮，标注主视图竖直参考尺寸"31"，输入"（31）"，用同样的方法继续标注其余参考尺寸，结果如图12-56所示。

图 12-55　标注外轮廓尺寸

图 12-56　标注参考尺寸

(5) 标注孔。

① 单击"默认"选项卡"注释"面板中的"线性"按钮，标注俯视图孔尺寸"ϕ52"，

结果如图 12-57 所示。

② 单击"默认"选项卡"注释"面板中的"直径"按钮⊙，标注主视图ϕ16孔，输入"2-ϕ16深47"，结果如图 12-58 所示。

图 12-57　标注孔尺寸"ϕ52"

图 12-58　标注ϕ16孔

③ 同样的方法继续标注其余孔，结果如图 12-59 所示。

图 12-59　标注孔结果

4．带公差标注样式 2

（1）设置基本尺寸标注样式 2。单击"默认"选项卡"注释"面板中的"标注样式"按钮，创建"装配体尺寸标注 2（带公差）"样式，基础样式为"装配体尺寸标注 2"。在"创建新标注样式"对话框中，单击"继续"按钮，在弹出的"新建标注样式"对话框中，打开"公差"选项卡，设置"方式"为"对称"，"精度"为"0.000"，其余为默认值，如图 12-60 所示，并将"装配体尺寸标注 2（带公差）"样式设置为当前样式。

（2）单击"默认"选项卡"注释"面板中的"线性"按钮，标注带对称偏差的尺寸，结果如图 12-61 所示。

图 12-60　创建新标注样式"装配体尺寸标注 2（带公差）"

图 12-61　标注带公差的尺寸

(3) 单击"替代"按钮,在"公差"选项卡中修改"上偏差"值依次为 0.5、0.1,选择不同尺寸,结果如图 12-62 所示。

图 12-62　标注其余尺寸

(4) 单击"替代"按钮,在"公差"选项卡中选择"方式"为"极限偏差",设置"精度"为"0.000","比例"为 0.67,为不同尺寸设置不同上、下偏差值,结果如图 12-63 所示。

图 12-63　标注上下偏差

(5) 用同样的方法,在"公差"选项卡中选择"方式"为"基本尺寸",标注参考尺寸值,结果如图 12-64 所示。

图 12-64　参考尺寸标注结果

(6)单击"替代"按钮,在"公差"选项卡中选择"方式"为"无",在"文字"选项卡中选择"ISO 标准"。

(7)单击"注释"选项卡"标注"面板中的"更新"按钮,选取视图中孔尺寸标注,修改文字对齐方式,结果如图 12-65 所示。

图 12-65 更新标注

(8)单击"默认"选项卡"注释"面板中的"多行文字"按钮 **A**,补充标注文字说明,结果如图 12-66 所示。

图 12-66 补充标注文字说明

（9）添加几何公差。

① 单击"注释"选项卡"标注"面板中的"公差"按钮，弹出"形位公差"对话框，如图 12-67 所示。单击"符号"，弹出"特征符号"对话框，选择一种公差符号。在"符号""公差1"文本框中输入符号与公差值，单击"确定"按钮，结果如图 12-68 所示。

图 12-67 "形位公差"对话框

图 12-68 添加几何公差结果

② 单击"默认"选项卡"修改"面板中的"复制"按钮，将几何公差添加到对应位置，结果如图 12-69 所示。

图 12-69 添加其余几何公差

（10）添加表面粗糙度的图形符号。

① 单击"默认"选项卡"块"面板中"插入"下拉列表中的"最近使用的块"选项，弹出"块"选项板，单击控制选项中的"浏览"按钮，选择"粗糙度符号3.2"图块，设置"比例"为2，在绘图区适当位置放置结果如图 12-70 所示。

② 用同样的方法继续插入表面粗糙度的图形符号，设置不同值为1.6、6.3、12.5，"比例"为2，以不同角度将表面粗糙度的图形符号插入到视图中。

③ 单击"默认"选项卡"块"面板中"插入"下拉列表中的"最近使用的块"选项，弹出"块"选项板，单击控制选项中的"浏览"按钮，选择"不去除材料的图形符号"图块，插入到标题栏上方，结果如图 12-71 所示。

图 12-70　插入表面粗糙度的图形符号

图 12-71　插入其余表面粗糙度的图形符号

12.2.12　添加文字说明

1. 设置图层

在"图层特性管理器"图层列表中选择"WZ"图层，将其置为当前图层。

2. 设置文字样式

（1）单击"默认"选项卡"注释"面板中的"文字样式"按钮，将"长仿宋"置为当前样式。

（2）插入视图文字。

① 单击"默认"选项卡"绘图"面板中的"直线"按钮、"块"面板中的"插入"按钮，插入"剖切符号""剖面 A""剖视图 A-A"图块，"比例"为 2。

② 单击"默认"选项卡"修改"面板中的"复制"按钮和"分解"按钮，分解图块，修改名称为"D-D""C 向""D 向"等。

③ 单击"默认"选项卡"修改"面板中的"旋转"按钮↻、"镜像"按钮⚠,在绘图区适当位置插入视图名称,结果如图 12-72 所示。

图 12-72　添加视图说明文字

3．绘制焊接符号

(1) 单击"默认"选项卡"绘图"面板中的"多段线"按钮⤴ 和"注释"面板中的"多行文字"按钮**A**,绘制焊接标注,输入焊角尺寸为 5,结果如图 12-73 所示。

(2) 单击"插入"选项卡"块定义"面板中"创建块"下拉列表处的"写块"按钮🗔,弹出"写块"对话框,如图 12-74 所示,创建"焊接标注 5"图块。

图 12-73　焊接标注　　　　　　图 12-74　"写块"对话框

(3) 单击"默认"选项卡"块"面板中"插入"下拉列表中的"最近使用的块"选项,弹出"块"选项板。单击控制选项中的"浏览"按钮,选择"焊接标注 5"图块,在适当位置插入图块。单击"修改"面板中的"分解"按钮🗗,修改焊角尺寸,结果如图 12-75 所示。

293

图 12-75 插入焊接标注

4．标注零件号

（1）在"图层特性管理器"图层列表中选择"XH"图层，将其置为当前图层。

（2）在命令行中输入"QLEADER"，利用引线标注设置零件序号，命令行提示与操作如下：

```
命令：QLEADER✓
指定第一个引线点或 [设置(S)] <设置>：S✓（弹出"引线设置"对话框，打开"引线和箭头"选项卡，在"箭头"下拉列表中选择"·小点"，打开"附着"选项卡，勾选"最后一行加下划线"复选框，如图12-76所示）
指定第一个引线点或 [设置(S)] <设置>：<正交 关>
指定下一点：
指定下一点：
指定文字宽度 <12>：14✓
输入注释文字的第一行 <多行文字(M)>：1✓
输入注释文字的下一行：
```

图 12-76 "引线设置"对话框

结果如图 12-77 所示。

（3）用同样的方法，标注其余零件序号，结果如图 12-78 所示。

第 12 章 箱体总成

图 12-77 标注零件序号 1　　　　　图 12-78 标注其余零件序号

注意：
装配图中所有零件和组件都必须编写序号。装配图中一个零件或组件只编写一个序号，同一装配图中相同的零件编写相同的序号，而且一般只注出一次。装配图中零件序号应与明细栏中序号一致。

零、部件序列号应沿水平或垂直方向按顺时针（或逆时针）方向顺次排列整齐，并尽可能均匀分布。

说明：
序号的字高比尺寸数字大一号或两号。

5．添加技术要求

（1）在"图层特性管理器"图层列表中选择"WZ"图层，将其置为当前图层。
（2）单击"默认"选项卡"注释"面板中的"多行文字"按钮A，标注如下：

技术要求：
1．焊接后应进行消除应力回火及人工时效处理。
2．与箱板总成组合加工 11-M10 和 2-ϕ16 销孔，ϕ130H6、ϕ70H7 和两孔的外端面ϕ134+0.63/0 槽，a 面，并保证箱体总成与箱板总成上的 2 孔ϕ70H7 和ϕ75H7 的同轴度不大于 0.04。
3．除标注处外各处焊角高度不得高于 5mm。
4．锐边倒棱去毛刺。

6．绘制明细表

（1）单击"默认"选项卡"绘图"面板中的"直线"按钮／和"注释"面板中的"多行文字"按钮A，绘制明细表标题。其中，表格高为 7，总长为 120，小格长依次为 12、38、28、12、30，文字高度为 4，如图 12-79 所示。

图 12-79 绘制明细表标题

（2）用同样的方法，标注标题栏上方明细表，结果如图 12-80 所示。

7. 标注标题栏

单击"默认"选项卡"注释"面板中的"多行文字"按钮 A，标注标题栏，结果如图 12-81 所示。

8	SW.032	箱板	1	
7	SW.031	轴承座	1	
6	SW.030	安装板	1	
5	SW.029	油管座	1	
4	SW.028	后箱板	1	
3	SW.027	侧板	2	
2	SW.026	吊耳板	4	
1	SW.025	底板	1	
序号	代号	名称	数量	备注

图 12-80 填写明细表

图 12-81 标注标题栏

12.2.13 保存文件

单击快速访问工具栏中的"保存"按钮 ■，保存文件，零件最终结果如图 12-1 所示。

用同样的方法绘制与本例相似的装配图"SW.04 箱体总成"，完整图形如图 12-82 所示。

图 12-82 SW.04 箱体总成

12.3 上机实验

【练习】绘制如图 12-83 所示的齿轮泵装配图（零件模块见随书电子资源）。

图 12-83 齿轮泵装配图

12.4 模拟试题

绘制如图 12-84 所示的箱座装配图。

图 12-84 箱体装配图

第 13 章 变速器试验箱体总成

本章以变速器试验箱体总成为例,详细讲解大型装配体图纸的绘制过程。在上一章的基础上,对装配体图纸的绘制知识进行复习与巩固,同时对上一章中没有应用的内容进行及时的补充与学习。

13.1 变速器试验箱体总成 1

由于图纸复杂,装配图分为两张,本节主要绘制变速器试验箱总成图纸 1,绘制结果如图 13-1 所示。

13.1.1 新建文件

(1)单击快速访问工具栏中的"新建"按钮,系统打开"选择样板"对话框,选择"A0 样板图模板.dwt"样板文件,单击"打开"按钮,进入绘图环境。

(2)单击快速访问工具栏中的"保存"按钮,弹出"另存为"对话框,输入文件名"SW.01_1 变速器试验箱体总成.dwg",单击"确定"按钮退出对话框。

图 13-1 变速器试验箱总成 1

13.1.2 创建图块

(1)单击快速访问工具栏中的"打开"按钮,打开"SW.03 箱体总成.dwg"文件,关闭

"BZ""XH""WZ"图层。

（2）单击"插入"选项卡"块定义"面板中"创建块"下拉列表处的"写块"按钮，弹出"写块"对话框，分别选择前视图、俯视图中的图形，创建"箱体前视图块""箱体俯视图块"，如图 13-2 所示。

图 13-2 创建图块

（3）单击快速访问工具栏中的"打开"按钮，打开"SW.04 箱板总成.dwg"文件，关闭"BZ""XH""WZ"图层。

（4）单击"插入"选项卡"块定义"面板中"创建块"下拉列表处的"写块"按钮，弹出"写块"对话框，分别选择前视图、俯视图中的图形，创建"箱板前视图块""箱板俯视图块"，如图 13-3 所示。

（5）用同样的方法，创建"前端盖左视图块""花键套图块"（左视图）"连接盘主视图块""连接盘左视图块""端盖图块"（主视图）"支撑套图块""轴图块""输入齿轮图块""输出齿轮图块""后端盖主视图块""后端盖左视图块""配油套图块"（左视图）"箱盖图块"（左视图）。

图 13-3 创建图块

13.1.3 拼装装配图

拼装装配图

（1）在"图层特性管理器"图层列表中选择"CSX"图层，将其置为当前图层。

（2）单击"默认"选项卡"块"面板中"插入"下拉列表中的"最近使用的块"选项，弹出"块"选项板，如图 13-4 所示，单击控制选项中的"浏览"按钮，选择"箱体俯视图块"，在屏幕上指定插入点、比例和旋转角度，将该图块插入图形中，如图 13-5 所示，命令行提示与操作如下：

```
命令：_insert
指定插入点或 [基点(B)/比例(S)/旋转(R)]: s↙
指定 XYZ 轴的比例因子 <1>: 2 ↙
指定插入点或 [基点(B)/比例(S)/旋转(R)]: R↙
指定旋转角度 <0>: 180↙
指定插入点或 [基点(B)/比例(S)/旋转(R)]:985,560↙
```

（3）单击"默认"选项卡"块"面板中"插入"下拉列表中的"最近使用的块"选项，弹出"块"选项板，单击控制选项中的"浏览"按钮，选择"箱板俯视图块"，在屏幕上指定插入点、比例和旋转角度，将该图块插入图形中，结果如图 13-6 所示。

图 13-4 "块"选项板

图 13-5 插入结果

图 13-6 插入图块

整理装配图

13.1.4 整理装配图

（1）单击"默认"选项卡"修改"面板中的"分解"按钮，分解图块。

（2）单击"默认"选项卡"修改"面板中的"删除"按钮和"修剪"按钮，适当修剪图形，结果如图 13-7 所示。

图 13-7 修剪图形

（3）继续执行插入块命令，打开"块"选项板，单击"浏览"按钮，选择"花键套图块""前端盖左视图图块"。设定插入属性，"旋转角度"为 90°，放置图块，结果如图 13-8 所示。

图 13-8 插入图块

（4）继续执行插入块命令，插入其余图块，结果如图 13-9 所示。

图 13-9　插入其余图块

（5）打开"插入"对话框，选择绘制完成的螺栓组图块，结果如图 13-10 所示。

图 13-10　插入螺栓组图块

（6）单击"默认"选项卡"修改"面板中的"分解"按钮，分解插入的图块。

（7）单击"默认"选项卡"修改"面板中的"删除"按钮和"修剪"按钮，修剪多余图线。

（8）打开"图层特性管理器"选项板，新建"XX"图层，加载的线型为"ACAD_IS002W100"，颜色为"绿色"，其余参数为默认值，并将其置为当前图层。单击"绘图"工具栏中的"多段线"按钮，绘制箱体配合，结果如图 13-11 所示。

图 13-11　补充装配图

图 13-11　补充装配图（续）

（9）打开"图层特性管理器"选项板，新建"TC"图层，"颜色"为"洋红"，其余参数为默认值，并将其置为当前图层。

（10）单击"默认"选项卡"绘图"面板中的"图案填充"按钮，弹出"图案填充创建"选项卡，选择"ANSI31"图案，单击"拾取点"按钮，设置不同比例和不同角度进行填充，填充结果如图 13-12 所示。

图 13-12　填充结果

标注视图尺寸

13.1.5　标注视图尺寸

（1）在"图层特性管理器"图层列表中选择"BZ"图层，将其置为当前图层。

（2）设置标注样式：单击"默认"选项卡"注释"面板中的"标注样式"按钮，单击"修改"按钮，修改"装配体尺寸标注"样式，在弹出的"修改标注样式"对话框中，分别打开"符号和箭头""文字"选项卡，设置"箭头大小"为10，"文字高度"为20，勾选"ISO 标准"单选按钮，其余为默认值，如图 13-13 所示，并将"装配体尺寸标注"样式设置为当前样式。

图 13-13　设置新标注样式"装配体尺寸标注"

（3）标注外轮廓尺寸。单击"默认"选项卡"注释"面板中的"线性"按钮，标注装配图中的外形尺寸，结果如图 13-14 所示。

图 13-14　标注外形尺寸

13.1.6　标注零件号

（1）在"图层特性管理器"图层列表中选择"XH"图层，将其置为当前图层。

（2）在命令行中输入"QLEADER"，利用引线标注设置零件序号，命令行提示与操作如下：

```
命令：QLEADER↙
指定第一个引线点或 [设置(S)] <设置>：S↙（弹出"引线设置"对话框，打开"引线和箭头"选项卡，在"箭头"下拉列表中选择"小点"；打开"附着"选项卡，勾选"最后一行加下划线"复选框，如图 13-15 所示）
指定第一个引线点或 [设置(S)] <设置>：　<正交 关>
指定下一点：
指定下一点：
指定文字宽度 <12>：22↙
输入注释文字的第一行 <多行文字(M)>：1↙
输入注释文字的下一行：
```

图 13-15 "引线设置"对话框

结果如图 13-16 所示。

图 13-16 标注零件序号

(3) 用同样的方法,标注其余零件序号,结果如图 13-17 所示。

图 13-17 标注其余零件序号

> **说明:**
> 由于粗实线线宽为 0.5,与密封垫厚度相同,无法显示,因此图中不再插入密封垫零件,但标注零件序号时,不可忽略。

13.1.7 添加文字说明

（1）在"图层特性管理器"图层列表中选择"WZ"图层，将其置为当前图层。

（2）在"文字样式"下拉列表中选择"长仿宋"，将其置为当前样式如图 13-18 所示。

（3）插入视图文字。

① 单击"默认"选项卡"块"面板中的"插入"按钮，插入"剖切符号""剖视图 A-A"图块。

② 单击"默认"选项卡"修改"面板中的"复制"按钮和"分解"按钮，分解图块，修改其名称为"E-E""A""B"等。

③ 单击"默认"选项卡"修改"面板中的"移动"按钮、"镜像"按钮，在绘图区适当位置插入视图名称，结果如图 13-19 所示。

图 13-18 "文字样式"下拉列表

图 13-19 添加视图说明文字

（4）填写标题栏。

① 单击"默认"选项卡"注释"面板中的"多行文字"按钮，标注标题栏，结果如图 13-20 所示。

图 13-20 标注标题栏

② 单击快速访问工具栏中的"保存"按钮，保存文件，最终结果如图 13-1 所示。

13.2 变速器试验箱体总成 2

本节主要绘制变速器试验箱总成图纸 2，绘制结果如图 13-21 所示。

图 13-21 变速器试验箱总成图纸 2

13.2.1 新建文件

（1）单击快速访问工具栏中的"新建"按钮，系统打开"选择样板"对话框，选择"A0 样板图模板.dwt"样板文件，单击"打开"按钮，进入绘图环境。

（2）单击快速访问工具栏中的"保存"按钮，弹出"另存为"对话框，输入文件名 "SW.01_2 变速器试验箱体总成.dwg"，单击"确定"按钮退出对话框。

13.2.2 拼装装配图

（1）在"图层特性管理器"图层列表中选择"CSX"图层，将其置为当前图层。

（2）单击"默认"选项卡"块"面板中"插入"下拉列表中的"最近使用的块"选项，弹出"块"选项板，如图 13-22 所示。单击控制选项中的"浏览"按钮，选择"箱体前视图图块""箱板前视图图块"，将图块插入图形中。命令行提示与操作如下：

```
命令：_insert（插入箱体）
指定插入点或 [基点(B)/比例(S)/旋转(R)]：370,105↙（指定插入点）
指定插入点或 [基点(B)/比例(S)/旋转(R)]：
命令：_insert（插入箱板）
指定插入点或 [基点(B)/比例(S)/旋转(R)]：370,460↙（指定插入点）
指定插入点或 [基点(B)/比例(S)/旋转(R)]：
```

插入结果如图 13-23 所示。

图 13-22 "块"选项板

(3) 单击"默认"选项卡"修改"面板中的"镜像"按钮 ⚠，镜像箱体总成图块，取消源对象显示，命令行提示与操作如下：

命令：_mirror
找到 1 个
指定镜像线的第一点：
指定镜像线的第二点：（选择竖直中心线上的点）
要删除源对象吗？[是(Y)/否(N)] <N>：y✓

结果如图 13-24 所示。

图 13-23　插入结果　　　　　　　　　图 13-24　镜像结果

(4) 单击"默认"选项卡"修改"面板中的"分解"按钮 ⬜，分解图块。

(5) 单击"默认"选项卡"修改"面板中的"删除"按钮 ✎，修剪箱体与箱板图块，结果如图 13-25 所示。

(6) 用同样的方法，打开零件图，创建"连接盘左视图块""后端盖主视图块"。

(7) 单击"默认"选项卡"块"面板中的"插入"按钮 🔲，弹出"块"选项板，将上步创建的图块放置到视图中。"比例"为 0.5，在命令行中输入插入点，放置图块，结果如图 13-26 所示。

(8) 单击"默认"选项卡"绘图"面板中的"多边形"按钮 ⬠、"圆"按钮 ⊙ 和"修改"面板中的"复制"按钮 ⁂，绘制孔上螺栓与垫片。

图 13-25 修剪图块　　　　　　图 13-26 插入图形

（9）单击"默认"选项卡"绘图"面板中的"矩形"按钮，捕捉图 13-27 中的箱盖插入点为第一点，（@-355,5）为第二点，绘制矩形箱盖。

（10）单击"默认"选项卡"修改"面板中的"复制"按钮，捕捉点 1，复制俯视图中"底板"至点（370,459）处。

（11）在俯视图中插入"阵列的轴承座"图块，捕捉插入点，"比例"为 0.5。

（12）打开"块"选项板，在箱盖上表面插入"螺栓组 M10"图块，设置"比例"为 0.5，依次与左侧边线间距为 6、57、57、57.5、57.5、57、57，结果如图 13-27 所示。

图 13-27 安装螺栓垫片

图 13-27 安装螺栓垫片（续）

13.2.3 整理装配图

（1）单击"默认"选项卡"修改"面板中的"分解"按钮，分解插入的图块。

（2）单击"默认"选项卡"修改"面板中的"删除"按钮和"修剪"按钮，修剪多余图元，结果如图 13-28 所示。

图 13-28 绘制装配图

13.2.4 绘制向视图

（1）单击"默认"选项卡"绘图"面板中的"直线"按钮、"圆"按钮和"偏移"按钮，绘制相交中心线，将水平中心线向两侧偏移 1.5、17，捕捉中心线交点，绘制直径为 25、27 的圆，结果如图 13-29 所示。

（2）单击"默认"选项卡"绘图"面板中的"样条曲线拟合"按钮和"修改"面板中的"修剪"按钮，绘制向视图边界，同时修剪多余图形，结果如图 13-30 所示。

（3）用同样的方法，绘制 D 向视图，圆尺寸为 $\phi 12$、$\phi 10$，其余尺寸同上，结果如图 13-31 所示。

图 13-29　绘制向视图　　　　图 13-30　修剪 C 向视图　　　　图 13-31　D 向视图绘制结果

13.2.5　标注视图尺寸

（1）在"图层特性管理器"图层列表中选择"BZ"图层，将其置为当前图层。

（2）设置标注样式。单击"默认"选项卡"注释"面板中的"标注样式"按钮，选择"装配体尺寸标注 2"样式，单击"置为当前"按钮，将该样式设置为当前样式。

（3）标注外轮廓尺寸。单击"默认"选项卡"注释"面板中的"线性"按钮，标注装配图中的外形尺寸，结果如图 13-32 所示。

图 13-32　标注外形尺寸

（4）修改标注样式。单击"默认"选项卡"注释"面板中的"标注样式"按钮，选择"装配体尺寸标注（带公差）"样式，单击"修改"按钮，弹出"修改建标注样式"对话框，打开"公差"选项卡，在"方式"中选择"对称"，"精度"为"0.000"，"上偏差"为 0.1，其余参数为默认值，完成设置。

（5）更新标注。单击"注释"选项卡"标注"面板中的"更新"按钮，选取主视图上部的线性尺寸"281"，即可为该尺寸添加尺寸偏差。

（6）替代标注样式。单击"默认"选项卡"注释"面板中的"标注样式"按钮，选择"装配体尺寸标注（带公差）"样式，单击"替代"按钮，在"公差"选项卡中设置"上偏差"为 0.041。

（7）更新标注。单击"注释"选项卡"标注"面板中的"更新"按钮，选取主视图上部的线性尺寸"252"，即可为该尺寸添加尺寸偏差，结果如图 13-33 所示。

图 13-33 添加偏差结果

标注零件号

13.2.6　标注零件号

（1）在"图层特性管理器"图层列表中选择"XH"图层，将其置为当前图层。

（2）在命令行中输入"QLEADER"，弹出"引线设置"对话框，打开"引线和箭头"选项卡，在"箭头"下拉列表中选择"小点"；打开"附着"选项卡，勾选"最后一行加下划线"复选框，输入零件序号，"文字高度"为12，结果如图13-34所示。

图 13-34　标注零件号

添加文字说明

13.2.7　添加文字说明

（1）在"图层特性管理器"图层列表中选择"WZ"图层，将其置为当前图层。

（2）插入视图文字。

在"文字样式"下拉列表中选择"长仿宋"，将其置为当前样式。

① 单击"默认"选项卡"块"面板中的"插入"按钮，插入"剖切符号""剖视图 A-A"图块。

② 单击"默认"选项卡"修改"面板中的"复制"按钮和"分解"按钮，分解图块，修改名称为"E-E""C""D""E""A 向视图""B 向视图""C 向""D 向"等。

③ 单击"默认"选项卡"修改"面板中的"移动"按钮、"复制"按钮和"旋转"

按钮 ↺，在绘图区适当位置插入视图名称，结果如图 13-35 所示。

（3）绘制技术要求。

单击"默认"选项卡"注释"面板中的"多行文字"按钮 A，标注如下技术要求：

① 未装入变速器总成，用于转动两端序号 6 连接盘时，两端转动应轻快，无阻滞感。

② 装入变速器总成后，应在箱体与箱板总成间涂抹密封胶以防漏油。

③ 序号 18 与序号 2，序号 19 与序号 1 装配时，涂抹密封胶，拧紧后进行冲铆。

（4）填写明细表。

单击"默认"选项卡"绘图"面板中的"直线"按钮 ╱ 和"注释"面板中的"多行文字"按钮 A，在标注标题栏上方绘制单格长为 180，宽为 7，行数为 41，列数为 5，间距分别为 20、60、50、20、30，添加明细表内容，结果如图 13-36 所示。

图 13-35　添加视图说明文字

图 13-36　填写明细表

（5）填写标题栏。

① 单击"默认"选项卡"注释"面板中的"多行文字"按钮 A，标注标题栏，结果如图 13-37 所示。

图 13-37　标注标题栏

② 单击快速访问工具栏中的"保存"按钮 🔲 ，保存文件，最终结果如图 13-21 所示。

13.3 上机实验

【练习】创建如图 13-38 所示的齿轮泵装配图（零件模块见随书电子资源）。

图 13-38 齿轮泵装配图

第 3 篇

三维绘制篇

　　本篇以某变速器试验箱全套机械图纸三维工程图为核心,展开讲解机械设计三维工程图绘制的操作步骤、方法和技巧等内容,包括零件三维工程图和装配三维工程图等。
　　本篇内容通过实例加深读者对 AutoCAD 功能的理解,并掌握各种机械零部件三维工程图的绘制方法。

第 14 章 端盖类零件三维图绘制

本章在平面三视图的基础上,绘制端盖类零件的三维模型。以前端盖、密封垫为例,详细讲解三维实体零件的绘制方法。

14.1 前端盖立体图

前端盖立体图

本节主要介绍如何绘制如图 14-1 所示的前端盖立体模型。

图 14-1 前端盖

(1) 新建文件。

① 单击快速访问工具栏中的"新建"按钮 ,系统打开"选择样板"对话框,在"打开"按钮右侧下拉菜单中选择"无样板打开一公制",进入绘图环境。

② 单击快速访问工具栏中的"保存"按钮 ,弹出"另存为"对话框,输入文件名"前端盖立体图.dwg",单击"确定"按钮退出对话框。

(2) 设置线框密度。在命令行中输入"ISOLINES",设置线框密度为 10。

(3) 切换视图。单击"可视化"选项卡"视图"面板中的"西南等轴测"按钮 ,切换到西南等轴测视图。

(4) 绘制圆柱体。单击"三维工具"选项卡"建模"面板中的"圆柱体"按钮 ,底面的中心点在坐标原点,直径、高度分别为(150、-8)、(72.3、-1.97)的圆柱体 1 和圆柱体 2,结果如图 14-2 所示。

(5) 差集运算。单击"三维工具"选项卡"实体编辑"面板中的"差集"按钮 ,从圆柱 1 中减去圆柱体 2,结果如图 14-3 所示。

(6) 消隐结果。单击"视图"选项卡"视觉样式"面板中的"隐藏"按钮 ,对实体进行消隐。

(7) 绘制圆柱体。单击"三维工具"选项卡"建模"面板中的"圆柱体"按钮 ,绘制直径、高度分别为(64.7、-1.97)的圆柱体,结果如图 14-4 所示。

图 14-2 绘制圆柱体

图 14-3 差集结果

（8）并集运算。单击菜单栏"修改"→"实体编辑"→"并集"按钮，合并差集结果为圆柱体3，结果如图14-5所示。

图 14-4 绘制圆柱体

图 14-5 并集结果

（9）消隐实体。单击"视图"选项卡"视觉样式"面板中的"隐藏"按钮，对实体进行消隐。

（10）绘制圆柱体4。单击"三维工具"选项卡"建模"面板中的"圆柱体"按钮，绘制圆心在（0,64,0），直径为17，高度为-8的圆柱体，结果如图14-6所示。

图 14-6 绘制圆柱体

图 14-7 环形阵列结果

（11）阵列孔。选择菜单栏中的"修改"→"三维操作"→"三维阵列"命令，阵列上步绘制的圆柱体，阵列结果如图14-7所示。

（12）差集运算。单击"三维工具"选项卡"实体编辑"面板中的"差集"按钮，在实体中除去阵列结果。

（13）消隐实体。单击"视图"选项卡"视觉样式"面板中的"隐藏"按钮，对实体进行消隐，消隐结果如图14-8所示。

（14）倒角操作。

① 单击"视图"选项卡"导航"面板上"动态观察"下拉列表中的"自由动态观察"按钮，旋转整个实体到适当角度。

② 单击"三维工具"选项卡"实体编辑"面板中的"倒角边"按钮，选择倒角边线倒角

距离为 1，结果如图 14-9 所示。

图 14-8　消隐结果

图 14-9　倒角结果

（15）圆角操作。

① 单击"视图"工具栏中的"西南等轴测"按钮 ，切换视图，结果如图 14-10 所示。

② 单击"三维工具"选项卡"实体编辑"面板中的"圆角边"按钮 ，选择圆角边线，圆角半径为 0.1，圆角消隐结果如图 14-11 所示。

图 14-10　切换视图　　　　　　　　　图 14-11　圆角结果

（16）选择材质。单击"可视化"选项卡"材质"面板中的"材质浏览器"按钮 ，弹出"材质浏览器"选项板，选择附着材质，如图 14-12 所示。选择材质，右击鼠标选择"指定给当前选择"命令，完成材质选择。

图 14-12　"材质浏览器"选项板

（17）渲染实体。单击"可视化"选项卡"渲染"面板中的"渲染到尺寸"按钮 ，弹出

"前端盖"对话框,如图 14-13 所示。

图 14-13 渲染结果

(18)模型显示。

① 单击"视图"选项卡"视口工具"面板中的"UCS 图标"按钮，关闭坐标系。

② 单击"视图"选项卡"视觉样式"面板中的"真实"按钮，显示模型样式,最终结果如图 14-1 所示。

14.2 密封垫立体图

密封垫立体图

本节主要介绍如何绘制如图 14-14 所示的密封垫立体模型。

图 14-14 密封垫

(1)新建文件。

① 单击快速访问工具栏中的"新建"按钮，系统打开"选择样板"对话框,在"打开"按钮右侧下拉菜单中选择"无样板打开一公制",进入绘图环境。

② 单击快速访问工具栏中的"保存"按钮，弹出"另存为"对话框,输入文件名"密封垫 2 立体图.dwg",单击"确定"按钮退出对话框。

(2)设置线框密度。在命令行中输入"ISOLINES",设置线框密度为 10。

(3) 绘制同心圆。单击"默认"选项卡"绘图"面板中的"圆"按钮⊙，绘制圆心在原点的同心圆，直径分别为 150、76，如图 14-15 所示。

(4) 拉伸实体。单击"三维工具"选项卡"建模"面板中的"拉伸"按钮，拉伸上步绘制的圆，拉伸的高度为 0.8，如图 14-16 所示。

图 14-15　绘制同心圆

图 14-16　拉伸结果

(5) 差集运算。单击"三维工具"选项卡"实体编辑"面板中的"差集"按钮，从大圆拉伸实体中减去小圆拉伸实体。

(6) 切换视图。单击"可视化"选项卡"视图"面板中的"西南等轴测"按钮，切换到西南等轴测视图。

(7) 绘制圆柱体。单击"三维工具"选项卡"建模"面板中的"圆柱体"按钮，绘制底面直径为 17，高度 0.8 的圆柱体，结果如图 14-17 所示。

(8) 阵列孔。选择菜单栏中的"修改"→"三维操作"→"三维阵列"命令，阵列上步绘制的圆柱体，结果如图 14-18 所示。

图 14-17　绘制圆柱体

图 14-18　阵列结果

(9) 差集运算。单击"三维工具"选项卡"实体编辑"面板中的"差集"按钮，从拉伸实体中减去圆柱体。

(10) 隐藏实体。单击"视图"选项卡"视觉样式"面板中的"隐藏"按钮，对实体进行消隐，实体绘制结果如图 14-19 所示。

(11) 模型显示。单击"视图"选项卡"视觉样式"面板中的"概念"按钮，显示模型样式。

(12) 设置坐标显示。单击"视图"选项卡"视口工具"面板中的"UCS 图标"按钮，取消坐标系显示，结果如图 14-20 所示。

图 14-19　差集结果　　　　　　　图 14-20　概念图

（13）用同样的方法绘制"密封垫 11 立体图""密封垫 12 立体图"，结果如图 14-21 所示。

图 14-21　"密封垫"概念图

（14）新建文件。

① 单击快速访问工具栏中的"新建"按钮，系统打开"选择样板"对话框，在"打开"按钮右侧下拉菜单中选择"无样板打开—公制"，进入绘图环境。

② 单击快速访问工具栏中的"保存"按钮，弹出"另存为"对话框，输入文件名"端盖立体图.dwg"，单击"确定"按钮退出对话框。

（15）设置线框密度。在命令行中输入"ISOLINES"，设置线框密度为 10。

（16）切换视图。单击"可视化"选项卡"视图"面板中的西南等轴测按钮，转换到西南等轴测视图。

（17）绘制圆柱体。单击"三维工具"选项卡"建模"面板中的"圆柱体"按钮，依次绘制直径为 200、高度为 8，直径为 130、高度为 13，直径为 118、高度为 13 的圆柱体 1、2、3，绘制结果如图 14-22 所示。

（18）并集运算。单击"三维工具"选项卡"实体编辑"面板中的"并集"按钮，合并圆柱体 1、2，结果如图 14-23 所示。

图 14-22　绘制圆柱体　　　　　　图 14-23　合并结果

（19）差集运算。单击"三维工具"选项卡"实体编辑"面板中的"差集"按钮，从合并实体中减去圆柱体 3，结果如图 14-24 所示。

（20）绘制圆柱体 4。单击"三维工具"选项卡"建模"面板中的"圆柱体"按钮，绘制圆点在（0, 82, 0），直径为 13，高为 8 的圆柱体 4，结果如图 14-25 所示。

图 14-24　差集结果

图 14-25　绘制圆柱体 4

（21）阵列实体。选择菜单栏中的"修改"→"三维操作"→"三维阵列"命令，选择上步绘制的圆柱体 4 作为阵列对象，阵列个数为 6，阵列结果如图 14-26 所示。

（22）差集运算。单击"三维工具"选项卡"实体编辑"面板中的"差集"按钮 ⌐，从实体中减去阵列圆柱体，结果如图 14-27 所示。

图 14-26　三维阵列结果

图 14-27　差集结果

（23）倒角操作。单击"三维工具"选项卡"实体编辑"面板中的"倒角边"按钮，选择图 14-27 中的倒角边线，倒角距离为 1，结果如图 14-28 所示．

（24）模型显示。

① 单击"视图"选项卡"视口工具"面板中的"UCS 图标"按钮，取消坐标系显示。

② 单击"视图"选项卡"视觉样式"面板中的"概念"按钮，显示如图 14-14 中所示的实体概念图。

用同样的方法绘制"后端盖立体图"，结果如图 14-29 所示。

图 14-28　倒角结果

图 14-29　后端盖

14.3 名师点拨——透视立体模型

1. 鼠标中键的用法

（1）Ctrl+鼠标中键可以实现类似其他软件的游动漫游功能。

（2）双击鼠标中键相当于执行"ZOOM E"命令。

2. 如何设置视点

在"视点预置"对话框中，如果选用了相对于 UCS 的选择项，关闭对话框，再执行"VPOINT"命令时，系统默认为相对于当前的 UCS 设置视点。其中，视点只确定观察的方向，没有距离的概念。

3. 网格面绘制技巧

如果在顶点的序号前加负号，则生成的多边形网格面的边界不可见。系统变量 SPLFRAME 控制不可见边界的显示。如果变量值非 0，不可见边界变成可见，而且能够进行编辑。如果变量值为 0，则保持边界的不可见性。

4. 三维坐标系显示设置

在三维视图中用动态观察器旋转模型，以不同角度观察模型，单击"西南等轴测"按钮，返回原坐标系；单击"前视""后视""左视""右视"等按钮，观察模型后，再单击"西南等轴测"按钮，坐标系发生变化。

14.4 上机实验

【练习】利用三维动态观察器观察如图 14-30 所示的泵盖。

图 14-30 泵盖

14.5 模拟考试

（1）对三维模型进行操作错误的是（　　）。

A．消隐指的是显示用三维线框表示的对象并隐藏表示后向面的直线

B．在三维模型使用着色后，使用"重画"命令可停止着色图形以网格显示

C．用于着色操作的工具条名称是视觉样式

D．"SHADEMODE"命令配合参数实现着色操作

（2）在 SteeringWheels 控制盘中，单击"动态观察"选项，可以围绕轴心进行动态观察，动态观察的轴心使用鼠标加（　　）键可以调整。

A．Shift　　　　　　B．Ctrl　　　　　　C．Alt　　　　　　D．Tab

（3）VIEWCUBE 默认放置在绘图窗口的（　　）位置。

A．右上　　　　　　B．右下　　　　　　C．左上　　　　　　D．左下

（4）按如下要求创建螺旋体实体，然后计算其体积。其中螺旋线底面直径是 100，顶面的直径是 50，螺距是 5，圈数是 10，丝径直径是（　　）。

A．968.34　　　　　B．16657.68　　　　C．25678.35　　　　D．69785.32

（5）执行"VPOINT"命令，输入视点坐标（-1,-1,1）后，结果与哪个三维视图相同？（　　）

A．西南等轴测　　　B．东南等轴测　　　C．东北等轴测　　　D．西北等轴测

（6）在 UCS 图标默认样式中，下面哪些说明是不正确的？（　　）

A．三维图标样式　　　　　　　　　　B．线宽为 0

C．模型空间的图标颜色为白　　　　　D．布局选项卡图标颜色为 160

第 15 章 箱体零件三维图绘制

本章将以吊耳板、油管座三维模型为例,详细讲解箱体零件三维图的绘制方法。主要用到的建模命令有"圆柱体""长方体"等,还有"差集""并集"等运算命令,交替使用,完成模型的建立。

15.1 吊耳板立体图

吊耳板立体图

本节主要介绍如何绘制如图 15-1 所示的吊耳板立体模型。

图 15-1 吊耳板

(1)新建文件。

① 单击快速访问工具栏中的"新建"按钮 ,系统打开"选择样板"对话框,在"打开"按钮右侧下拉菜单中选择"无样板打开一公制",进入绘图环境。

② 单击快速访问工具栏中的"保存"按钮 ,弹出"另存为"对话框,输入文件名称"吊耳板立体图.dwg",单击"确定"按钮退出对话框。

(2)设置线框密度。在命令行中输入"ISOLINES",设置线框密度 10。

(3)绘制多段线。单击"默认"选项卡"绘图"面板中的"多段线"按钮 ,指定坐标为{(0,0)、(@50,0)、(@0,70)、(@-8,0)、(@-42,-60)},闭合图形,绘制轮廓,结果如图 15-2 所示。

(4)拉伸实体。单击"三维工具"选项卡"建模"面板中的"拉伸"按钮 ,拉伸上步绘制的轮廓线,高度为 20。

(5)切换视图。单击"可视化"选项卡"视图"面板中的"西南等轴测"按钮 ,显示三维实体。

(6)绘制圆柱体。单击"三维工具"选项卡"建模"面板中的"圆柱体"按钮 ,绘制底圆圆心坐标为(0,0,10)、半径为 10、轴端点坐标为(16,0,10)的圆柱体,结果如图 15-3 所示。

(7)并集运算。单击"三维工具"选项卡"实体编辑"面板中的"并集"按钮 ,合并拉伸实体与圆柱体,结果如图 15-4 所示。

图 15-2　绘制轮廓线　　　　图 15-3　绘制圆柱体　　　　图 15-4　并集结果

（8）切换视图。单击菜单栏中的"视图"→"三维视图"→"平面视图"→"当前"命令，进入 XY 平面。

（9）绘制平面草图。

① 单击"默认"选项卡"绘图"面板中的"圆"按钮⊙、"直线"按钮╱和"修改"面板中的"修剪"按钮，绘制圆心在（8,-2），半径为 8 的圆。

② 单击"默认"选项卡"绘图"面板中的"直线"按钮╱，绘制连续直线，坐标分别为（0,-2）、（0,-10）、（8,-10）、（16,-10）、（16,-2）。

③ 单击"默认"选项卡"修改"面板中的"修剪"按钮，修剪多余圆弧。

④ 单击"默认"选项卡"修改"面板中的"打断于点"按钮，在点（8,-10）处打断圆弧。

⑤ 单击"默认"选项卡"绘图"面板中的"面域"按钮，将上步绘制的图形合并成环，创建面域 A、B，结果如图 15-5 所示。

（10）拉伸草图。单击"三维工具"选项卡"建模"面板中的"拉伸"按钮，拉伸上步绘制的面域 A、B，拉伸高度为 20。

（11）切换视图。单击"可视化"选项卡"视图"面板中的"西南等轴测"按钮，显示三维实体，消隐结果如图 15-6 所示。

（12）差集运算。单击"三维工具"选项卡"实体编辑"面板中的"差集"按钮，从实体中减去步骤（10）中拉伸的实体，消隐结果如图 15-7 所示。

图 15-5　绘制轮廓线　　　　图 15-6　拉伸实体　　　　图 15-7　差集结果

（13）绘制圆柱体。单击"三维工具"选项卡"建模"面板中的"圆柱体"按钮，绘制圆柱体，圆心坐标为（30,-8,0）、半径为 15、高为 20，结果如图 15-8 所示。

（14）差集运算。单击"三维工具"选项卡"实体编辑"面板中的"差集"按钮，从实体中减去圆柱体，消隐结果如图 15-9 所示。

（15）圆角操作。单击"三维工具"选项卡"实体编辑"面板中的"圆角边"按钮，倒角半径为 20，结果如图 15-10 所示。

图 15-8　绘制圆柱体　　　　图 15-9　差集结果　　　　图 15-10　倒圆角结果

（16）模型显示。

① 单击"视图"选项卡"视口工具"面板中的"UCS 图标"按钮，取消坐标系显示。

② 单击"视图"选项卡"视觉样式"面板中的"概念"按钮，显示如图 15-1 所示的实体概念图。

用同样的方法绘制"筋板立体图""进油座板立体图"，结果如图 15-11 和图 15-12 所示。

图 15-11　筋板　　　　　　图 15-12　进油座板

15.2　油管座立体图

油管座立体图

本节主要介绍如何绘制如图 15-13 所示的的油管座立体模型。

图 15-13　油管座

（1）新建文件。

① 单击快速访问工具栏中的"新建"按钮，系统打开"选择样板"对话框，在"打开"按钮右侧下拉菜单中选择"无样板打开－公制"，进入绘图环境。

② 单击快速访问工具栏中的"保存"按钮，弹出"另存为"对话框，输入文件名"油管座立体图.dwg"，单击"确定"按钮退出对话框。

(2) 设置线框密度。在命令行中输入"ISOLINES",设置线框密度为 10。
(3) 视图设置。单击"可视化"选项卡"视图"面板中的"西南等轴测"按钮 ,进入三维环境。
(4) 旋转坐标系。在命令行中输入"UCS",将坐标系绕 Y 轴旋转 90°,结果如图 15-14 所示。

图 15-14 旋转坐标系

(5) 绘制圆柱体。单击"三维工具"选项卡"建模"面板中的"圆柱体"按钮 ,以(0,0,0)为圆心,创建直径为 45、高度为 25 的圆柱体,结果如图 15-15 所示。
(6) 隐藏实体。单击"视图"选项卡"视觉样式"面板中的"隐藏"按钮 ,对实体进行消隐,结果如图 15-16 所示。

图 15-15 绘制圆柱体

图 15-16 消隐结果

(7) 模型显示。
① 单击"视图"选项卡"视口工具"面板中的"UCS 图标"按钮 ,取消坐标系显示。
② 单击"视图"选项卡"视觉样式"面板中的"概念"按钮 ,显示如图 15-13 所示的实体概念图。

15.3 名师点拨——拖拽功能限制

使用拖拽功能时,每条导向曲线必须满足以下条件才能正常工作。
(1) 与每个横截面相交。
(2) 从第一个横截面开始。
(3) 到最后一个横截面结束。

15.4 上机实验

【练习 1】绘制如图 15-17 所示的吸顶灯。
【练习 2】绘制如图 15-18 所示的足球门。

图 15-17 吸顶灯

图 15-18 足球门

15.5 模拟考试

（1）按如图 15-19 中图形 1 所示创建单叶双曲表面的实体，然后计算其体积为（　　）。
    A．1689.25　　　　B．3568.74　　　　C．6767.65　　　　D．8635.21

（2）按如图 15-20 所示图形 2 创建实体，然后将其中的圆孔内表面绕其轴线倾斜-5°，最后计算实体的体积为（　　）。
    A．153680.25　　　B．189756.34　　　C．223687.38　　　D．278240.42

图 15-19 图形 1

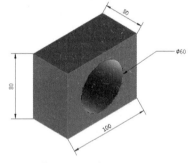

图 15-20 图形 2

（3）绘制如图 15-21 所示的支架图形。

（4）绘制如图 15-22 所示的圆柱滚子轴承。

图 15-21 支架

图 15-22 圆柱滚子轴承

第 16 章 轴套类零件三维图绘制

本章以支撑套、花键套等为例,详细讲述轴套类零件三维图的绘制过程。轴套类零件多为环类零件,多采用"圆柱""差集"命令实现模型绘制。

16.1 支撑套立体图

本节主要介绍如何绘制如图 16-1 所示的支撑套立体模型。

图 16-1 支撑套

(1) 新建文件。

① 单击快速访问工具栏中的"新建"按钮 ,系统打开"选择样板"对话框,在"打开"按钮右侧下拉菜单中选择"无样板打开－公制",进入绘图环境。

② 单击快速访问工具栏中的"保存"按钮 ,弹出"另存为"对话框,输入文件名"支撑套立体图.dwg",单击"确定"按钮退出对话框。

(2) 设置线框密度。在命令行中输入"ISOLINES",设置线框密度为 10。

(3) 绘制圆柱体。

① 单击"可视化"选项卡"视图"面板中的"西南等轴测"按钮 ,转换到西南等轴测视图。

② 单击"三维工具"选项卡"建模"面板中的"圆柱体"按钮 ,在原点绘制两个圆柱体,直径分别为 130、118,高度均为 30,结果如图 16-2 所示。

(4) 差集运算。单击"三维工具"选项卡"实体编辑"面板中的"差集"按钮 ,从大圆柱体中减去小圆柱体,结果如图 16-3 所示。

(5) 倒角操作。单击"三维工具"选项卡"实体编辑"面板中的"倒角边"按钮 ,选择实体上下端面里外四条倒角边线,倒角距离均为 1,结果如图 16-4 所示。

图 16-2 绘制圆柱体　　　图 16-3 差集运算　　　图 16-4 倒角结果

（6）模型显示。

① 单击"视图"选项卡"视口工具"面板中的"UCS 图标"按钮，取消坐标系显示。

② 单击"视图"选项卡"视觉样式"面板中的"概念"按钮，显示如图 16-1 所示的实体概念图。

16.2 花键套立体图

花键套立体图

本节主要介绍如何绘制如图 16-5 所示的花键套立体模型。

图 16-5　花键套

（1）新建文件。

① 单击快速访问工具栏中的"新建"按钮，系统打开"选择样板"对话框，选择"acadiso.dwt"样板文件，单击"打开"按钮，进入绘图环境。

② 单击快速访问工具栏中的"保存"按钮，弹出"另存为"对话框，输入文件名"花键套立体图.dwg"，单击"确定"按钮退出对话框。

（2）设置线框密度。在命令行中输入"ISOLINES"，设置线框密度为 10。

（3）绘制旋转截面。

单击"默认"选项卡"绘图"面板中的"多段线"按钮，依次在命令行中输入坐标点，坐标为{（0,0）、（@0,75）、（@-6,0）、（@0,-37.5）、（@-47.6,0）、（@0,-4.25）、（@-2.7,0）、（@0,4.25）、（@-3.7,0）、（@0,-5.5）、（@-1.5,0）、（@0,-32）}，闭合图形，绘制截面轮廓，结果如图 16-6 所示。

（4）旋转实体 1。单击"三维工具"选项卡"建模"面板中的"旋转"按钮，选择上步绘制的截面作为旋转草图，绕 X 轴旋转，结果如图 16-7 所示。

图 16-6　截面草图

图 16-7　旋转结果

(5）切换视图。单击"可视化"选项卡"视图"面板中的"西南等轴测"按钮，设置视图方向。

(6）隐藏实体。单击"视图"选项卡"视觉样式"面板中的"隐藏"按钮，对实体进行消隐，结果如图 16-8 所示。

(7）旋转坐标系。在命令行中输入"UCS"，将坐标系绕 Y 轴旋转 90°，结果如图 16-9 所示。

(8）绘制孔。单击"三维工具"选项卡"建模"面板中的"圆柱体"按钮，绘制直径分别为 56、47.79，高度分别为 21 和-40.5 的圆柱，结果如图 16-10 所示。

图 16-8 三维实体结果　　　图 16-9 旋转坐标系　　　图 16-10 绘制圆柱体

(9）差集运算。单击"三维工具"选项卡"实体编辑"面板中的"差集"按钮，从旋转实体中减去上步绘制的两个圆柱体，结果如图 16-11 所示。

(10）倒角操作。单击"三维工具"选项卡"实体编辑"面板中的"倒角边"按钮，选择图 16-12 中的倒角边，对实体进行倒角操作，倒角的距离为 0.7，结果如图 16-12 所示。

同理，对其余边线进行倒角操作，倒角距离不变，结果如图 16-13 所示。

图 16-11 消隐结果　　　图 16-12 倒角结果　　　图 16-13 倒角操作

(11）绘制切除截面 1。

① 选择菜单栏中的"视图"→"三维视图"→"平面视图"→"当前"命令，进入 XY 平面，结果如图 16-14 所示。

② 单击"默认"选项卡"图层"面板中的"图层特性"按钮，新建"图层 1"，并将其置为当前图层，绘制截面 1。

③ 单击"默认"选项卡"绘图"面板中的"圆"按钮，分别绘制直径为 47.79、50、53.75，圆心在原点的同心圆，绘制结果如图 16-15 所示。

④ 单击"默认"选项卡"绘图"面板中的"直线"按钮，绘制过原点的竖直中心线，结果如图 16-16 所示。

图 16-14 设置视图　　　　图 16-15 绘制结果　　　　图 16-16 绘制中心线

⑤ 单击"默认"选项卡"修改"面板中的"偏移"按钮和"旋转"按钮，设置辅助线，偏移的距离为 1.594、2.174，旋转的角度为-15°，结果如图 16-17 所示。

⑥ 单击"默认"选项卡"绘图"面板中的"圆弧"按钮，绘制齿形轮廓，结果如图 16-18 所示。

⑦ 单击"默认"选项卡"修改"面板中的"镜像"按钮，镜像左侧齿形，结果如图 16-19 所示。

图 16-17 绘制辅助线　　　　图 16-18 绘制圆弧　　　　图 16-19 镜像圆弧

⑧ 单击"默认"选项卡"修改"面板中的"环形阵列"按钮，阵列齿形轮廓，阵列项目数为 20，结果如图 16-20 所示。

⑨ 单击"默认"选项卡"修改"面板中的"删除"按钮和"修剪"按钮，修剪旋转草图，结果如图 16-21 所示。

⑩ 单击"默认"选项卡"修改"面板中的"分解"按钮，分解阵列结果。

⑪ 单击"默认"选项卡"绘图"面板中的"面域"按钮，将上面绘制完成的草图创建成面域。

（12）绘制切除截面 2。

① 单击"默认"选项卡"图层"面板中的"图层特性"按钮，新建"图层 2"，并将其置为当前图层，绘制截面 2，结果如图 16-22 所示。

图 16-20 阵列齿形轮廓　　　　图 16-21 修剪草图　　　　图 16-22 截面完整图形

② 单击"默认"选项卡"绘图"面板中的"直线"按钮和"旋转"按钮，绘制辅助线，旋转的角度为-8.7°，绘制结果如图 16-23 所示。

③ 单击"默认"选项卡"绘图"面板中的"圆"按钮，捕捉圆心绘制直径分别为 128、

17 的圆，结果如图 16-24 所示。

④ 单击"默认"选项卡"修改"面板中的"环形阵列"按钮，阵列上步绘制的圆，阵列的项目数为 8，绘制结果如图 16-25 所示。

图 16-23　旋转直线结果　　　　图 16-24　绘制圆　　　　图 16-25　阵列结果

⑤ 单击"默认"选项卡"修改"面板中的"删除"按钮，删除多余辅助线，同时打开关闭的图层，显示结果如图 16-26 所示。

⑥ 单击"可视化"选项卡"视图"面板中的"西南等轴测"按钮，切换视图。

（13）拉伸实体。

单击"三维工具"选项卡"建模"面板中的"拉伸"按钮，分别单独拉伸上步绘制的截面 1，高度为 40.5，然后将截面 2 分解，拉伸的高度为 10，结果如图 16-27 所示。

图 16-26　草图截面 2　　　　　　　图 16-27　拉伸实体结果

（14）差集运算。单击"三维工具"选项卡"实体编辑"面板中的"差集"按钮，从实体中减去上步绘制的拉伸实体，结果如图 16-28 所示。

（15）绘制孔。

① 旋转坐标系。在命令行中输入"UCS"命令，绕 Y 轴旋转 180°，绕 Z 轴旋转 -121.2°，结果如图 16-29 所示。

② 绘制圆柱体。单击"三维工具"选项卡"建模"面板中的"圆柱体"按钮，绘制底面圆心在 (0, 0, 27)，直径为 10，高度为 50 的圆柱体，结果如图 16-30 所示。

图 16-28　差集结果　　　　图 16-29　坐标变换结果　　　　图 16-30　圆柱体绘制结果

（16）差集运算。单击"三维工具"选项卡"实体编辑"面板中的"差集"按钮，从实体中减去上步绘制的圆柱体。

（17）模型显示。

① 单击"视图"选项卡"视口工具"面板中的"UCS 图标"按钮，取消坐标系显示。

② 单击"视图"选项卡"视觉样式"面板中的"概念"按钮，显示如图 16-5 所示的实体概念图。

16.3 连接盘立体图

本节主要介绍如何绘制如图 16-31 所示的连接盘立体模型。

图 16-31　连接盘

（1）新建文件。

① 单击"标准"工具栏中的"新建"按钮，系统打开"选择样板"对话框，在"打开"按钮右侧下拉菜单中选择"无样板打开－公制"，进入绘图环境。

② 单击快速访问工具栏中的"保存"按钮，弹出"另存为"对话框，输入文件名"连接盘立体图.dwg"，单击"确定"按钮，退出对话框。

（2）设置线框密度。在命令行中输入"ISOLINES"，设置线框密度为 10。

（3）切换视图。单击"视图"工具栏中的"西南等轴测"按钮，转换到西南等轴测视图。

（4）绘制圆柱体。单击"建模"工具栏中的"圆柱体"按钮，依次绘制底面中心点为原点，直径和高度分别为 250 和 50、114 和 110、80 和 116 的圆柱体 1、2、3，如图 16-32 所示。

（5）并集运算。单击"实体编辑"工具栏中的"并集"按钮，合并上步绘制的圆柱体，如图 16-33 所示。

图 16-32　绘制圆柱体 1、2、3　　　　图 16-33　并集结果

（6）倒角操作。单击"修改"工具栏中的"倒角"按钮，选择合并后的圆柱体边线 1、2、3、4，倒角距离为 2，进行倒角操作，如图 16-34 所示。

（7）绘制圆柱体。单击"建模"工具栏中的"圆柱体"按钮，绘制圆柱体 4、5，底圆

圆心坐标为（0,0,0），直径分别为 52.76、78，高度分别为 116、20，如图 16-35 所示。

图 16-34　倒角结果

图 16-35　绘制圆柱体 4、5

（8）差集操作。单击"实体编辑"工具栏中的"差集"按钮⊙，从实体中减去上步绘制的圆柱体 4、5，如图 16-36 所示。

（9）倒角操作。单击"修改"工具栏中的"倒角"按钮，其中倒角 1 和 2 的倒角距离为 2，倒角 3 的倒角距离为 1.5，如图 16-37 所示。

图 16-36　差集结果

图 16-37　倒角结果

（10）切换视图。单击"视图"工具栏中的"西南等轴测"按钮，转换到西南等轴测视图。

（11）隐藏实体。单击"渲染"工具栏中的"隐藏"按钮，对实体进行消隐。

（12）绘制圆柱体。单击"建模"工具栏中的"圆柱体"按钮，绘制圆柱体 6，底面的中心点为（93,0,0），底面直径为 46，高度为 50，绘制结果如图 16-38 所示。

（13）阵列实体。单击"建模"工具栏中的"三维阵列"按钮，阵列上步绘制的圆柱体 6，选择阵列类型为环形，项目数为 6，阵列中心点为（0,0,0）、（0,0,10），结果如图 16-39 所示。

图 16-38　绘制圆柱体 6

图 16-39　阵列结果

（14）绘制锥孔。单击"建模"工具栏中的"圆柱体"按钮，绘制圆柱体，圆柱体底面的中心点为（0,93,50），底面半径为 6，高度为-20。单击"建模"工具栏中的"圆锥体"按钮绘制锥孔，命令行提示与操作如下：

```
命令：_cone
指定底面的中心点或 [三点(3P)/两点(2P)/切点、切点、半径(T)/椭圆(E)]：0,93,30↙
指定底面半径或 [直径(D)] <6.0000>：
```

指定高度或 [两点(2P)/轴端点(A)/顶面半径(T)] <-20.0000>: -1.7↙

（15）单击"实体编辑"工具栏中的"并集"按钮⑩，合并上步绘制的锥孔实体，如图16-40所示。

（16）阵列结果。单击"建模"工具栏中的"三维阵列"按钮，阵列上步合并的锥孔，选择阵列类型为环形，项目数为6，阵列中心点为（0,0,0）、（0,0,10），如图16-41所示。

图 16-40　合并结果　　　　　　　图 16-41　阵列结果

（17）单击"修改"工具栏中的"分解"按钮，分解阵列结果。

> **注意：**
> 从 AutoCAD 2012 版本后，阵列结果自动创建成组，不适用"倒角"等命令，为方便后续操作，一般采用"分解"命令，使阵列结果分成单个对象，不影响实体效果。

（18）差集操作。单击"实体编辑"工具栏中的"差集"按钮⑩，从实体中减去上面绘制的两组阵列实体，如图16-42所示。

（19）旋转视图。选择菜单栏中的"视图"→"动态观察"→"自由动态观察"命令，旋转实体图形到适当位置，方便选择所有倒角边，如图16-43所示。

图 16-42　差集结果　　　　　　　图 16-43　旋转结果

（20）倒角操作。单击"修改"工具栏中的"倒角"按钮，选择大孔上、下边线，倒角距离为1，选择锥孔，倒角距离为2，进行倒角，结果如图16-44所示。

图 16-44　倒角结果

（21）绘制截面草图。

① 选择菜单栏中的"视图"→"三维视图"→"平面视图"→"当前"命令，进入 XY 平面。

② 单击"图层"工具栏中的"图层特性"按钮🗐，新建"图层 1"，并将其置为当前图层，绘制截面 1。

③ 单击"绘图"工具栏中的"圆"按钮⊙，分别绘制直径为 52.76、55、58.75，圆心在原点的同心圆。

④ 单击"绘图"工具栏中的"直线"按钮∕，绘制过原点竖直中心线，结果如图 16-45 所示。

> 注意：
> 为方便操作，关闭"0"图层，隐藏前面绘制的实体图形。

⑤ 单击"修改"工具栏中的"偏移"按钮🗐，将中心线向左偏移 1.96。单击"修改"工具栏中的"旋转"按钮⟳，将中心线复制旋转 2°，基点为原点，再将中心线旋转 5°，基点为原点，结果如图 16-46 所示。

⑥ 单击"绘图"工具栏中的"圆弧"按钮⌒，捕捉图 16-46 中的点 1、2、3，绘制齿形轮廓，如图 16-47 所示。

⑦ 单击"修改"工具栏中的"镜像"按钮⚠，镜像左侧齿形，如图 16-48 所示。

图 16-45　绘制中心线　　图 16-46　绘制辅助线　　图 16-47　绘制齿形轮廓　　图 16-48　镜像左侧齿形

⑧ 单击"修改"工具栏中的"环形阵列"按钮🗐，阵列齿形轮廓，项目数为 22，结果如图 16-49 所示。

⑨ 单击"修改"工具栏中的"删除"按钮✏和"修剪"按钮∕-，修剪旋转草图，结果如图 16-50 所示。

图 16-49　阵列齿形　　　　　　　图 16-50　修剪草图

⑩ 单击"修改"工具栏中的"分解"按钮🗐，分解环形阵列结果。

⑪ 单击菜单栏中的"修改"→"对象"→"多段线"命令，将多条线编辑成一条多段线，

为后面拉伸做准备。绘制结果如图 16-51 所示。

⑫ 单击"视图"工具栏中的"西南等轴测"按钮，将当前视图方向设置为西南等轴测视图，结果如图 16-52 所示。

图 16-51 多段线绘制结果

图 16-52 西南等轴测视图

（22）拉伸草图。单击"建模"工具栏中的"拉伸"按钮，拉伸步骤（21）绘制的截面，拉伸高度为 116，结果如图 16-53 所示。

（23）在"图层特性管理器"选项板中打开"0"图层。

（24）差集运算。单击"实体编辑"工具栏中的"差集"按钮，从实体中减去上面绘制完成的两组阵列实体，结果如图 16-54 所示。

图 16-53 拉伸实体结果

图 16-54 差集结果

（25）模型显示。

① 选择菜单栏中的"视图"→"显示"→"UCS 图标"→"开"命令，取消坐标系显示。

② 选择菜单栏中的"视图"→"视觉样式"→"概念"命令，在图 16-31 中显示实体概念图。

用同样的方法绘制"配油套立体图"，如图 16-55 所示。

图 16-55 配油套立体图

16.4 上机实验

【练习1】利用三维动态观察器观察如图 16-56 所示的泵盖。

【练习2】绘制如图 16-57 所示的销。

图 16-56 泵盖

图 16-57 销

16.5 模拟试题

1. 能够保存三维几何图形、视图、光源和材质的文件格式是（   ）。
   A．.dwf   B．3D Studio   C．.wmf   D．.dxf
2. 下列可以实现修改三维面的边的可见性的命令是（   ）。
   A．EDGE   B．PEDIT   C．3DFACE   D．DDMODIFY
3. 三维十字光标中，下面哪个不是十字光标的标签（   ）。
   A．X,Y,Z   B．N,E,Z   C．N,Y,Z   D．以上说法均正确
4. 对三维模型进行操作错误的是（   ）。
   A．消隐指的是显示用三维线框表示的对象并隐藏表示后向面的直线
   B．在三维模型使用着色后，使用"重画"命令可停止着色图形以网格显示
   C．用于着色操作的工具条名称是视觉样式
   D．用"SHADEMODE"命令配合参数实现着色操作
5. 在 StreeringWheels 控制盘中，单击动态观察选项，可以围绕轴心进行动态观察，动态观察的轴心使用鼠标加（   ）键可以调整。
   A．Shift   B．Ctrl   C．Alt   D．Tab
6. VIEWCUBE 默认放置在绘图窗口的（   ）位置。
   A．右上   B．右下   C．左上   D．左下
7. 按如下要求创建螺旋体实体，然后计算其体积。其中螺旋线底面直径是 100，顶面的直径是 50，螺距是 5，圈数是 10，丝径直径是（   ）。
   A．968.34   B．16657.68
   C．25678.35   D．69785.32
8. 绘制如图 16-58 所示的锥体图形。

图 16-58 锥体

第 17 章 轴系零件三维图绘制

本章以轴和输入齿轮立体图为例,详细讲解轴系零件三维图的绘制过程。与上一章轴套类零件绘制相似,先利用"圆柱体"命令创建实体轮廓,再拉伸二维截面实体,从轮廓实体中减去拉伸实体,得到轴系零件。

17.1 轴立体图

轴立体图

本节主要介绍如何绘制如图 17-1 所示的轴立体模型。

1. 新建文件

(1)单击快速访问工具栏中的"新建"按钮 ,系统打开"选择样板"对话框,在"打开"按钮右侧下拉菜单中选择"无样板打开一公制",进入绘图环境。

(2)单击快速访问工具栏中的"保存"按钮 ,弹出"另存为"对话框,输入文件名"轴立体图.dwg",单击"确定"按钮退出对话框。

2. 设置线框密度

在命令行中输入"ISOLINES",设置线框密度为 10,命令行提示与操作如下:

```
命令: ISOLINES✓
输入 ISOLINES 的新值 <8>: 10✓
```

3. 绘制齿轮轴截面 1

(1)单击"默认"选项卡"绘图"面板中的"圆"按钮 ,分别绘制直径为 58、62.5、65,圆心在原点的同心圆,绘制结果如图 17-2 所示。

(2)单击"默认"选项卡"绘图"面板中的"直线"按钮 ,绘制过原点的竖直中心线,结果如图 17-3 所示。

图 17-1 轴

图 17-2 绘制结果

图 17-3 绘制中心线

(3)单击"默认"选项卡"修改"面板中的"偏移"按钮 和"旋转"按钮 ,设置辅助线,命令行提示与操作如下:

```
命令: _offset
当前设置: 删除源=否  图层=源  OFFSETGAPTYPE=0
指定偏移距离或 [通过(T)/删除(E)/图层(L)] <通过>: 1.96✓
选择要偏移的对象, 或 [退出(E)/放弃(U)] <退出>: (选择竖直直线)
```

```
指定要偏移的那一侧上的点, 或 [退出(E)/多个(M)/放弃(U)] <退出>:
选择要偏移的对象, 或 [退出(E)/放弃(U)] <退出>:  (完成偏移直线的绘制)
命令: _rotate
UCS 当前的正角方向:  ANGDIR=逆时针  ANGBASE=0
选择对象: 找到 1 个
选择对象:   (选择竖直直线)
指定基点:   (选择原点)
指定旋转角度, 或 [复制(C)/参照(R)] <0>: c✓
旋转一组选定对象。
指定旋转角度, 或 [复制(C)/参照(R)] <0>: 2✓  (完成直线1的绘制)
命令: _rotate
UCS 当前的正角方向:  ANGDIR=逆时针  ANGBASE=0
选择对象: 找到 1 个
选择对象:   (选择竖直直线)
指定基点:   (选择原点)
指定旋转角度, 或 [复制(C)/参照(R)] <0>: c✓
旋转一组选定对象。
指定旋转角度, 或 [复制(C)/参照(R)] <0>: 5✓  (完成直线2的绘制)
```

结果如图 17-4 所示。

（4）单击"默认"选项卡"绘图"面板中的"圆弧"按钮，捕捉圆与辅助直线的交点，绘制齿形轮廓，结果如图 17-5 所示。

（5）单击"默认"选项卡"修改"面板中的"镜像"按钮，镜像左侧齿形，结果如图 17-6 所示。

图 17-4 绘制辅助线   图 17-5 绘制齿形轮廓   图 17-6 镜像齿形轮廓

（6）单击"默认"选项卡"修改"面板中的"环形阵列"按钮，阵列齿形轮廓，阵列个数为 25，结果如图 17-7 所示。

（7）单击"默认"选项卡"修改"面板中的"删除"按钮和"修剪"按钮，修剪旋转草图，结果如图 17-8 所示。

图 17-7 阵列齿形   图 17-8 修剪草图

（8）单击"默认"选项卡"修改"面板中的"分解"按钮，分解环形阵列结果。

(9) 单击"默认"选项卡"绘图"面板中的"面域"按钮◎,将上步绘制完成的草图创建成面域。

4. 拉伸齿轮轴段 1

(1) 单击"三维工具"选项卡"建模"面板中的"拉伸"按钮,拉伸上步创建完成的面域,高度为 53。

(2) 单击"可视化"选项卡"视图"面板中的"西南等轴测"按钮,实体消隐结果如图 17-9 所示。

5. 绘制光轴轴段

(1) 单击"三维工具"选项卡"建模"面板中的"圆柱体"按钮,创建两个圆柱体,设置如下。

圆柱体 1:原点坐标(0, 0, 6.3),直径 62.5,高度 2.7;

圆柱体 2:原点坐标(0, 0, 6.3),直径 65,高度 2.7。

结果如图 17-10 所示。

(2) 单击"三维工具"选项卡"实体编辑"面板中的"差集"按钮,从圆柱体 1 中减去圆柱体 2,消隐结果如图 17-11 所示。

(3) 单击"三维工具"选项卡"实体编辑"面板中的"差集"按钮,从拉伸实体中减去上步绘制完成的差集 1 结果,结果如图 17-12 所示。

图 17-9　拉伸实体　　图 17-10　绘制圆柱体　　图 17-11　差集 1 结果　　图 17-12　差集 2 结果

(4) 单击"三维工具"选项卡"建模"面板中的"圆柱体"按钮,创建 4 个圆柱体,设置如下:

圆柱体 3:原点坐标(0, 0, 53),直径 76,高度 7;

圆柱体 4:原点坐标(0, 0, 53),直径 59.2,高度 11;

圆柱体 5:原点坐标(0, 0, 64),直径 60,高度 87;

圆柱体 6:原点坐标(0, 0, 151),直径 57.5,高度 95。

结果如图 17-13 所示。

(5) 单击"三维工具"选项卡"实体编辑"面板中的"并集"按钮,合并上述实体,结果如图 17-14 所示。

(6) 单击"三维工具"选项卡"实体编辑"面板中的"倒角边"按钮,选择边线,倒角距离为 1.25、2,结果如图 17-15 所示。

6．绘制齿轮轴截面 2

（1）在命令行中输入"UCS"命令，将坐标原点移动到图 17-16 最上端圆柱顶圆圆心处，命令行提示与操作如下：

```
命令：UCS↙
当前 UCS 名称：*世界*
指定 UCS 的原点或 [面(F)/命名(NA)/对象(OB)/上一个(P)/视图(V)/世界(W)/X/Y/Z/Z 轴(ZA)]
<世界>：0,0,246↙      （圆柱顶圆圆心坐标）
指定 X 轴上的点或 <接受>：↙
```

坐标移动结果如图 17-16 所示。

图 17-13　绘制圆柱体　　图 17-14　合并结果　　图 17-15　倒角结果　　图 17-16　设置坐标系

（2）选择菜单栏中的"视图"→"三维视图"→"平面视图"→"当前"命令，进入 XY 平面，结果如图 17-17 所示。

（3）单击"默认"选项卡"图层"面板中的"图层特性"按钮，新建"图层 1"，并将其置为当前图层，关闭"0"图层，绘制齿轮轴截面 2。

（4）按照上面的方法绘制齿轮轴截面 2，其中，齿顶圆、分度圆、齿根圆直径分别为 57.5、55、52，模数为 22，创建的齿轮轴截面 2 如图 17-18 所示。

图 17-17　设置视图　　　　　　　图 17-18　齿轮轴截面 2

> **说明：**
> 完成截面绘制后，可利用"面域"命令或"编辑多段线"命令，将截面合并成一个闭合图形，方便后面操作中对截面的选取。

（5）单击"可视化"选项卡"视图"面板中的"西南等轴测"按钮，结果如图 17-19 所示。

（6）单击"默认"选项卡"图层"面板中的"图层特性"按钮，新建"图层 2"，并将其置为当前图层，绘制放样截面。

7．绘制放样截面 1

单击"默认"选项卡"修改"面板中的"复制"按钮，复制齿轮轴截面 2，从（0,0,0）

到（0,0,-95），复制结果如图17-20所示。

8. 绘制放样截面2

单击"默认"选项卡"绘图"面板中的"圆"按钮⊙，绘制原点在（0,0,-111），直径为60的圆，结果如图17-21所示。

图17-19　切换视图　　　　　　图17-20　放样截面1　　　　　　图17-21　绘制截面2

9. 绘制齿轮轴段2

（1）单击"三维工具"选项卡"建模"面板中的"拉伸"按钮，拉伸最上端闭合图形，拉伸高度为-95，结果如图17-22所示。

（2）在"图层特性管理器"选项板中关闭"图层1"，方便选择截面。

（3）单击"三维工具"选项卡"建模"面板中的"放样"按钮，选择截面1、2，命令行提示与操作如下：

```
命令：_loft
当前线框密度：ISOLINES=10，闭合轮廓创建模式 = 实体
按放样次序选择横截面或 [点(PO)/合并多条边(J)/模式(MO)]: _MO 闭合轮廓创建模式 [实体(SO)/曲面(SU)] <实体>: _SO
按放样次序选择横截面或 [点(PO)/合并多条边(J)/模式(MO)]: 找到 1 个
按放样次序选择横截面或 [点(PO)/合并多条边(J)/模式(MO)]: 找到 1 个，总计 2 个
按放样次序选择横截面或 [点(PO)/合并多条边(J)/模式(MO)]:
选中了 2 个横截面
输入选项 [导向(G)/路径(P)/仅横截面(C)/设置(S)] <仅横截面>:
```

结果如图17-23所示。

（4）在"图层特性管理器"选项板中打开"图层1"。

（5）单击"三维工具"选项卡"建模"面板中的"圆柱体"按钮，绘制圆柱体7，其中参数如下：

圆柱体7：原点坐标（0,0,0），直径100，高度-111，结果如图17-24所示。

图17-22　拉伸结果　　　　　　图17-23　放样结果　　　　　　图17-24　绘制圆柱体7

（6）单击"三维工具"选项卡"实体编辑"面板中的"差集"按钮，从圆柱体 7 中减去拉伸实体与放样实体，结果如图 17-25 所示。

（7）在"图层特性管理器"选项板中打开"0"图层。

（8）单击"三维工具"选项卡"实体编辑"面板中的"差集"按钮，从齿轮轴中减去步骤（6）绘制的差集结果，结果如图 17-26 所示。

10. 绘制螺孔

（1）在命令行中输入"UCS"，绕 X 轴旋转 90°，命令行提示与操作如下：

```
命令：UCS↙
当前 UCS 名称：*没有名称*
指定 UCS 的原点或 [面(F)/命名(NA)/对象(OB)/上一个(P)/视图(V)/世界(W)/X/Y/Z/Z 轴(ZA)] <世界>：x↙
指定绕 X 轴的旋转角度 <90>：
```

坐标系旋转结果如图 17-27 所示。

图 17-25　差集结果　　　　图 17-26　差集结果　　　　图 17-27　坐标系旋转结果

（2）选择菜单栏中的"视图"→"三维视图"→"平面视图"→"当前"命令，进入 XY 平面。

（3）关闭"0"图层，将"图层 2"置为当前图层。

（4）单击"默认"选项卡"绘图"面板中的"直线"按钮，绘制如图 17-28 所示截面。

图 17-28　绘制旋转截面

（5）单击"默认"选项卡"绘图"面板中的"面域"按钮，将步骤（4）绘制的截面创建为环。

（6）单击"三维工具"选项卡"建模"面板中的"旋转"按钮，选择步骤（5）绘制的面域作为旋转截面，旋转轴为 Y 轴，命令行提示与操作如下：

```
命令：_revolve
当前线框密度：ISOLINES=10，闭合轮廓创建模式 = 实体
选择要旋转的对象或 [模式(MO)]：_MO 闭合轮廓创建模式 [实体(SO)/曲面(SU)] <实体>：_SO
选择要旋转的对象或 [模式(MO)]：找到 2 个
```

```
选择要旋转的对象或 [模式(MO)]:
指定轴起点或根据以下选项之一定义轴 [对象(O)/X/Y/Z] <对象>:y✓
指定旋转角度或 [起点角度(ST)/反转(R)/表达式(EX)] <360>:✓
```

结果如图 17-29 所示。

（7）单击"可视化"选项卡"视图"面板中的"西南等轴测"按钮，设置视图。

（8）在命令行中输入"UCS"命令，将坐标系绕 X 轴旋转-90°，结果如图 17-30 所示。

（9）单击"三维工具"选项卡"建模"面板中的"圆柱体"按钮，绘制圆柱体 8，参数如下：

圆柱体8：原点坐标（0,0,-246），直径100，高度2，结果如图 17-31 所示。

图 17-29 旋转实体结果　　图 17-30 旋转坐标系　　图 17-31 绘制圆柱体 8

（10）单击"三维工具"选项卡"实体编辑"面板中的"差集"按钮，从圆柱体中减去下方旋转实体。

（11）在"图层特性管理器"选项板中打开"0"图层，消隐结果如图 17-32 所示。

（12）单击"三维工具"选项卡"实体编辑"面板中的"差集"按钮，从实体中减去旋转实体1、2，消隐结果如图 17-33 所示。

11. 倒圆角操作

（1）单击"视图"选项卡"导航"面板上的"动态观察"下拉列表中的"自由动态观察"按钮，旋转实体，选择图形到适当位置。

（2）单击"三维工具"选项卡"实体编辑"面板中的"倒角边"按钮，选择倒角边线，倒角距离为 C0.4，结果如图 17-34 所示。

（3）单击"三维工具"选项卡"实体编辑"面板中的"圆角边"按钮，选择圆角边线，圆角距离为 R0.4，结果如图 17-35 所示。

图 17-32 消隐结果　　图 17-33 消隐结果　　图 17-34 倒角结果　　图 17-35 圆角结果

12. 模型显示

（1）单击"视图"选项卡"视口工具"面板中的"UCS 图标"按钮，取消坐标系显示。

（2）单击"视图"选项卡"视觉样式"面板中的"概念"按钮，显示如图 17-1 所示的实体概念图。

17.2　输入齿轮立体图

本节主要介绍如何绘制如图 17-36 所示的输入齿轮立体模型。

1．新建文件

（1）单击快速访问工具栏中的"新建"按钮，系统打开"选择样板"对话框，在"打开"按钮右侧下拉菜单中选择"无样板打开－公制"，进入绘图环境。

图 17-36　输入齿轮

（2）单击快速访问工具栏中的"保存"按钮，弹出"另存为"对话框，输入文件名"输入齿轮立体图.dwg"，单击"确定"按钮退出对话框。

2．设置线框密度

在命令行中输入"ISOLINES"，设置线框密度为 10。

3．绘制齿轮截面 1

（1）单击"默认"选项卡"绘图"面板中的"圆"按钮，绘制直径分别为 282.8、266、249.2，圆心在原点的同心圆，绘制结果如图 17-37 所示。

（2）单击"默认"选项卡"绘图"面板中的"直线"按钮，绘制过原点的竖直中心线，结果如图 17-38 所示。

（3）单击"默认"选项卡"绘图"面板中的"圆"按钮和"直线"按钮，捕捉齿顶圆与竖直直线的交点 1 为圆心，绘制半径为 4 的圆，捕捉 R4 的圆与齿顶圆交点 2，绘制直线，第二点坐标为（20<-110），捕捉交点 2 向右绘制水平直线，与竖直直线 4 相交，交点为 3，结果如图 17-39 所示。

（4）单击"默认"选项卡"修改"面板中的"镜像"按钮和"删除"按钮，镜像左侧图形并删除多余图元，结果如图 17-40 所示。

图 17-37　绘制同心圆　　图 17-38　绘制中心线　　图 17-39　绘制轮廓线　　图 17-40　镜像结果

(5) 单击"默认"选项卡"修改"面板中的"环形阵列"按钮，选择步骤（4）绘制的齿形，阵列个数为 38，结果如图 17-41 所示。

(6) 单击"默认"选项卡"修改"面板中的"分解"按钮，分解阵列结果。

(7) 单击"默认"选项卡"修改"面板中的"圆角"按钮，半径为 1.5，结果如图 17-42 所示。

(8) 单击"默认"选项卡"绘图"面板中的"面域"按钮，合并截面图元。

4．拉伸齿轮

(1) 单击"三维工具"选项卡"建模"面板中的"拉伸"按钮，拉伸上面绘制完成的截面，拉伸高度为 30。

(2) 单击"可视化"选项卡"视图"面板中的"西南等轴测"按钮，进入三维视图环境，结果如图 17-43 所示。

5．绘制旋转截面

(1) 在命令行中输入"UCS"，将坐标系绕 Y 轴旋转 90°，命令行提示与操作如下：

```
命令：UCS↙
当前 UCS 名称：*世界*
指定 UCS 的原点或 [面(F)/命名(NA)/对象(OB)/上一个(P)/视图(V)/世界(W)/X/Y/Z/Z 轴(ZA)]
<世界>：y↙
指定绕 Y 轴的旋转角度 <90>：
```

结果如图 17-44 所示。

图 17-41　环形阵列结果　　图 17-42　倒圆角结果　　图 17-43　拉伸结果　　图 17-44　旋转坐标系

(2) 单击工具栏中的"视图"→"三维视图"→"平面视图"→"当前"命令，将视图转换到 XY 平面上，绘制截面草图。

(3) 单击"默认"选项卡"绘图"面板中的"直线"按钮和"修改"面板中的"圆角"按钮，绘制草图轮廓。

(4) 单击"默认"选项卡"绘图"面板中的"面域"按钮，合并截面，创建 4 个面域，如图 17-45 所示。

6．旋转切除

(1) 单击"三维工具"选项卡"建模"面板中的"旋转"按钮，选择 X 轴作为截面的旋转轴，命令行提示与操作如下：

```
命令：_revolve
当前线框密度：ISOLINES=10，闭合轮廓创建模式 = 实体
选择要旋转的对象或 [模式(MO)]：_MO 闭合轮廓创建模式 [实体(SO)/曲面(SU)] <实体>：_SO
选择要旋转的对象或 [模式(MO)]：指定对角点：找到 4 个　（选择图 17-45 中的截面）
选择要旋转的对象或 [模式(MO)]：
```

```
指定轴起点或根据以下选项之一定义轴 [对象(O)/X/Y/Z] <对象>: x↙
指定旋转角度或 [起点角度(ST)/反转(R)/表达式(EX)] <360>:
```

（2）单击"可视化"选项卡"视图"面板中的"西南等轴测"按钮，旋转实体结果如图 17-46 所示。

（3）单击"三维工具"选项卡"实体编辑"面板中的"差集"按钮，从齿轮中减去旋转结果与阵列结果，消隐结果如图 17-47 所示。

图 17-45　创建截面草图　　　图 17-46　旋转实体　　　图 17-47　差集结果

7．绘制基体

（1）在命令行中输入"UCS"，将坐标系移动到（3.5,0,0）处，并绕 Y 轴旋转-90°，命令行提示与操作如下：

```
命令: UCS↙
当前 UCS 名称: *没有名称*
指定 UCS 的原点或 [面(F)/命名(NA)/对象(OB)/上一个(P)/视图(V)/世界(W)/X/Y/Z/Z 轴(ZA)] <世界>: 3.5,0,0↙
指定 X 轴上的点或 <接受>:
命令: UCS↙
当前 UCS 名称: *没有名称*
指定 UCS 的原点或 [面(F)/命名(NA)/对象(OB)/上一个(P)/视图(V)/世界(W)/X/Y/Z/Z 轴(ZA)] <世界>: y↙
指定绕 Y 轴的旋转角度 <90>: -90↙
```

结果如图 17-48 所示。

（2）利用前面知识，按照上面的方法绘制花键截面 2，其中，齿顶圆、分度圆、齿根圆直径分别为 60.25、62.5、66.25，模数为 25，创建的花键截面 2 如图 17-49 所示。

（3）单击"三维工具"选项卡"建模"面板中的"拉伸"按钮，拉伸上步绘制的花键截面 2，高度为 44，结果如图 17-50 所示。

（4）单击"三维工具"选项卡"建模"面板中的"圆柱体"按钮，绘制圆柱体 1、2、3，参数如下：

圆柱体 1：圆心（0,0,0），直径 83，高度 44；

圆柱体 2：圆心（0,0,0），直径 60.25，高度 44；

圆柱体 3：圆心（73.5,0,0），直径 45，高度 44。

绘制结果如图 17-51 所示。

图 17-48 设置坐标系　　图 17-49 花键截面2　　图 17-50 拉伸花键截面2　　图 17-51 绘制圆柱体

（5）选择菜单栏中的"修改"→"三维操作"→"三维阵列"命令，阵列孔，阵列对象为圆柱体3，阵列个数为8，阵列中心点为（0,0,0）、（0,0,10），消隐结果如图17-52所示。

（6）单击"三维工具"选项卡"实体编辑"面板中的"并集"按钮，合并齿轮实体与圆柱体1。

（7）单击"三维工具"选项卡"实体编辑"面板中的"差集"按钮，从齿轮实体中减去圆柱体2、3，生成孔，结果如图17-53所示。

8．倒角操作

（1）单击"三维工具"选项卡"实体编辑"面板中的"倒角边"按钮，为中心孔两边线设置倒角，间距为$C2$，结果如图17-54所示。

（2）单击"三维工具"选项卡"实体编辑"面板中的"差集"按钮，从齿轮实体中减去花键体生成花键孔，结果如图17-55所示。

图 17-52 阵列结果　　图 17-53 差集结果　　图 17-54 倒角结果　　图 17-55 差集结果

9．模型显示

（1）单击"视图"选项卡"视口工具"面板中的"UCS图标"按钮，取消坐标系显示。

（2）单击"视图"选项卡"视觉样式"面板中的"概念"按钮，显示如图17-36所示的实体概念图。

用同样的方法绘制"输出齿轮立体图"，结果如图17-56所示。

图 17-56 输出齿轮

17.3 上机实验

【练习1】绘制如图17-57所示的顶针，并进行渲染处理。

【练习 2】绘制如图 17-58 所示的支架并赋材渲染。

图 17-57　顶针　　　　　　　　图 17-58　支架

第 18 章 箱体三维总成

本章利用前面章节绘制的零件立体模型，按照平面图装配文件中的装配关系，装配箱体三维模型。本章主要利用"带基点复制""粘贴"命令，将零件三维图插入到装配图文件中。多次利用"UCS"命令，设置坐标系，按照装配关系对应点坐标，完成实体绘制。

18.1 箱体总成

装配零件三维模型与装配零件平面图相同，有三种方法，附着（xrer）、插入块、复制粘贴。采用前两种方法插入到装配图中的零件无法编辑，由于本章绘制的装配体有后续编辑操作的需求，因此采用第三种方法，绘制结果如图 18-1 所示。

图 18-1 箱体总成

18.1.1 新建装配文件

1. 设置线框密度

在命令行中输入"ISOLINES"，设置线框密度为 10。

2. 设置视图方向

单击"可视化"选项卡"视图"面板中的"西南等轴测"按钮，设置模型显示。

18.1.2 装配底板

1. 打开文件

（1）单击快速访问工具栏中的"打开"按钮，弹出"选择文件"对话框，打开本书电子资源"源文件/第 18 章/底板立体图.dwg"文件。

（2）单击菜单栏中的"视图"→"三维视图"→"平面视图"→"当前"命令，进入 *XY* 平面。

（3）单击"视图"选项卡"视口工具"面板中的"UCS 图标"按钮，打开坐标系，如图 18-2 所示。

2．复制底板零件

在绘图区右击鼠标，在弹出的快捷菜单中选择"带基点复制"命令，复制底板零件，基点为坐标原点。在绘图区右击鼠标，在弹出的快捷菜单中选择"粘贴"命令，插入点为（0,0,0），结果如图 18-3 所示。

图 18-2 底板立体图　　　　　　　　　图 18-3 插入底板

18.1.3 装配后箱板

1．打开文件

（1）单击快速访问工具栏中的"打开"按钮，弹出"选择文件"对话框，打开本书电子资源"源文件/第 18 章/后箱板立体图.dwg"文件。

（2）在绘图区右击鼠标，在弹出的快捷菜单中选择"带基点复制"命令，复制后箱板零件，基点为如图 18-4 所示的中点 B。

2．插入后箱板

（1）选择菜单栏中的"窗口"→"03 箱体总成立体图"命令，切换到装配体文件窗口。

（2）在命令行中输入"UCS"，绕 X 轴旋转 90º，建立新的用户坐标系。

（3）在绘图区右击鼠标，在弹出的快捷菜单中选择"粘贴"命令，插入点为（0,26,169），结果如图 18-5 所示。

图 18-4 三维后箱板　　　　　　　　图 18-5 插入后箱板

18.1.4 装配侧板

1．打开文件

（1）单击快速访问工具栏中的"打开"按钮，弹出"选择文件"对话框，打开本书电子资源"源文件/第 18 章/侧板立体图.dwg"文件。

（2）在绘图区右击鼠标，在弹出的快捷菜单中选择"带基点复制"命令，复制侧板零件，基点为如图 18-6 所示的顶点 A。

2．插入侧板零件

（1）选择菜单栏中的"窗口"→"箱体总成立体图"命令，切换到装配体文件窗口。

（2）在命令行中输入"UCS"，绕 Y 轴旋转 90º，建立新的用户坐标系。

（3）在绘图区右击鼠标，在弹出的快捷菜单中选择"粘贴"命令，插入点为（-134,26,-330），消隐结果如图 18-7 所示。

图 18-6　三维侧板

图 18-7　插入侧板

18.1.5　装配油管座

装配油管座

1．打开文件

（1）单击快速访问工具栏中的"打开"命令，弹出"选择文件"对话框，打开本书电子资源"源文件/第 18 章/油管座立体图.dwg"文件。

（2）在绘图区右击鼠标，在弹出的快捷菜单中选择"带基点复制"命令，复制如图 18-8 所示的油管座零件，基点为（0,0,0）。

2．插入油管座零件

（1）选择菜单栏中的"窗口"→"03 箱体总成立体图"命令，切换到装配体文件窗口。

（2）在命令行中输入"UCS"，绕 Y 轴旋转-90º，建立新的用户坐标系。

（3）在绘图区右击鼠标，在弹出的快捷菜单中选择"粘贴"命令，插入点为（-74,451,169），如图 18-9 所示。

图 18-8　三维油管座

图 18-9　插入油管座

18.1.6　装配吊耳板

装配吊耳板

1．打开文件

（1）单击快速访问工具栏中的"打开"按钮，弹出"选择文件"对话框，打开本书电子资源"源文件/第 18 章/吊耳板立体图.dwg"文件。

（2）单击工具栏中的"视图"→"三维视图"→"平面视图"→"当前"命令，进入 XY 平面。

(3) 在绘图区右击鼠标,在弹出的快捷菜单中选择"带基点复制"命令,复制吊耳板零件,基点为如图 18-10 所示的插入端点 A。

2．插入 2 个吊耳板零件

(1) 选择菜单栏中的"窗口"→"03 箱体总成立体图"命令,切换到装配体文件窗口。在绘图区右击鼠标,在弹出的快捷菜单中选择"粘贴"命令,插入点为(-355,481,-131)、(-355,481,99),结果如图 18-11 所示。

(2) 选择菜单栏中的"修改"→"三维操作"→"三维镜像"命令,镜像侧板与两吊耳板,结果如图 18-12 所示。

图 18-10　插入三维吊耳板　　图 18-11　插入吊耳板零件　　图 18-12　镜像侧板与两吊耳板

18.1.7　装配安装板

装配安装板

1．打开文件

(1) 单击快速访问工具栏中的"打开"按钮，弹出"选择文件"对话框,打开本书电子资源"源文件/第 18 章/安装板 30 立体图.dwg"文件。

(2) 单击工具栏中的"视图"→"三维视图"→"平面视图"→"当前"命令,进入 XY 平面,如图 18-13 所示。

(3) 在绘图区右击鼠标,在弹出的快捷菜单中选择"带基点复制"命令,复制安装板零件,基点为坐标原点。

2．插入安装板零件

(1) 选择菜单栏中的"窗口"→"03 箱体总成立体图"命令,切换到装配体文件窗口。

(2) 在绘图区右击鼠标,在弹出的快捷菜单中选择"粘贴"命令,插入点为(-74,281,169),结果如图 18-14 所示。

图 18-13　三维安装板　　　　图 18-14　插入安装板零件

18.1.8 装配轴承座

1．打开文件

（1）单击快速访问工具栏中的"打开"按钮 ，弹出"选择文件"对话框，打开本书电子资源"源文件/第 18 章/轴承座立体图.dwg"文件。

（2）单击工具栏中的"视图"→"三维视图"→"平面视图"→"当前"命令，进入 XY 平面，如图 18-15 所示。

（3）在绘图区右击鼠标，在弹出的快捷菜单中选择"带基点复制"命令，复制轴承座零件，基点为坐标原点。

2．插入轴承座零件

选择菜单栏中的"窗口"→"03 箱体总成立体图"命令，切换到装配体文件窗口。

在绘图区右击鼠标，在弹出的快捷菜单中选择"粘贴"命令，插入点为（108,281,169），结果如图 18-16 所示。

图 18-15　三维轴承座

图 18-16　插入轴承座零件

18.1.9 装配筋板

1．打开文件

（1）单击快速访问工具栏中的"打开"按钮 ，弹出"选择文件"对话框，打开本书电子资源"源文件/第 18 章/筋板立体图.dwg"文件。

（2）在绘图区右击鼠标，在弹出的快捷菜单中选择"带基点复制"命令，复制筋板零件，基点为如图 18-17 所示的中点 A。

2．插入筋板零件

（1）选择菜单栏中的"窗口"→"03 箱体总成立体图"命令，切换到装配体文件窗口。

（2）在绘图区右击鼠标，在弹出的快捷菜单中选择"带粘贴"命令，插入点为（208,281,169），结果如图 18-18 所示。

图 18-17　三维筋板

图 18-18　插入筋板零件

（3）选择菜单栏中的"修改"→"三维操作"→"三维阵列"命令，绕过插入点（208,281,169）的旋转轴旋转筋板，结果如图 18-19 所示。

（4）选择菜单栏中的"修改"→"三维操作"→"三维阵列"命令，选择筋板作为阵列对象，阵列类型为环形，项目数为 3，阵列中心点为（108,281,169）、（108,281,0）。

（5）单击"视图"选项卡"视觉样式"面板中的"隐藏"按钮，对实体进行消隐，结果如图 18-20 所示。

图 18-19　旋转筋板

图 18-20　阵列筋板

（6）单击"三维工具"选项卡"实体编辑"面板中的"并集"按钮，合并所有插入零件。

18.2　绘制装配孔

1. 绘制圆柱体

单击"三维工具"选项卡"建模"面板中的"圆柱体"按钮，绘制 7 个圆柱体，参数设置如下：

圆柱体 1：圆心（108,281,245），半径 65，高度-120；

圆柱体 2：圆心（-74,281,171），半径 35，高度-100；

圆柱体 3：圆心（-74,451,194），半径 11，高度-37.5；

圆柱体 4：圆心（-342,14,-169），半径 8，高度 50；

圆柱体 5：圆心（-342,248,-169），半径 8，高度 47

圆柱体 6：圆心（-295,44,169），半径 18，高度-100；

圆柱体 7：圆心（-295,44,169），半径 26，高度-2。

圆柱体绘制结果如图 18-21 所示。

2. 复制、镜像圆柱体

（1）单击工具栏中的"视图"→"三维视图"→"平面视图"→"当前"命令，进入 XY 平面。

（2）在绘图区右击鼠标，在弹出的快捷菜单中选择"复制"命令，捕捉圆柱体 4 圆心为基点，沿正 X 轴向复制圆柱体 4，位移为 114、228、343；沿正 Y 轴向复制圆柱体 4，间距为 93、

186、282、375、468，结果如图 18-22 所示。

（3）单击"默认"选项卡"修改"面板中的"镜像"按钮 ⚠，向右侧镜像上步绘制的复制结果与圆柱体 5，结果如图 18-23 所示。

图 18-21　绘制圆柱体

图 18-22　复制圆柱体

图 18-23　镜像圆柱体

3．差集运算

（1）单击"三维工具"选项卡"实体编辑"面板中的"差集"按钮 ，从实体中减去所有圆柱体。

（2）单击"可视化"选项卡"视图"面板中的"西南等轴测"按钮 ，设置模型显示方向，消隐结果如图 18-24 所示。

（3）单击"视图"选项卡"导航"面板上的"动态观察"下拉列表中的"自由动态观察"按钮 ，旋转实体到适当角度，方便观察，消隐结果如图 18-25 所示。

4．绘制圆柱体

（1）设置坐标系。在命令行中输入"UCS"，将坐标原点移动到如图 18-26 所示的点 A 处，并将坐标系绕 X 轴旋转-90°，结果如图 18-27 所示。

图 18-24　消隐结果

图 18-25　差集结果

图 18-26　移动坐标系

（2）绘制圆柱体。单击"三维工具"选项卡"建模"面板中的"圆柱体"按钮 ，绘制 2 个圆柱体，参数设置如下：

圆柱体 8：圆心（12, 15, 0），半径 5，高度-25，

圆柱体 9：圆心（281,12.5,0），半径 6，高度-215。

圆柱体绘制结果如图 18-28 所示。

图 18-27　旋转坐标系

图 18-28　绘制圆柱体

5．复制、镜像圆柱体

（1）单击菜单栏中的"视图"→"三维视图"→"平面视图"→"当前"命令，进入 XY 平面。

（2）在绘图区右击鼠标，在弹出的快捷菜单中选择"复制"命令，捕捉圆柱体 8 圆心为基点，沿正 X 轴向位移 114、228、343；沿正 Y 轴向复制位移 111、225，结果如图 18-29 所示。

（3）单击"默认"选项卡"修改"面板中的"镜像"按钮 ⚠，向右侧镜像圆柱体 8 及上步的复制结果，如图 18-30 所示。

图 18-29　复制圆柱体

图 18-30　镜像圆柱体

6．差集运算

（1）单击"三维工具"选项卡"实体编辑"面板中的"差集"按钮，从实体中减去上步绘制完成的圆柱体。

（2）单击"可视化"选项卡"视图"面板中的"西南等轴测"按钮，设置模型显示方向，消隐结果如图 18-31 所示。

7．绘制圆柱体

（1）设置坐标系。在命令行中输入"UCS"，将坐标系绕 X 轴旋转 90°，结果如图 18-32 所示。

（2）绘制圆柱体。单击"三维工具"选项卡"建模"面板中的"圆柱体"按钮，绘制 2 个圆柱体，参数设置如下：

圆柱体 10：圆心（233,-250,2），半径 6，高度-32；

圆柱体 11：圆心（463,-168,76），半径 6，高度-32。

圆柱体绘制结果如图 18-33 所示。

图 18-31　差集结果　　　　图 18-32　旋转坐标系　　　　图 18-33　绘制圆柱体

8．复制、镜像圆柱体

单击"建模"工具栏中的"三维阵列"按钮，阵列圆柱体 10、圆柱体 11，阵列中心点分别为{（281,-250,0）、（281,-250,10）}、{（463,-250,0）、（463,-250,10）}，阵列项目数为 6。

9．差集运算

单击"三维工具"选项卡"实体编辑"面板中的"差集"按钮，从实体中减去上步阵列的圆柱体，结果如图 18-34 所示。

10．绘制圆柱体

单击"三维工具"选项卡"建模"面板中的"圆柱体"按钮，绘制圆柱体 12，参数设置如下：

圆柱体 12：圆心（463,-250,-28），半径 67，高度-3.2。

圆柱体绘制结果如图 18-35 所示。

11．差集运算

单击"三维工具"选项卡"实体编辑"面板中的"差集"按钮，从实体中减去上步绘制的圆柱体 12，结果如图 18-36 所示。

图 18-34　差集结果　　　　图 18-35　绘制圆柱体　　　　图 18-36　差集结果

12．渲染视图

（1）单击"视图"选项卡"视口工具"面板中的"UCS 图标"按钮，取消坐标系显示。

（2）单击"视图"选项卡"视觉样式"面板中的"概念"按钮，结果如图 18-1 所示。

用同样的方法绘制"箱板总成立体图"，概念图如图 18-37 所示。

图 18-37　箱板总成立体图

18.3　名师点拨——渲染妙用

渲染功能代替了传统的建筑、机械和工程图形使用水彩、蜡笔和油墨等材质，生成最终演示的渲染结果图，渲染图形的过程一般分为以下 4 步。

（1）准备渲染模型：包括遵从正确的绘图技术，删除消隐面，创建光滑的着色网格和设置视图分辨率。

（2）创建和放置光源及创建阴影。

（3）定义材质并建立材质与可见表面间的联系。

（4）进行渲染，包括检验渲染对象的准备、照明和颜色的中间步骤。

18.4　上机实验

【练习 1】创建如图 18-38 所示的回形窗。

【练习 2】创建如图 18-39 所示的镂空圆桌。

18.5　模拟考试

（1）绘制如图 18-40 所示的台灯。

（2）绘制如图 18-41 所示的摇杆。

图 18-38　回形窗　　　图 18-39　镂空圆桌

图 18-40　台灯　　　图 18-41　摇杆

第 19 章　变速器试验箱体三维总成

本章以变速器试验箱体三维总成为例，详细讲解大型装配体立体模型的绘制方法。由于本例需要在装配体中进行后续钻孔操作，因此采用可编辑的插入方法，即复制粘贴。虽然该方法操作简单，但由于零件过多，需要读者在操作过程中认真仔细，注意坐标系的变化，快速准确地完成三维图的绘制。

19.1　变速器试验箱体总成

本节主要介绍变速器试验箱体总成立体模型的绘制方法，装配体渲染结果如图 19-1 所示。

图 19-1　模型着色图

19.1.1　新建装配文件

1. 建立新文件

单击快速访问工具栏中的"新建"按钮，弹出"选择样板"对话框，以"无样板打开－公制"方式建立新文件，将新文件命名为"试验箱体总成立体图.dwg"并保存。

2. 配置绘图环境

将常用的二维和三维编辑与显示工具栏调出来，如"修改""视图""建模""渲染"工具栏，放置在绘图窗口中。

3. 设置线框密度

在命令行中输入"ISOLINES"，设置线框密度为 10。

4. 设置视图方向

单击"可视化"选项卡"视图"面板中的"西南等轴测"按钮 ，设置模型显示。

19.1.2　装配箱体总成

1. 打开文件

（1）单击快速访问工具栏中的"打开"按钮，弹出"选择文件"对话框，打开本书电子资源 "源文件/第 19 章/箱体总成立体图.dwg"文件。

(2)单击"视图"选项卡"视口工具"面板中的"UCS 图标"按钮，显示坐标系。

(3)在命令行中输入"UCS"，绕 X 轴旋转-90º，建立新的用户坐标系。

在绘图区右击鼠标，在弹出的快捷菜单中选择"带基点复制"命令，复制箱体总成零件，基点为如图 19-2 所示的点 A。

2．插入箱板总成零件

(1)选择菜单栏中的"窗口"→"试验箱体总成立体图"命令，切换到装配体文件窗口。

(2)在绘图区右击鼠标，在弹出的快捷菜单中选择"粘贴"命令，插入点坐标为（0,0,0），消隐结果如图 19-3 所示。

图 19-2 箱体总成立体图

图 19-3 插入箱体总成

19.1.3 装配箱板总成

装配箱板总成

1．打开文件

(1)单击快速访问工具栏中的"打开"按钮，弹出"选择文件"对话框，打开本书电子资源"源文件/第 19 章/箱板总成立体图.dwg"文件。

(2)单击"视图"选项卡"视口工具"面板中的"UCS 图标"按钮，显示坐标系，如图 19-4 所示。

(3)在命令行中输入"UCS"，绕 Y 轴旋转 180º，建立新的用户坐标系，如图 19-5 所示。

(4)在绘图区右击鼠标，在弹出的快捷菜单中选择"带基点复制"命令，复制箱板总成零件，基点为如图 19-5 所示的坐标原点，坐标为（0,0,0）。

2．插入箱板零件

(1)选择菜单栏中的"窗口"→"试验箱体总成立体图"命令，切换到装配体文件窗口。

(2)在绘图区右击鼠标，在弹出的快捷菜单中选择"粘贴"命令，插入点为（355,338,531），消隐结果如图 19-6 所示。

图 19-4 箱板总成立体图

图 19-5 旋转坐标系

图 19-6 插入箱板总成零件

19.1.4　装配密封垫 1

1．打开文件

（1）单击快速访问工具栏中的"打开"按钮，弹出"选择文件"对话框，打开本书电子资源"源文件/第 19 章/密封垫 12 立体图.dwg"文件。

（2）在绘图区右击鼠标，在弹出的快捷菜单中选择"带基点复制"命令，复制密封垫零件，基点为如图 19-7 所示的坐标原点。

2．插入密封垫零件

（1）选择菜单栏中的"窗口"→"试验箱体总成立体图"命令，切换到装配体文件窗口。

（2）在命令行中输入"UCS"，绕 X 轴旋转 90º，建立新的用户坐标系。

在绘图区右击鼠标，在弹出的快捷菜单中选择"粘贴"命令，插入点为（-74,281,2），如图 19-8 所示。

图 19-7　密封垫零件

图 19-8　插入密封垫

19.1.5　装配花键套 1

1．打开文件

（1）单击快速访问工具栏中的"打开"按钮，弹出"选择文件"对话框，打开本书电子资源"源文件/第 19 章/花键套立体图.dwg"文件。

（2）单击"视图"选项卡"视口工具"面板中的"UCS 图标"按钮，打开坐标系，如图 19-9 所示。

（3）在绘图区右击鼠标，在弹出的快捷菜单中选择"带基点复制"命令，复制花键套零件，基点为如图 19-9 所示的坐标原点。

2．插入花键套零件

（1）选择菜单栏中的"窗口"→"试验箱体总成立体图"命令，切换到装配体文件窗口。

（2）在命令行中输入"UCS"，绕 Y 轴旋转 180º，建立新的用户坐标系。

（3）在绘图区右击鼠标，在弹出的快捷菜单中选择"粘贴"命令，插入点为（74,281,-12），如图 19-10 所示。

图 19-9　花键套零件　　　　　图 19-10　插入花键套

19.1.6　装配密封垫 2

1. 打开文件

（1）单击快速访问工具栏中的"打开"按钮，弹出"选择文件"对话框，打开本书电子资源"源文件/第 19 章/密封垫 11 立体图.dwg"文件，如图 19-11 所示。

（2）在绘图区右击鼠标，在弹出的快捷菜单中选择"带基点复制"命令，复制密封垫零件，基点为如图 19-11 所示的坐标原点。

2. 插入密封垫零件

（1）选择菜单栏中的"窗口"→"试验箱体总成立体图"命令，切换到总装配体文件窗口。

（2）在绘图区右击鼠标，在弹出的快捷菜单中选择"粘贴"命令，插入点为（74,281,-12.5），如图 19-12 所示。

图 19-11　密封垫零件　　　　　图 19-12　插入密封垫

19.1.7　装配后端盖

1. 打开文件

（1）单击快速访问工具栏中的"打开"按钮，弹出"选择文件"对话框，打开本书电子资源"源文件/第 19 章/后端盖立体图.dwg"文件。

（2）在绘图区右击鼠标，在弹出的快捷菜单中选择"带基点复制"命令，复制后端盖零件，基点为如图 19-13 所示的坐标原点。

2. 插入后端盖零件

（1）选择菜单栏中的"窗口"→"试验箱体总成立体图"命令，切换到总装配体文件窗口。

（2）在命令行中输入"UCS"，绕 Y 轴旋转 180°，建立新的用户坐标系。

（3）在绘图区右击鼠标，在弹出的快捷菜单中选择"粘贴"命令，插入点为（-74,281,12.5），如图 19-14 所示。

图 19-13　后端盖零件　　　　　　图 19-14　插入后端盖

19.1.8　装配端盖

1. 打开文件

（1）单击快速访问工具栏中的"打开" 命令，弹出"选择文件"对话框，打开本书电子资源"源文件/第 19 章/端盖立体图.dwg"文件。

（2）在绘图区右击鼠标，在弹出的快捷菜单中选择"带基点复制"命令，复制端盖零件，基点为如图 19-15 所示的坐标原点。

2. 插入端盖零件

（1）选择菜单栏中的"窗口"→"试验箱体总成立体图"命令，切换到总装配体文件窗口。

（2）在绘图区右击鼠标，在弹出的快捷菜单中选择"粘贴"命令，插入点为（108,281,76），如图 19-16 所示。

图 19-15　端盖零件　　　　　　图 19-16　插入端盖

19.1.9　装配支撑套

1. 打开文件

（1）单击快速访问工具栏中的"打开"按钮 ，弹出"选择文件"对话框，打开本书电子资源"源文件/第 19 章/支撑套立体图.dwg"文件，如图 19-17 所示。

（2）在绘图区右击鼠标，在弹出的快捷菜单中选择"带基点复制"命令，复制支撑套零件，基点为坐标原点。

2．插入支撑套零件

（1）选择菜单栏中的"窗口"→"试验箱体总成立体图"命令，切换到总装配体文件窗口。

（2）在绘图区右击鼠标，在弹出的快捷菜单中选择"粘贴"命令，插入点为（108,281,8.5），如图 19-18 所示。

图 19-17　支撑套零件

图 19-18　插入支撑套

19.1.10　装配轴

装配轴

1．打开文件

（1）单击快速访问工具栏中的"打开"按钮，弹出"选择文件"对话框，打开本书电子资源"源文件/第 19 章/轴立体图.dwg"文件，如图 19-19 所示。

（2）在绘图区右击鼠标，在弹出的快捷菜单中选择"带基点复制"命令，复制轴零件，基点为坐标原点。

2．插入轴零件

（1）选择菜单栏中的"窗口"→"试验箱体总成立体图"命令，切换到总装配体文件窗口。

（2）在绘图区右击鼠标，在弹出的快捷菜单中选择"粘贴"命令，插入点为（108, 281,158），如图 19-20 所示。

图 19-19　轴零件　　　　　　　图 19-20　插入轴

19.1.11 装配连接盘

装配连接盘

1．打开文件

（1）单击快速访问工具栏中的"打开"按钮 ，弹出"选择文件"对话框，打开本书电子资源"源文件/第 19 章/连接盘立体图.dwg"文件，如图 19-21 所示。

（2）在绘图区右击鼠标，在弹出的快捷菜单中选择"带基点复制"命令，复制连接盘零件，基点为坐标原点。

2．插入连接盘零件

（1）选择菜单栏中的"窗口"→"试验箱体总成立体图"命令，切换到总装配体文件窗口。

（2）在命令行中输入"UCS"，绕 Y 轴旋转 180°，建立新的用户坐标系。

（3）在绘图区右击鼠标，在弹出的快捷菜单中选择"粘贴"命令，插入点为（-108,281,-187），如图 19-22 所示。

图 19-21　连接盘零件　　　　　　　图 19-22　插入连接盘

19.1.12 装配输出齿轮

装配输出齿轮

1．打开文件

（1）单击快速访问工具栏中的"打开"按钮 ，弹出"选择文件"对话框，打开本书电子资源"源文件/第 19 章/输出齿轮立体图.dwg"文件。

（2）在绘图区右击鼠标，在弹出的快捷菜单中选择"带基点复制"命令，复制输出齿轮零件，基点为如图 19-23 所示的坐标原点。

2．插入输出齿轮

（1）选择菜单栏中的"窗口"→"试验箱体总成立体图"命令，切换到总装配体文件窗口。

（2）在绘图区右击鼠标，在弹出的快捷菜单中选择"粘贴"命令，插入点坐标为（-108, 281,35），结果如图 19-24 所示。

（3）单击"三维工具"选项卡"实体编辑"面板中的"并集"按钮 ，合并装配零件端盖、支承套、轴、连接盘。

> 说明：
> 由于上步选择的合并零件互相遮盖，可在"图层特性管理器"选项板中新建图层，并将不适用的零件置于新建图层上，关闭新建图层，即可单独显示所需零件，如图 19-25 所示，进行合并操作。

图 19-23　输出齿轮

图 19-24　插入输出齿轮零件

（4）选择菜单栏中的"修改"→"三维操作"→"三维镜像"命令，镜像合并结果，命令行提示与操作如下：

```
命令：_mirror3d
指定镜像平面（三点）的第一个点或[对象(O)/最近的(L)/Z 轴(Z)/视图(V)/XY 平面(XY)/YZ 平面(YZ)/ZX 平面(ZX)/三点(3)] <三点>：
在镜像平面上指定第一点：0,0,186.5↙
在镜像平面上指定第二点：10,0,186.5↙
在镜像平面上指定第三点：0,10,186.5↙
是否删除源对象？[是(Y)/否(N)] <否>：
```

消隐结果如图 19-26 所示。

（5）选择菜单栏中的"修改"→"三维操作"→"三维移动"命令，将镜像结果向右移动 64，命令行提示与操作如下：

```
命令：_3dmove
选择对象：找到 1 个
选择对象：
指定基点或 [位移(D)] <位移>：0,0,0↙
指定第二个点或 <使用第一个点作为位移>：-64,0,0↙
```

消隐结果如图 19-27 所示。

图 19-25　选择合并对象

图 19-26　镜像合并结果

图 19-27　移动结果

19.1.13　装配输入齿轮

装配输入齿轮

1. 打开文件

（1）单击快速访问工具栏中的"打开"按钮，弹出"选择文件"对话框，打开本书电子资源"源文件/第 19 章/输入齿轮立体图.dwg"文件，如图 19-28 所示。

（2）在绘图区右击鼠标，在弹出的快捷菜单中选择"带基点复制"命令，复制输入齿轮零件，基点为坐标原点。

2．插入输入齿轮零件

（1）选择菜单栏中的"窗口"→"试验箱体总成立体图"命令，切换到总装配体文件窗口。

（2）在命令行中输入"UCS"，绕 Y 轴旋转 $180°$，建立新的用户坐标系。

（3）在绘图区右击鼠标，在弹出的快捷菜单中选择"粘贴"命令，插入点为（172,281,-303），结果如图 19-29 所示。

图 19-28　输入齿轮　　　　图 19-29　插入输入齿轮零件

19.1.14　装配密封垫 3

1．打开文件

（1）单击快速访问工具栏中的"打开"按钮，弹出"选择文件"对话框，打开本书电子资源"源文件/第 19 章/密封垫 2 立体图.dwg"文件，如图 19-30 所示。

（2）在绘图区右击鼠标，在弹出的快捷菜单中选择"带基点复制"命令，复制密封垫零件，基点为坐标原点。

2．插入密封垫零件

（1）选择菜单栏中的"窗口"→"试验箱体总成立体图"命令，切换到总装配体文件窗口。

（2）在绘图区右击鼠标，在弹出的快捷菜单中选择"粘贴"命令，插入点坐标为（-80,281,-383.5），结果如图 19-31 所示。

图 19-30　密封垫零件　　　　图 19-31　插入密封垫零件

19.1.15　装配花键套 2

1．打开文件

（1）单击快速访问工具栏中的"打开"按钮，弹出"选择文件"对话框，打开本书电子资源"源文件/第 19 章/花键套立体图.dwg"文件。

（2）在绘图区右击鼠标，在弹出的快捷菜单中选择"带基点复制"命令，复制花键套零件，基点为如图 19-32 所示的坐标原点。

2．插入花键套零件

（1）选择菜单栏中的"窗口"→"试验箱体总成立体图"命令，切换到总装配体文件窗口。

（2）在绘图区右击鼠标，在弹出的快捷菜单中选择"粘贴"命令，插入点坐标为（-80,281,-389.5），结果如图 19-33 所示。

图 19-32　花键套零件　　　　图 19-33　插入筋板零件

19.1.16　装配前端盖

装配前端盖

1．打开文件

（1）单击快速访问工具栏中的"打开"按钮，弹出"选择文件"对话框，打开本书电子资源"源文件/第 19 章/前端盖立体图.dwg"文件。

（2）在绘图区右击鼠标，在弹出的快捷菜单中选择"带基点复制"命令，复制前端盖零件，基点为如图 19-34 所示的坐标原点。

2．插入前端盖零件

（1）选择菜单栏中的"窗口"→"试验箱体总成立体图"命令，切换到总装配体文件窗口。

（2）在命令行中输入"UCS"，绕 Y 轴旋转 180°，建立新的用户坐标系。

（3）在绘图区右击鼠标，在弹出的快捷菜单中选择"粘贴"命令，插入点坐标为（80,281,397.5），结果如图 19-35 所示。

图 19-34　前端盖零件　　　　图 19-35　插入前端盖零件

19.1.17　装配螺堵 1

装配螺堵

1．打开文件

（1）单击快速访问工具栏中的"打开"按钮，弹出"选择文件"对话框，打开本书电子资源"源文件/第 19 章/螺堵 15 立体图.dwg"文件。

（2）在绘图区右击鼠标，在弹出的快捷菜单中选择"带基点复制"命令，复制螺堵零件，基点为如图 19-36 所示的坐标原点。

2．插入螺堵零件

（1）选择菜单栏中的"窗口"→"试验箱体总成立体图"命令，切换到总装配体文件窗口。

（2）在命令行中输入"UCS"命令，将坐标系返回世界坐标系，再移动到点 A，绕 Z 轴旋转 180º，建立新的用户坐标系，如图 19-37 所示。

（3）在绘图区右击鼠标，在弹出的快捷菜单中选择"粘贴"命令，插入点坐标为（435,15，-25），结果如图 19-38 所示。

图 19-36　螺堵零件　　　　图 19-37　设置坐标系　　　　图 19-38　插入螺堵零件

19.1.18　装配螺堵 2

装配螺堵

1．打开文件

（1）单击快速访问工具栏中的"打开"按钮，弹出"选择文件"对话框，打开本书电子资源"源文件/第 19 章/螺堵 16 立体图.dwg"文件。

（2）选择菜单栏中的"编辑"→"带基点复制"命令，复制螺堵零件，基点为如图 19-39 所示的坐标原点。

2．插入螺堵零件

（1）选择菜单栏中的"窗口"→"试验箱体总成立体图"命令，切换到总装配体文件窗口。

（2）在绘图区右击鼠标，在弹出的快捷菜单中选择"粘贴"命令，插入点坐标为（429，360.5，-22），结果如图 19-40 所示。

图 19-39　螺堵零件　　　　图 19-40　插入螺堵零件

19.1.19 装配密封垫 4

装配密封垫

1. 打开文件

（1）单击快速访问工具栏中的"打开"按钮，弹出"选择文件"对话框，打开本书电子资源"源文件/第 19 章/密封垫 14 立体图.dwg"文件。

（2）在绘图区右击鼠标，在弹出的快捷菜单中选择"带基点复制"命令，复制密封垫零件，基点为如图 19-41 所示的坐标原点 A。

2. 插入密封垫零件

（1）选择菜单栏中的"窗口"→"试验箱体总成立体图"命令，切换到总装配体文件窗口。

（2）在绘图区右击鼠标，在弹出的快捷菜单中选择"粘贴"命令，插入点为（0,0,0），结果如图 19-42 所示。

图 19-41　密封垫零件　　　　图 19-42　插入密封垫零件

19.1.20 装配箱盖

装配箱盖

1. 打开文件

（1）单击快速访问工具栏中的"打开"按钮，弹出"选择文件"对话框，打开本书电子资源"源文件/第 19 章/箱盖立体图.dwg"文件。

（2）在绘图区右击鼠标，在弹出的快捷菜单中选择"带基点复制"命令，复制箱盖零件，基点为如图 19-43 所示的坐标原点。

2. 插入箱盖零件

（1）选择菜单栏中的"窗口"→"试验箱体总成立体图"命令，切换到总装配体文件窗口。

（2）在绘图区右击鼠标，在弹出的快捷菜单中选择"粘贴"命令，插入点坐标为（0,0,0.5），结果如图 19-44 所示。

3. 渲染结果

（1）单击"可视化"选项卡"材质"面板中的"材质浏览器"按钮，弹出"材质浏览器"选项板，选择附着材质，如图 19-45 所示。选择材质，右击鼠标，在弹出的快捷菜单中选择"指定给当前选择"命令，完成材质选择。

图 19-43　箱盖零件　　　图 19-44　插入箱盖零件　　　图 19-45　"材质浏览器"选项板

（2）单击"可视化"选项卡"渲染"面板中的"渲染到尺寸"按钮，弹出"前端盖"对话框。

（3）选择菜单栏中的"视图"→"视觉样式"→"着色"命令，显示模型显示样式，结果如图 19-1 所示。

19.2　绘制其余零件

利用上面的方法按照装配关系安装其余标准件，如螺栓、销、挡圈等，读者可自行练习，这里不再赘述。

19.3　上机实验

【练习 1】绘制如图 19-46 所示的脚踏座。

【练习 2】绘制如图 19-47 所示的双头螺柱。

图 19-46　脚踏座　　　　　图 19-47　双头螺柱

反侵权盗版声明

电子工业出版社依法对本作品享有专有出版权。任何未经权利人书面许可，复制、销售或通过信息网络传播本作品的行为；歪曲、篡改、剽窃本作品的行为，均违反《中华人民共和国著作权法》，其行为人应承担相应的民事责任和行政责任，构成犯罪的，将被依法追究刑事责任。

为了维护市场秩序，保护权利人的合法权益，我社将依法查处和打击侵权盗版的单位和个人。欢迎社会各界人士积极举报侵权盗版行为，本社将奖励举报有功人员，并保证举报人的信息不被泄露。

举报电话：（010）88254396；（010）88258888

传　真：（010）88254397

E-mail：dbqq@phei.com.cn

通信地址：北京市万寿路173信箱

电子工业出版社总编办公室

邮　编：100036